毛线球 37
keitodama

拥抱春天的编织

日本宝库社 编著　　蒋幼幼 如鱼得水 译

河南科学技术出版社
·郑州·

keitodama

目 录

英国

津津乐道于日本编织的*Knitting*主编

上/*Knitting*杂志主编Ms.Christine Boggis
下/克里斯丁女士参照日本编织书编织的手套。

英国的编织杂志*Knitting*2020年12月刊介绍了风工房老师和木原良美老师的作品，与此同时，主编克里斯丁（Christine）撰写了关于日本编织设计的报道。

*Knitting*是编织月刊，自2003年创刊以来，一直备受英国人喜爱。上面的作品既有适合资深爱好者的，也有适合新手的，还介绍编织的流行趋势以及业内热门新闻，旨在成为编织爱好者的引领者。杂志会介绍一个作品的不同颜色变化，以及穿着编织服装出门时搭配的首饰等，带领大家享受生活的美好。

虽然克里斯丁女士对日本编织作品中优美的设计心动已久，但直到撰写本次报道前，她才有机会阅读日本的编织书。既是为了验证“只要看懂编织图和编织符号，就可以编织”，也是为了撰写日本的编织设计方面的报道，她试着参照《毛线球》和《一看即懂的棒针编织符号》编织了一双手套。（应该很多人都知道，英国编织书虽然有表示整体尺寸的编织图，但没有像日本那样的图解，编织方法全部由文字描述。）

FREE SUPPLEMENT
knitting
24
TEXTURED KNITS
LAND OF THE CHERRY BLOSSOMS
Exploring Japanese knitting design
YOKO HATTA · YOSHIMI · GEORGIA FARRELL
Whistles & Bells

左边是木原良美的作品。中间是风工房的作品。

克里斯丁女士用在英国可以买到的毛线挑战了一下。毛线的粗细怎么确定？编织密度呢？诸如此类的问题都要解决。编织图和编织符号，是日本特有的表现方式。她对图解非常感兴趣，认为日本人对编织技术有自信，或许就是得益于图解。而且，由设计师给编织者提供设计稿，这种方法和德国、荷兰有些相似。

克里斯丁由衷地说道：“日本的设计非常优美，编织起来别有一番趣味。今后我还想继续学习。”

撰稿/横山正美（Euro Japan Trading Co.）

东京

编织设计的可能性

毛衣配牛仔裤，虽然是很简单的造型，但将牛仔裤剪开再创作，给人留下非常深刻的印象。

2020年11月，设计师村上亮太主导的新品牌pillings举办了春夏新品发布会。

在抗击新冠肺炎期间，他创立了一个新品牌，并于2020年3月举行了第一次无观众时装展。这一次的时装发布会，在紧急事态宣言时期启动，启发人们重新思考：“时尚真的有必要吗？”“制作洋服的意义是什么？”品牌名“pillings”意味着新的开始。pilling的意思是毛线被磨而起的毛球，加个“s”，则寓意希望各种毛线编织的衣物，都会被人热爱，一直穿到上面满是毛球。这就是品牌所寄予的希望。

这场发布会由村上亮太和《毛线球》读者们熟悉的编织设计师冈本启子工作室K's K携手策划，处处彰显着编织元素，而且基本上都是手编。也就是说，非常低效。本场发布会，以工作人员及其家人不穿的编织类衣服和衣柜里闲置已久的洋服为素材，将成衣拆成线，重新编织。编织过程花费很多的时间，而且，从手工拆线开始做起，花费了很多常规之外的功夫。有些衣服的线材很容易拆开，但需要编织师一边进行合理的手工调整，一边编织，非常不容易。但是，如果给这件浩大的工程赋予一份心愿、心意，从有意义的民族服装上获得灵感，将它变身成常穿的外出服，就可以将“编织”这种行为自身的意义融入设计，村上先生如是说。拥有高超技术的编织师们用心打造的“pillings”，通过衣服，传递出手作的魅力和它的故事。我很期待它今后带给我们的设计。

撰稿/《毛线球》编辑部

用鸟笼做的装饰

芬兰

编织体验馆“空中飞舞的连指手套”

入口旁边有一台老式缝纫机。

在赫尔辛基坐30分钟电车，便可以来到一家舒适的编织体验馆“Lentävä Lapanen”，它的意思是“空中飞舞的连指手套”。

编织体验馆的老板泰亚和泰那，是关系很好的邻居。他们以前就有一起开一家店的想法。首先要确定名字。交流了几次后，2012年9月的一天，泰那给泰亚发了一条短信：“开一家编织体验店吧。”

2012年11月，在一家小型商业中心的一隅，新店开张了。之后，又改址两次，2020年2月搬到了曾经是珐琅工厂的地方。

为了让客人可以在里面轻松地编织，店里放了几张桌子。大部分家具都是老物件或者二手品，宁静的氛围很适合编织。

编织体验馆还提供芬兰第二古城波尔沃的Kaffa Roastery咖啡店的特色咖啡，以及附近面包店烘烤的香甜面包。

这个编织体验馆，还经常举行编织研讨会、编织之旅、编织之夜等各种活动，吸引了很多编织爱好者。2020年，在抗击新冠肺炎期间，赫尔辛基沿岸环境优美的庄园中举办了半日编织观光活动，手工艺界的名师会聚一堂举行报告会。

除此之外，每年都会举行Sukka Finlandia大会，按顺序编织指定的袜子。款式当然是芬兰设计师的原创设计！这个活动今年从2021年1月6日开始，到3月14日结束。怎么样？我想应该还可以再报道一下。敬请期待！

撰稿/兰卡拉美穗子
Lentävä Lapanen

店里有很多10g/桄的芬兰手染毛线。

编织体验馆中的客人们在这样一方古朴、舒适的天地里编织。

左/墙上装饰着“空中飞舞的连指手套”的店名。图中的毛线和上面图中瓶子里的毛线出自同一位染色师之手。 中/收银台。后面还摆放着编织体验馆提供的香醇的红茶。 右/由床垫中的弹簧改造而成的壁挂。

Spring Top

Cardigan p.13

Pullover p.14

Pullover p.9

Pullover p.17

Cardigan p.12

Pullover p.16　Pullover p.15　Pullover p.8

Down Wear

无须缝合、快乐编织
拥抱春天的编织

从领口开始编织的毛衫，不需要缝合，很容易编织，也很方便调整长度。
因为是立体编织的，图解看起来有些复杂，实际编织起来却是非常简单。
用从领口开始编织的清爽毛衫迎接新春的到来吧。

photograph Shigeki Nakashima　styling Kuniko Okabe,Yumi Sano
hair&make-up Hitoshi Sakaguchi　model Daniela Di

Vest p.10、11

船领插肩袖毛衫

在乍暖还寒的初春，很想穿一件轻柔、温暖的套头毛衣。线材中含有羊毛成分和柔软的真丝马海毛，非常柔滑。漂亮的米色调，可以在多个季节穿着。

设计/风工房
编织方法/80页
使用线/手织屋

条纹毛衫

将第8页毛衫的编织方法稍加改变，用不同的线材编织。带着野性风情的野蚕丝和羊毛的混纺线，和法国亚麻线组合，编织出春意盎然的海军风条纹毛衫。

设计/风工房
编织方法/80页
使用线/手织屋

经典的圆领马甲

简单的马甲，适合搭配各种风格的衣服。轮廓看起来很有现代感，颜色则为经典的藏青色，让人百穿不厌。翻卷的圆领边缘，如果使用其他颜色的线编织，会别有一番趣味哟。

设计/SAQULAI.inc Sai Chika
制作/德永穗积
编织方法/83页
使用线/芭贝

海军风条纹马甲

改变配色，将第10页的毛衫编织成条纹花样，则会给人活泼的感觉。随意翻卷的圆领，给毛衫增加了几分可爱的感觉。

设计 /SAQULAI.inc Sai Chika
制作 / 德永穗积
编织方法 /83 页
使用线 / 芭贝

宽松开衫

这款宽松的中袖毛衫采用了横向编织的方法，先编织育克再编织身片。用雅致的烟青色调的毛线编织花样，用细细的灰蓝色条纹装饰，别具匠心。没有前后身片差，也可以将门襟朝后穿。

设计/岸 睦子
编织方法/84页
使用线/钻石线

雅致的中长款开衫

将第12页的开襟毛衣用段染线编织成中长款，就变成了一件风格截然不同的开衫。育克和身片的段染线的色彩效果不同，给这件雅致的毛衫带来一种微妙的感觉。

设计/岸 睦子
编织方法/84页
使用线/钻石线

扇形花样的毛衫

纵向排列镂空的扇形花样，给人清爽的感觉。含有金银丝线和真丝的毛线，肤感优良，毛衫还设计了穿着体验颇佳的七分袖。在领口宽宽的罗纹针下面编织小贝壳花样，又带着几分可爱的感觉。

设计 / 冈本真希子
编织方法 / 87 页
使用线 / 奥林巴斯

条纹花样的毛衫

把第14页的毛衫设计成短袖款，使用短间距段染线编织，呈现出条纹花样的效果。独特的色彩变化赋予扇形花样以律动感。只在育克位置保留扇形花样，增加了这件毛衫的休闲感。

设计/冈本真希子
制作/铃木裕子
编织方法/87页
使用线/奥林巴斯

叶子花样的镂空毛衫

用钩针也可以从领口向下编织。就像是将小巧的叶子连在了一起，花样可爱而美丽。宽松的法式袖设计，也很适合套穿在其他衣服外面，可以在多个季节穿着。

设计 / 河合真弓
制作 / 冲田喜美子
编织方法 /91页
使用线 /Ski 线

雅致的镂空花样毛衫

将第16页的毛衫，改用细线编织成修身款式。线材中含有真丝，毛衫显得既有质感又雅致，很适合出门穿着。从领口开始编织，袖子也无须缝合。

设计 / 河合真弓
制作 / 松本良子
编织方法 / 91页
使用线 / Ski 线

[第18回] # 野口光的织补缝大改造

织补缝是一种修复衣物的技法，在不断发展、完善中。

野口光：
创立“hikaru noguchi”品牌的编织设计师。非常喜欢织补缝，还为此专门设计了独特的蘑菇形工具。新书《妙手生花　野口光的神奇衣物织补术》已由河南科学技术出版社引进出版。

【本期话题】
蝴蝶飞舞的毛织品

织补前

薄薄的围巾上有一些小洞洞……

*织补方法在书中公开

photograph Hironori Handa　styling Masayo Akutsu　hair&make-up Naoyuki Ohgimoto　model Dinara

羊毛毡戳针在距离针尖3cm左右的地方有一个小口，这个小口可以挂住羊毛纤维。近年来，使用这种针来打造立体的羊毛造型非常受人欢迎。在手工艺品商店，很容易买到各种颜色的羊毛。这种技法用于织补缝很合适，无论是破损较轻微的地方、米粒大小的破洞、猫咪抓坏的地方，还是乒乓球大小的破损，都可以修复。

本期的话题是，修补一条有数处米粒大小的虫洞的薄围巾。在破洞处覆盖上蓬松的粉色羊毛，在中心用戳针戳刺，整理成蝴蝶结的形状。再戳刺几次，在中心用蓬松的马海毛毛线做芝麻盐织补。可以自己调整羊毛的戳刺情况。看起来像柔美的蝴蝶在自由地飞舞，这是其他针线活儿不具备的魅力。羊毛毡和牛仔面料也很搭配，大家也可以试一下。

九色鹿
期待的毛线
精品
让我们来感受各种编织缠绕的美丽吧
// Focus on good wool for 20 years
立秋
花色马海
立冬
羊绒羊毛
霜降
100%羊毛
全国经销商火热招募
招商热线：18862304179 联系人：杨经理
【加盟微信】
【天猫商城】
【微信关注】

大竹邦和（初三）

希望无限的中学生

photograph Bunsaku Nakagawa text Hiroko Tagaya

大竹邦和：
自幼便生活在可以做手工的环境中。在华德福小学上学时，从一年级开始上编织课。特别喜欢用蓝色调的毛线编织，希望有人送他编织工具当作圣诞礼物。喜欢手工艺、电子设备等，还喜欢钢琴、N比例轨道模型（特别是蒸汽机车）。现在正在编织元宝针围脖，接下来准备编织阿兰毛衣。

本期的编织男人是现在还在上初中三年级的学生大竹邦和。他就读于华德福学校，从小学一年级开始，把编织作为必修科目学习。

“一年级的时候，老师教我们《起针歌》，画着画唱着歌学编织。唱着‘羊为什么……’之类的歌词，来学习起针。同样，还有《伏针歌》。我们所用的工具都要自己做，这是学校的教育方针。棒针也是我一年级的时候削成的。”

用自制棒针编织的第一件物品是装笛子用的长条包。虽然第一次编，但编得相当不错。

“刚开始编的时候，也没有特别喜欢编织。开始编织后，越编越开心。爷爷生活在一个因生产毛线而闻名的地方，他送给我很多毛线。奶奶在方格纸上画了实物大小的编织图，我就比着图一步一步编织。上面写着‘编织到这里之后，问问妈妈，让她帮你减针’，每编织1行，就在编织图上画上‘×’‘○’符号……”

用这种方法和爷爷送来的线编织出了一件美丽的蓝色调马甲。那是小学一年级时的作品，现在小学一年级的妹妹仍然穿着，真是太棒了。后来，为了完成学校的作业，邦和又编织了很多东西。其中，让我们的工作人员大开眼界的是一个编织的蒸汽机车模型！非常精巧，超出想象。

“作为中学毕业课题，我既想做与火车相关的东西，也想做与编织相关的东西，一直在犹豫如何选择，这时妈妈在Ravelry网站上看到了这个。它的原型应该是第二次世界大战前世界最快的蒸汽火车Flying Scotsman。英国网站上的编织方法是免费的，我就一行一行地看着英文编织。”

邦和喜欢电车，喜欢N比例（9mm轨距）的火车轨道模型。

1

2

3

4

5

6

7

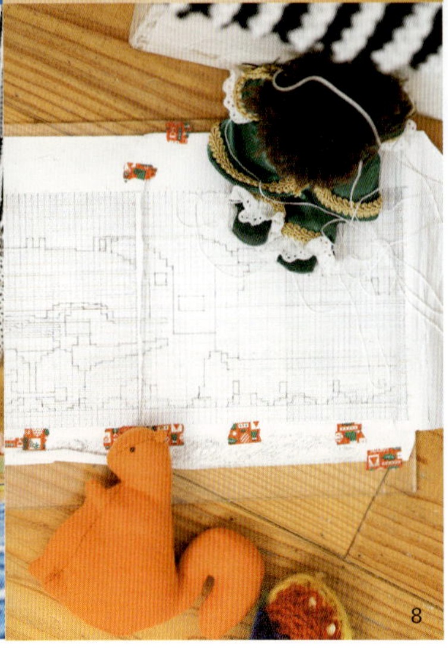

8

邦和喜欢蓝色调的线。先编织了小物件，最近开始挑战毛衣了。棒针是他自己在课堂上制作的，真是令人惊叹。

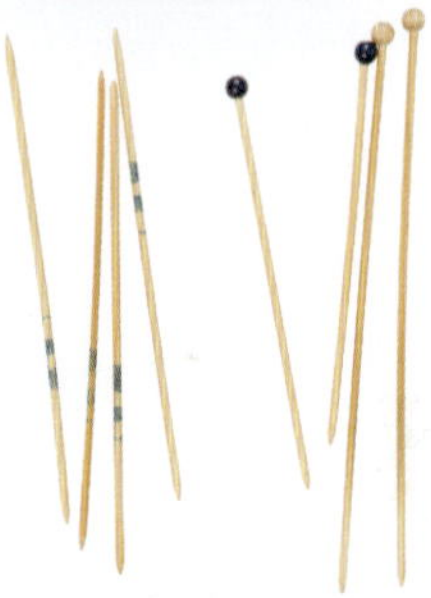

1/钩针编织的幽灵。调整编织密度就会编织成不同的尺寸。 2/用阴影编织技法制作的超级大毯子，全长3米！自己的房间没有地方挂就收起来了，今天又久违地展开了。 3/他可以同时编织好几个东西。 4/课堂上完成的皮靴。皮革表面染成了黑色。可以日常穿，完成度很高。 5/这是人偶表演时用到的国王。完成度也很高，甚至比主角看起来还要引人注目。 6/小学一年级时编织的马甲，现在妹妹仍穿着。 7/邦和同学以最自然的状态接受了我们的采访。8/阴影编织作品的图解。

但是，他自己的房间没有足够的空间摆放。那么，“就让编织和N比例模型合体吧！”想到这一点，他忽然有了一个崭新的主意。

“里面塞入厚纸，编织成长方体，留出剪口，做成蒸汽机车的形状。奇怪的是，上面指定用棒针编织。轮子也是棒针编织的。那么，为什么轮子上连接的链条让用钩针编织呢（笑）？”

另一件让编辑们惊叹的作品是，在学校的自由作业中制作的超级大毯子。使用的是阴影编织技法，视角不同，图案有时看起来也像大型蒸汽机车，让人很是震撼。

“用120cm的环形针来回编织。因为是学校的作业，所以就装在校服包里摇摇晃晃背到学校了。朋友们看我这身行头，都问我要去哪里（笑）。而且，因为是编织的，所以也很重。”

小小年纪，竟能完成这样的大作品！前文说到的蒸汽机车，他还构想过让它能跑起来。

“我甚至买了熨烫后会熔化、再硬化的线，但在绘制机车的图纸时难住了。而且如果要让它跑，还得再大一些才行。我对电气也很感兴趣，还考虑给它装上照明设备。如此种种，想得特别多。”

火车跑起来的那一天，或许并没有那么遥远。4月开始，他就是一名高中生了。今后，邦和同学会给我们带来什么作品呢？好激动，好期待啊。

披肩、披肩、披肩！

温暖的春天来了，把披肩当作一件配饰吧。在略带几分寒意的春风中，它的保暖效果棒棒的。随便披在肩上，就可以打造出很多造型。

photograph Hironori Handa styling Masayo Akutsu hair&make-up Naoyuki Ohgimoto model Dinara

长方形大披肩

用传递春天讯息的金合欢颜色的毛线，编织宽大的长方形披肩。用起伏针打底，只在编织正面时编织镂空花样，不会混乱。边缘很像设得兰风情的蕾丝，看着很可爱。

设计/河合真弓
制作/石川君枝
编织方法/90页
使用线/Keito

Let's Knit Shawls!

水珠和条纹花样三角形披肩

段染线和单色线组合的条纹花样，再加上绕线编和滑针组成的水珠花样，使这件披肩看起来很像纺织品。整体织成了三角形，两端加上流苏作为装饰。编织这款披肩可以让我们体验一番挑战新事物的美妙心情。

设计/西村知子
编织方法/93页
使用线/Keito

连编花片披肩

花朵花样组成的披肩，由一个个区块连编而成。反复编织相同的形状，掌握了就很简单。不用像连接花片那样处理线头，编织起来很轻松。

设计/笠间 绫
编织方法/98页
使用线/芭贝

优美的飞鸟花样披肩

整体设计成弦月的形状，即使随意地搭在肩上，也不容易从肩膀上滑落，很好用。优美的弧形镂空花样看起来像小鸟在展翅飞舞，三种颜色逐层向外扩展，美丽如画。

设计/柴田 淳
编织方法/95页
使用线/芭贝

Let's Knit Shawls!

色彩斑斓的大披肩

这是一款非常有质感的大披肩。钩针和渐变色组合，色彩呈现的效果很出人意料，常规的扇形花样也给人迥然不同的感觉，着实有趣。边缘用单色毛线，让色彩斑斓的主体看起来不那么张扬。

设计 / 兵头良之子
制作 /Yukie
编织方法 /99 页
使用线 /DMC

锯齿状花样围巾和包包

改变宽度，改变线材，条纹的配色可以充分展现出个人的品味。活用编织花样自然形成的锯齿边缘，很吸引眼球。带着怀旧的感觉，却又历久弥新，包包编织配套的锯齿状花样，很像祖母亲手编织的。

设计 / 桥本真由子
编织方法 /101页
使用线 /DMC

V形花样三角形披肩

编织起点只有3针，一边编织挂针加针，一边向着顶角编织。主体是美丽的V形花样，边缘是蕾丝花样。本款披肩的精妙之处在于可以让我们充分感受到边缘之美。

设计 / 风工房
编织方法 /103页
使用线 / 芭贝

很快就能完成
推荐使用定位铁丝

边长很长的披肩在完成时，经常用到定位铁丝。
不需要细细密密地插上定位针，很方便。

摄影/森谷则秋

定位铁丝/郁金香株式会社

1
将定位铁丝穿在披肩边缘。

2
用定位铁丝拉紧披肩边缘，在相应位置插上定位针进行固定。

3
插上定位针，针目就不动了。

4
在起始位置插几个针，适当拉紧织片，注意不要让铁丝弯曲，在中间也插几个定位针。

5
定位铁丝被牢牢地固定住了。

6
用蒸汽熨斗熨烫，静置等待蒸汽散去(如果洗涤了，则要等待其干燥)。完全干燥后，取下定位铁丝和定位针。

在家里赏花

群山初动，樱花盛开。无论是花蕾初绽，还是花开烂漫，抑或是花落纷飞，樱花树下都别有一番风情。“享用”着三色团子和茶水，来欣赏手作的春色吧。

photograph Toshikatsu Watanabe styling Terumi Inoue

樱花和黄鹂

黄鹂是戒备心较强的小鸟，不太与人亲近。手编一只黄鹂，就可以了。不要和绣眼鸟弄混了，外眼角的线条要拉紧。

设计/松本薰
编织方法/105页
使用线/奥林巴斯

花见团子

外观是三种颜色，里面是三种口味。艾草的绿色象征着大地，春霞（春日的烂漫霞光）里的白色象征着天空，樱花的粉色象征着阳光，颜色的排列顺序有着这样的含义。

设计 / 松本薰
编织方法 /105 页
使用线 / 奥林巴斯

三色团子的大小以一口可以吃掉为宜，为了避免取下后到处滚动，要把三个团子固定在一起。说起赏花，总离不开三色团子。据说，是喜欢吃团子的丰臣秀吉将清 色的白团了改造成五颜六色的。日本有一句俗语“爱花更爱团子（舍花求实）”，据说就是诞生于这个时期。主角樱花，是编在树枝上的，连上面的木头纹理都清晰可见。花朵形态多样，有的是含苞欲放的小花蕾，有的是花开正盛。在编织过程中仔细想想要编什么形态的花朵，也是一种快乐的烦恼。

MOTIF MAGIC

魅力无限的花片连接

在温暖的春日，四边形、圆形、三角形，一起编织各种形状的花片吧。
编织，连接，畅享快乐的花片生活吧！

photograph Shigeki Nakashima styling Kuniko Okabe,Yumi Sano hair&make-up AKI model Lia

正方形花片短袖套头衫

三种大正方形花片随机连接在一起，洁白的祖母花片和大大的荷叶边是亮点。花片是一边编织一边连接的。这种设计还可以用于台布。

设计／冈本启子
制作／宫本宽子
编织方法／119页
使用线／钻石线

紫罗兰风情短袖毛衫

将小巧可爱的紫罗兰风情的花片连在一起，织成一件春意融融的毛衫。没有前后身片差，也没有变形花片，编织起来很容易。可以改变配色，编织有自己风格的毛衫。这里的花片也是一边编织一边连接的。

设计 / 兵头良之子
制作 / 山田加奈子
编织方法 /108 页
使用线 / 钻石线

三角形花片V领短衫

将三角形花片连在一起，形成小V领。三角形花片之间的连接方法比较考究，连接在一起后形成微微隆起的纹理。用藏青色给凤梨色调的渐变色勾勒出边框。

设计／森 静代
编织方法／123 页
使用线／Ski 线

三角形花片
一字领毛衫

和四边形、圆形花片不同，这件毛衫使用的是三角形花片，不怎么常见。三色堇花样的花片，柔和的色彩足以抚慰人心。袖子从中途变成双色条纹花样，这种设计也很棒。

设计/冈 真理子
制作/内海理惠
编织方法/116页
使用线/Ski线

花片拼接手提包

明快鲜艳的“糖果色”充满朝气，浅蓝色在花片的映衬下显得格外清爽怡人。选择的线材干爽轻滑，正适合用来编织手提包。提手与边缘部分是连续编织的，所以不必担心脱落的问题，非常结实耐用。

设计 / 冈 真理子
编织方法 /129 页
使用线 / 奥林巴斯

MOTIF MAGIC

镂空花样开衫

这件开衫可以让人充分感受到渐变色毛线的魅力。圆形花片出现在前门襟、前身片和肩部，接着编织后身片的下半部分和衣袖。配合使用单色，整体达到一种绝妙的平衡。

设计/岸 睦子
制作/上野裕子
编织方法/126页
使用线/奥林巴斯

花开朵朵围巾

这款围巾的花片与第39页的套头衫相同，只是使用了不同的配色。由于线材爽滑亲肤，或者围着，或者披着，直接接触皮肤也毫无问题。在舒适惬意的春天，想必会是一款实用百搭的配饰吧。

设计/Hobbyra Hobbyre
编织方法/115页
使用线/Hobbyra Hobbyre

MOTIF MAGIC

方便携带的花片杯套

这两款杯套也是由花片连接而成的，外出赏花或散步时都可以随身携带。花片的中心钩织锁针连接成环形起针，增加了镂空感，可透出杯子的颜色，别有妙趣。令人开心的是，只要改变花片的数量，就可以简单地编织出大小两种杯套。

设计/Hobbyra Hobbyre
编织方法/109页
使用线/Hobbyra Hobbyre

木春菊花片法式套头衫

这是一款可爱的法式套头衫，木春菊花片布满整件作品，宛如印花面料。不仅是花片外围的网格针花样，就连花瓣部分也是以锁针为主。编织的过程感觉就像在赏花一般开心。

设计/Hobbyra Hobbyre
编织方法/111页
使用线/Hobbyra Hobbyre

MOTIF MAGIC

祖母方片盖毯

祖母方片的魅力在于经久不衰又十分可爱，巧妙运用线材和配色就可以变化万千。很多人的钩针编织处女作就是这个花片。毯子的柔和色调略显朦胧又春意盎然。

设计 /Hobbyra Hobbyre
编织方法 /113页
使用线 /Hobbyra Hobbyre

线材：SILK MOHAIR PARFAIT
GRADATION-#504

线材：SILK MOHAIR PARFAIT
GRADATION-#503

线材：HAMANAKA LACE-#1&#2

线材：HAMANAKA LACE-#2

阿富汗针编织

粗针粗线 轻松愉快

有别于棒针和钩针编织，阿富汗针编织有着独特的魅力。
转眼又到了尝试挑战新事物的季节！

photograph Hironori Handa styling Masayo Akutsu hair&make-up Naoyuki Ohgimoto model Dinara

两种穿法的斗篷

这是一款由2块长方形织片拼接而成的斗篷，运用了基本阿富汗针编织和长针的阿富汗针编织。配色和蓬松的花式线增加了作品的层次感，调整领口的位置还可以享受2种不同的穿法。

设计／冈 真理子
制作／水野 顺
编织方法／131页
使用线／芭贝

加长竖版单肩包

包身的花样在基本阿富汗针编织的基础上组合使用了2针长针并1针、上针和滑针等针法，可以让编织技能更上一层楼！配色明朗，虽是横向编织却呈现出了纵向条纹效果。使用的线材很轻，包包的功能性也很强。

设计 / 笠间 绫
编织方法 / 132页
使用线 / 芭贝

等针直编的
小香风外套

因为基本上都是等针直编，不妨作为阿富汗针编织的第一件衣服挑战试试。从段染线的诸多颜色中选择一种颜色用于缝合，既是设计亮点，也起到了统一整体色调的作用。

设计/今泉史子
编织方法/133页
使用线/Rich More

条纹镂空花样披肩

细长的披肩很好穿搭又方便携带。在阿富汗针编织中，前进和后退往返1次为1行。在后退时换色，编织出了混色效果的条纹花样。加入锁针花后，形成的镂空感仿佛透着春天的气息。

设计/冈本真希子
编织方法/135页
使用线/达摩手编线

乐享毛线 Enjoy Keito 15

Keito的第二批原创毛线“cashmere”非常适合编织春日服饰。

photograph Hironori Handa styling Masayo Akutsu hair&make-up Naoyuki Ohgimoto model Dinara

白绿相间的镂空花样围巾

整条围巾都加入了镂空花样，宽窄不一的条纹设计给人休闲随性的感觉。略显浓重的颜色在编织成条纹后显得格外清爽！也非常适合编织春装。

设计/一色 奏
编织方法/136页
使用线/Keito cashmere

Keito

邮编：111-0053
地址：日本东京都台东区浅草桥3-5-4 1F
电话：03-5809-2018
传真：03-5809-2632
电子邮箱：info@keito-shop.com
营业时间：10:00~18:00
休息日：星期一（星期一为节假日时，次日休息）

Keito cashmere

羊绒100% 颜色数/7 规格/每团50g 线长/约200m
线的粗细/中细 使用针号/棒针3~5号
使用产自中国内蒙古自治区的优质山羊绒为原料，最大的特点是软滑细腻的手感。在保持原有质感的基础上，对原料进行染色。在颜色的选择上，也力求“编织后容易穿搭”。

Keito的第二批原创毛线有“calamof”和“cashmere”两种。这里为大家介绍的是秋、冬、春三季均可使用的“cashmere”毛线。大家期盼已久的这款羊绒线是店铺工作人员和编织编辑部同仁一起反复商讨后从各种样品中层层筛选出来的。

恰到好处的粗细程度非常容易编织。作品完成后经过“过水”处理，织物就会变得更加柔滑，可以打造出自己喜欢的质感。所谓“过水”，就是将作品清洗一遍，整理针目，使其更富有质感。刚开始时，请务必先用样片等测试一下效果。

首先，将作品完全浸湿（尽可能浸泡10~30分钟）。如果想感受织物在穿着过程中的自然变化，只要轻轻地按压使其没入水中，整理一下针目就可以了。如果想一步到位地洗出羊绒的软弹手感，请一边观察一边轻轻地揉搓。先用手揉搓表面，要是觉得效果还不够理想，就拿起织物来回揉搓。不要忘了时不时地轻轻拧挤，挤出水分后确认一下起绒情况。注意不要太过用力，以免绒面起球。

一件作品经过上述处理，设计和手感都达到自己想要的效果后，一定会满意地穿上很久吧。

插肩袖羊绒线开衫

越是优质的线材，越要设计成简单的款式，这样可以穿得久一点。这款设计就是出于这样的考虑。缝上不同颜色的纽扣，既可以很时尚，也可以很素雅。

设计/石塚真理
编织方法/137页
使用线/Keito cashmere

Yarn Catalogue

15

「春夏毛线新品推荐」

为大家推荐的是今年的春季线材。
让人心情愉悦的颜色，容易穿搭、雅致的颜色，还有各种各样的材质……

photograph Toshikatsu Watanabe styling Terumi Inoue

Diacorso
钻石线

许多颜色交织在一起形成的渐变效果令人印象深刻。亚麻与腈纶的结合使线材具有良好的韧性，手感也很爽滑。可以编织出细腻纤美的镂空花样。

参数

亚麻33%、腈纶35%、人造丝32% 颜色数/8 规格/每团30g 线长/约117m 线的粗细/粗 适用针号/4~5号棒针，4/0~5/0号钩针

设计师的声音

这款线材干爽清凉，韧性适中。虽然偏细，却很容易编织，作品也比较轻柔。（岸 睦子）

Wool Yasan Silk
手织屋

以100% 真丝的彩色线为内芯，与羊毛和野蚕丝混纺的白色线捻合，再加上起绒加工制作成了这款蓬松柔软的线材。由于是极细毛线，建议几根线合在一起编织，或者与其他线材合并编织。

参数

真丝52%（蚕丝40%、野蚕丝12%）、羊毛48% 颜色数/10 规格/每团20g 线长/约230m 线的粗细/极细

设计师的声音

芯线上缠绕着羊毛线，呈现出松软的视觉效果。芯线的捻劲较强，虽然很细，若是合并编织也可以非常结实。松软的绒线中透出芯线的颜色，稍显柔和的色调令人着迷。（风工房）

CABLÈ 2005
内藤商事

这是一款使用100%埃及棉紧捻的粗线。经丝光处理后散发着真丝般的光泽。编织出的针目凹凸有致，最适合做各种花样的编织。

参数

棉100%　颜色数/20　规格/每团50g　线长/约135m　线的粗细/粗　适用针号/3~4号棒针，3/0号钩针

设计师的声音

这款线材也常用于时装的设计。经过丝光处理，线材富有光泽，编织出的针目清晰，很上档次。也适合用编织机编织。（笠间 绫）

Ski Belle Soie
Ski线

经过特殊加工，提高了色牢度，织物也不容易起毛。这款100%真丝的带子纱一年四季都可以编织。

参数

真丝100%　颜色数/12　规格/每团20g　线长/约106m　线的粗细/中细　适用针号/2~3号棒针，2/0~4/0号钩针

设计师的声音

这款线材十分雅致，有着轻微的光泽和灰冷的色调，手感清凉。虽然比较细，但是韧性适中，很容易编织。因为具有带子纱的伸缩性，花片的线头处理非常简便。（冈 真理子）

我家的狗狗最棒！

和狗狗在一起

photograph Bunsaku Nakagawa

35

软萌软萌的，还很有精神

夏天可以添加制冷剂的
降温围脖很受欢迎

非常黏人的小德乐

这次出场的是软萌软萌、很有活力的小德乐和它的主人瑞希女士。瑞希女士在2年前准备领养一条收容犬，曾多次造访一些信誉高的爱犬团体。结果，因为她没有养犬经验，屡屡被拒，一度放弃了这个想法。

后来，在电视节目中初识Golden Doodle狗狗及其饲养员。觉得它真是太可爱了，决定"第一次养狗就养这个"。据说，它是很受欢迎的，要抽中签才能领养，本来不抱什么希望，却一次抽中了。在新冠肺炎疫情防控期间，交付手续也办理得提心吊胆，好在最后终于顺利地见到了小德乐。

小德乐是2020年1月出生的，现在还是个淘气包。无论遇见谁，不管是人还是狗，它都欢快地摇着尾巴去舔对方，仿佛在说："喜欢你！喜欢你！"它总是精神百倍地跑来跑去，向所有狗狗发出邀请："一起玩吧！"它活力四射的样子，甚至让瑞希女士怀疑"是不是忘了主人的存在了"。

现在，小德乐已经成为家庭中的核心成员了。出门旅行时，本来准备把它托付给酒店照看一下，但还是放心不下，最终决定直接预定允许携带宠物的酒店或旅店。今天，小德乐也在继续给家人、身边的人带来快乐。

设计/兵头良之子
制作/矢部久美子
编织方法/141页
使用线/和麻纳卡

狗狗档案

狗狗　德乐 1岁
Golden Doodle
（金毛和贵宾的混血宝宝）

性格　喜欢和人、和狗在一起
性格开朗、爱玩

主人　瑞希

[第10回] michiyo 四种尺码的毛衫编织

现在这个时节，大部分时间依然待在家里。
至少保持心情愉悦，快乐地生活！

photograph Shigeki Nakashima styling Kuniko Okabe,Yumi Sano hair&make-up AKI model Lia

蕾丝花样的
蒂尔登风套头毛衣

运动风格的蒂尔登风毛衣是我喜欢的款式之一，这次特意为它设计了更有春天气息的菱形蕾丝花样。款式上，也很容易沿着花样织成四种尺码。

虽然看着比较宽松，但下摆用罗纹针编织，使衣服变得合身起来。袖子的设计很特别，像土耳其袖，又像蝙蝠袖，可以根据尺寸来调节宽度。大家编织时一定要结合自身的尺码。

形状看起来很简单，清晰、立体的蕾丝花样编织起来别有一番乐趣。这个花样比想象中的更有弹性，一定要仔细拉伸、熨烫后，再测量编织密度。

这是一款V领的蒂尔登风毛衣。美国著名的网球运动员蒂尔登经常穿这种风格的毛衣，因此得名。这次我们把它设计成了镂空花样，整体的形状也很别致。无论是裤子还是半身裙，都可以搭配。等天气再暖和一点，上身也可以只穿一件毛衣。

制作/饭岛裕子
编织方法/138页
使用线/Hobbyra Hobbyre

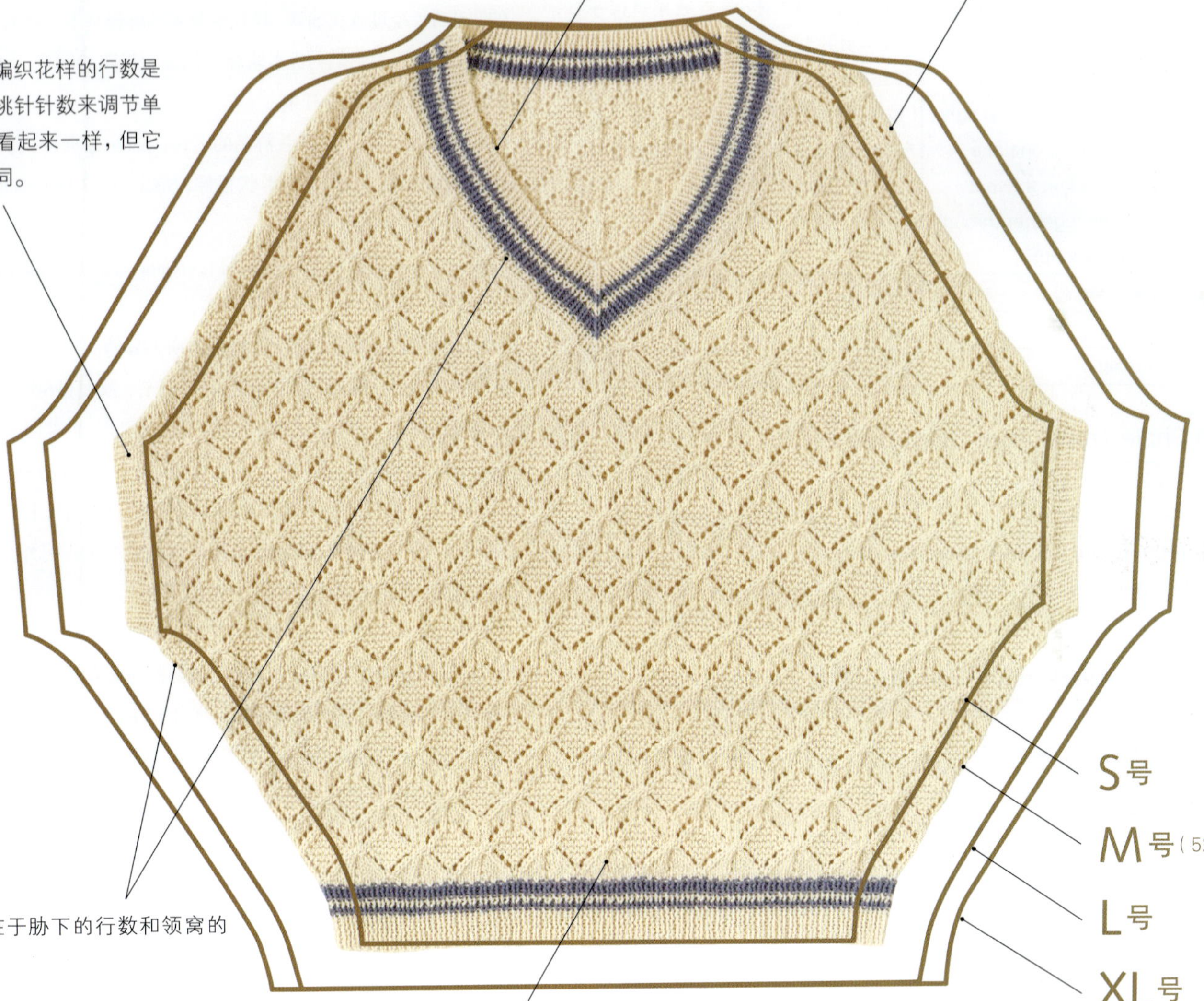

领窝
不同尺码的领窝有较大的差别，按照和袖口相同的挑针方法来调节。XL号领窝较大，领口的行数也要增加。
肩线
M号和L号的领深和肩线的行数相同，S号先做肩线的减针，XL号先做领深的减针。
袖口
四种尺码袖口编织花样的行数是一样的。通过挑针针数来调节单罗纹针。外观看起来一样，但它们的伸缩性不同。
身片
身片的不同在于肋下的行数和领窝的大小。
S号
M号（52页图）
L号
XL号
花样
通过花样的数量来调整尺码，编织起点的中心花样会随着尺码而有所不同。

michiyo

做过服装、编织的设计师，1998年开始以编织作家的身份活动。作品风格稳重、简洁，设计独特，颇具人气。著书多部。

Let's Knit in English!

西村知子的英语编织

各种各样的紫藤花

photograph Toshikatsu Watanabe styling Terumi Inoue

编织用语缩写一览表

缩写	完整的编织用语	中文翻译
k	knit	下针
p	purl	上针
k2tog	knit 2 stitches together	在2针里一起编织＝左上2针并1针
k4tog	knit 4 stitches together	在4针里一起编织＝左上4针并1针
k4tog tbl	knit 4 stitches together through the back loop	扭针的4针并1针（针目效果类似于右上4针并1针）
ssk	slip, slip, knit (slip 2 stitches knitwise to right hand needle one at a time and knit these 2 stitches together through the back loop)	右上2针并1针（以下针的入针方式依次将后面的2针一针一针地移至右棒针上，然后以扭针的方式编织2针并1针）
yo	yarn over	挂针
–	times	～次
–	remain	剩下

A: Old Shale（multiple of 18 sts plus 2）

Rows 1 & 2: knit.
Row 3: k1, *k2tog three times, [yo, k1] six times, k2tog three times; repeat from * until 1 st remain, k1.
Row 4: k1,purl until 1 st remain, k1.
Repeat from Row 1.

A: 紫藤花（扇贝花样）（18针的倍数+2针）

第1行和第2行：下针。
第3行：k1,【k2tog×3次，[yo，k1]×6次，k2tog×3次】，重复【～】至行末剩最后一针，k1。
第4行：k1，编织上针至行末剩最后一针，k1。
从第1行开始重复编织。

B: Feather and Fan (multiple of 14 sts plus 1)

Row 1: knit.
Row 2: purl.
Row 3: k1, *k4tog, yo, [k1, yo] five times, k4tog tbl, p1; repeat from * to end.
Row 4: p1, *p13, k1; repeat from * to end.
Repeat rows 3 + 4.

B: 紫藤花（羽毛＋扇子花样）（14针的倍数+1针）

第1行：下针。
第2行：上针。
第3行：k1,【k4tog，yo，[k1，yo]×5次，k4tog tbl，p1】，重复【～】至行末。
第4行：p1,【p13，k1】，重复【～】至行末。
重复编织第3行和第4行。

我注意到，日语中称为"紫藤花"的花样（译者注：该花样在国内俗称"凤尾花"）在英文中有不同的叫法，如Old Shale Stitch（以下称Old Shale）和Feather and Fan Stitch（以下称Feather & Fan）。

不仅是花样的名称，还有针法的缩写方法等，英文图解中的规则和编织用语很多时候并不统一，那么紫藤花的英文名称是否也属于不同地区对同一种花样的叫法呢？经过查找确认，我发现两者的解释是不一样的。之所以都称作紫藤花，我想是因为它们与日本紫藤花的编织思路相同吧。另一方面，我也明白了如何将两者明确区分开来。

Old Shale是起源于设得兰群岛的名称，Shale是页岩、泥板岩的意思。因为花样的扇形曲线与双壳贝的形状很像，所以又叫作Old Shell，或许是口音的关系才变成"Old Shale"的吧。

Feather & Fan将减针部分视作羽毛（feather），将加针部分视作扇子（fan），花样逐渐展开，所以才有了这个名称吧。

名称不同，花样在编织针法上也是有所差异的。

在Old Shale中，假设1个花样里有6针挂针，就要做6次的2针并1针，才能在针数不变的情况下编织出舒缓的波浪形状。因此，也常用于披肩的边缘编织等。

在Feather & Fan中，即使1个花样里有6针挂针，也只要做2次减针，分别是k4tog（左上4针并1针）和k4tog tbl（扭针的4针并1针，针目效果类似于右上4针并1针）。编织过程中，减针部分逐渐堆叠在一起。另外，2处减针之间往往会加入上针，看上去就像是羽毛中间的羽轴。

在日本，紫藤花似乎没有明确的定义，感觉就像是上面两种花样的巧妙结合。不过，这里介绍的Feather & Fan与实际的紫藤花最为相似，或许在众多类似的花样中，"紫藤花"这个花样名称就来自于Feather & Fan吧。一边想象着这些花样的由来，一边编织和比较，也不失为一大乐趣。

大家更喜欢哪种紫藤花呢？不妨根据具体情况来选择合适的花样。

C: FUJI-AMI arranged (multiple of 18 sts plus 1)

Row 1: knit.
Row 2: purl.
Row 3: *k1, k2tog three times, yo, [k1, yo] five times, ssk three times; rep from * until 1 st remain, k1.
Row 4: *k4, p11, k3; repeat from * until 1 st remain, k1.
Repeat from Row 1.

C: 紫藤花的应用（18针的倍数+1针）

第1行：下针。
第2行：上针。
第3行：【k1，k2tog×3次，yo，[k1，yo]×5次，ssk×3次】，重复【～】至行末剩最后一针，k1。
第4行：【k4，p11，k3】，重复【～】至行末剩最后一针，k1。
从第1行开始重复编织。

西村知子（Tomoko Nishimura）：
幼年时开始接触编织和英语，学生时代便热衷于编织。工作后一直从事英语相关工作。目前，结合这两项技能，在举办英文图解编织讲习会的同时，从事口译、笔译和写作等工作。此外，担任公益财团法人日本手艺普及协会的手编课程教师，以及宝库学园"英语编织"课程的讲师。新作《西村知子的英文图解编织教程+英日汉编织术语》（已由河南科学技术出版社引进出版）正在热销中，深受读者好评。

春天也能穿的阿兰毛衣

犹如羽毛般松软轻飘的马海毛，顺滑凉爽的真丝，手感舒适的棉线……
与冬天的阿兰毛衣相比，用春季线材编织的阿兰毛衣别有一番韵味，一起期待这份全新的感受吧。

photograph Shigeki Nakashima styling Kuniko Okabe,Yumi Sano hair&make-up Hitoshi Sakaguchi
model Daniela Di, Joe Lewis
Special Thanks DEENEY'S TOKYO,Popularity,mitte

基础款阿兰花样的套头衫

春天的阿兰毛衣最大的特点是线材偏细，可以表现出细腻的纹理。考虑到重量，设计成了短款。罗纹针部分编织成了扭针，可以有效防止拉长。用基础阿兰花样编织的这款毛衣非常漂亮，让人想要长久地穿着。

设计/大田真子
制作/须藤晃代
编织方法/146页
使用线/手织屋

Aran Knit For Spring♪Aran Knit For Spring♪

麻花花样宽松上衣

这是一款混色效果的绿色阿兰毛衣，使用毛纤维十分轻柔的马海毛线和真丝线各1根合并编织。在纵向延伸的大小两种麻花花样中，加入疏朗的交叉花样，显得新颖别致。宽松的身片与袖子的设计也非常协调美观。

设计/yohnKa

编织方法/144页

使用线/手织屋

Aran Knit For Spring♪Aran Knit For Spring♪

阿兰风V领情侣背心

春天的阿兰风毛衣搭配日常的休闲风装束也丝毫没有违和感，显得时尚有型。来一场憧憬已久的情侣毛衣首秀吧！精致的花样是机编成衣无法比拟的，让人不禁感到些许自豪。只要改变线材，就能简单地调整尺寸。

设计/武藤比富
制作/中村睦子
编织方法/147页
使用线/内藤商事

Aran Knit For Spring♪Aran Knit For Spring♪

插肩袖春衫

只是将平时的运动衫换成阿兰春装毛衣，给人的感觉就会截然不同。偶尔试试这样的穿搭，显得清爽干练，心情也会变得更好。插肩袖的设计既方便穿着，也更能感受到线材的舒适度。

设计/伊藤直孝
编织方法/150页
使用线/内藤商事

单粒扣男士马甲

宅家期间，是否也有很多人在编织中找到了被治愈的感觉？真希望男性朋友们也能体会到这份乐趣。这是一款经典的前开襟马甲，前门襟部分与身片是连在一起编织的，省去了另行编织的麻烦，实在太棒了！单颗纽扣的设计也非常新颖时尚。

设计/津曲健仁
编织方法/152页
使用线/达摩手编线

蓝绿色

加长款的无袖衫简单地套在身上就像一条连衣裙。等针直编的身片在肩部接合后，胁部将系带打结即可。身体活动自如，毫无束缚感，正适合早春时节穿着。

调色板

Color Palette

朝气十足的直编毛衣

为大家准备了钩针编织的上衣，编织花样仿佛整齐排列的蝴蝶结。由于是直筒款式，尺寸调整也非常简单。

photograph Shigeki Nakashima styling Kuniko Okabe,Yumi Sano hair&make-up AKI model Lia

设计/大田真子（5款） 制作/冈 千代子、真野章代
编织方法/155页 使用线/奥林巴斯

藏青色

这是普通长度的经典款式，按常规缝合了胁部。与长款无袖衫相比，加深了领窝，可以彰显领口的魅力。不妨搭配简约的连衣裙，尝试更多的穿搭风格。

原白色

这款普通长度的原白色毛衫与任何服饰都很搭。等针直编的领口呈漂亮的V形展开，展现出迷人的背姿。打造视觉亮点，秀出靓丽的背影吧！

棕色

这是露出腹部的短款设计，选择了沉稳的棕色。加宽身片，减短衣长，是一件别样的款式。

浅灰色

将长款无袖衫的颜色改成了清凉的浅灰色。选择明快一点的颜色编织，与偏深色的冬装说再见吧！也可以完美搭配春日气息浓厚的鲜艳下装。

Couture Arrange

志田瞳优美花样毛衫编织新编 9

用棒针和钩针编织的短袖长款上衣

photograph Hironori Handa styling Masayo Akutsu hair&make-up Naoyuki Ohgimoto model Dinara

选自中文版《志田瞳四季花样毛衫编织》：32页作品

原版是一款披肩，组合使用了棒针和钩针的编织花样。

从《志田瞳四季花样毛衫编织》中选择了一款由棒针编织花样和钩针编织花样构成的披肩，改编成基础百搭的短袖长款上衣。介绍钩针编织的作品在本专题还是第一次。

首先是线材问题，最好是棒针和钩针都容易编织的线，于是选择了手感柔软、光泽淡雅的纯棉带子纱线。

披肩从后背到手臂的棒针编织部分是每行都要编织的蕾丝花样，而这次的短袖上衣是在身片的上半部分交错编织2行1次的蕾丝花样，还尝试加入了拉针和泡泡针。钩针编织的花样比想象中更加抢眼，与棒针编织的花样总是不太协调。在反复试编很多次后，最终确定的花样与最初的构想大相径庭。

用偏细的纯棉带子纱线编织的这款短袖上衣与不同的内搭叠穿，可以展现多种风格，穿上好几个季节也没问题。因为可以简单地调整衣长，所以请大家选择自己喜欢的颜色编织出最适合自己的作品吧！

detail（细节说明）

首先编织棒针部分。为了使后面钩针的挑针部分可以薄一点，用手指挂线起针法起针后开始编织。
因为新加入了拉针，编织时请注意上拉的行数。作品中采用的是拆开已织针目的方法编织，也可以直接滑过针目将线圈拉上来，使用任何一种方法都可以。
钩针编织部分挑取指定针数后，环形往下钩织。一边注意起立针位置，一边按编织图分散加针。除了最初的部分，每次加2针，花样的变化清晰明了。
领口和袖口都是用钩针编织边缘。下摆部分直接利用花样作为边缘。领口和袖口编织的是更小一点的类似花样。

选自《志田瞳四季花样毛衫编织》
（河南科学技术出版社引进出版）
制作 / Keiko Makino
编织方法 / 158页
使用线 / 钻石线

冈本启子的 Knit+1 第27回

好不容易盼来了春天，为了更加积极乐观地面对生活，
不妨一起编织色调柔和的上衣吧！

photograph Shigeki Nakashima styling Kuniko Okabe,Yumi Sano hair&make-up AKI model Lia

过了立春，在历法上春天就开始了。

说到春天，就想起了一首歌。其中一句歌词是“马上就到春天了！”，这是Candies组合（日本少女偶像组合，1972~1978年）的一首歌，不过这样一说就不小心暴露年龄了。脱去重重的外套，出去谈个恋爱吧！整首歌洋溢着欢快的情绪。真怀念这样的春天啊……虽然因为新型冠状病毒的影响，最近都不能随心所欲地出去旅行或者购物，不过我深切感受到有编织的陪伴真是太好了。即使不能出去购物，也可以看看杂志，编织出想穿的衣服。

今年春天，我用柔和的色调编织了一款套头衫和一款外套。主要用线是真丝粗花呢线OATS。粗花呢棉结看上去就像一颗颗的麦粒，因此取名为“OATS”（燕麦的英文）。由于这款线材是与棉线混纺而成，编织起来也很顺手。编织完成的作品质地柔软，穿起来非常舒适。

即便不能出去购物，我们也可以宅在家里为自己和家人埋头编织，度过愉快的时光。

冈本启子(Keiko Okamoto)

Atelier K's K的主管。作为编织设计师及指导者，活跃于日本各地。在阪急梅田总店的10楼开设了店铺“K's K”。担任公益财团法人日本手艺普及协会理事。著作《冈本启子钩针编织作品集》《冈本启子棒针编织作品集》（日本宝库社出版，中文简体版都已由河南科学技术出版社引进出版）正在热销中，深受读者好评。

线名：OATS、SUCRE、CAPPELLINI、AGAVE

扇形镂空花样的短袖衫

66页作品 / 在钩针编织的网格针基础上钩织长针，呈现出轮廓清晰的扇形镂空花样。在育克位置切换花样，白色条纹是一大亮点。

制作 / 佐伯寿贺子　编织方法 / 160页　使用线 / K's K OATS、SUCRE

轻便的配色花样短衫

左图作品 / 以米色的OATS线为主色线，搭配各种线作为装饰。混合使用棒针和钩针，编织出了配色明快活泼的外套。衣长设计得比较短，显得更加轻便。

制作 / 森下亚美　编织方法 / 164页　使用线 / K's K OATS、SUCRE、CAPPELLINI、AGAVE

编织机讲座 part 17

可以快速编织，
乐趣十足

家用编织机“Amimumemo”操作简便。这次为大家介绍的是用引返编织技法制作的作品。

photograph Hironori Handa styling Masayo Akutsu hair&make-up Naoyuki Ohgimoto model Dinara

喇叭形马海毛披肩

这款喇叭形的变形披肩组合使用了引返编织技法和之前介绍过的退针。在乍暖还寒的早春，轻暖的马海毛线编织的披肩是非常实用的时尚单品。

设计／奥村利惠子（银笛编织研究会）
编织方法／166页
使用线／钻石线

淡雅的蓝色喇叭裙

喇叭裙给人轻灵、雅致的印象，出门也变得让人充满期待。柔和的色调增添了春日气息。像这样的喇叭形状也可以用基础的引返编织技法完成，既简单又美观。

设计 / 奥村利惠子（银笛编织研究会）
编织方法 / 168页
使用线 / 钻石线

文艺范儿连衣裙

用引返编织就可以在段染线中加入漂亮色块的配色花样，无须像菱形格纹那样渡线编织。使用编织机，就连长款的连衣裙也可以快速编织完成。

设计/奥村利惠子（银笛编织研究会）
编织方法/170页
使用线/Rich More、和麻纳卡

披肩的引返编织

摄影 / 森谷则秋

68页的作品

无须在针上挂线，直接做引返编织。

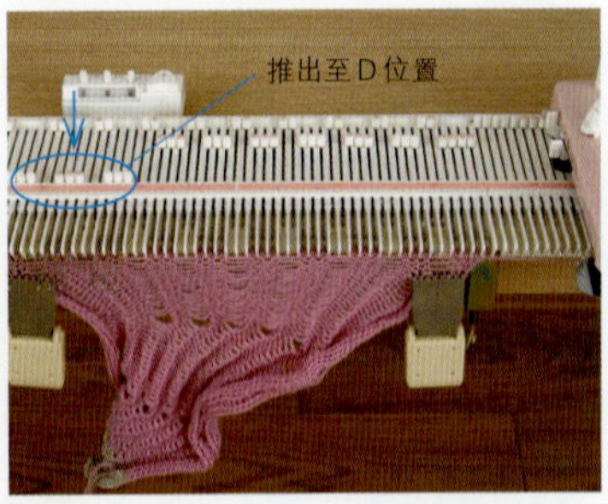

1
将引返编织部分以外的机针都推出至D位置。（将机头放在右侧。）

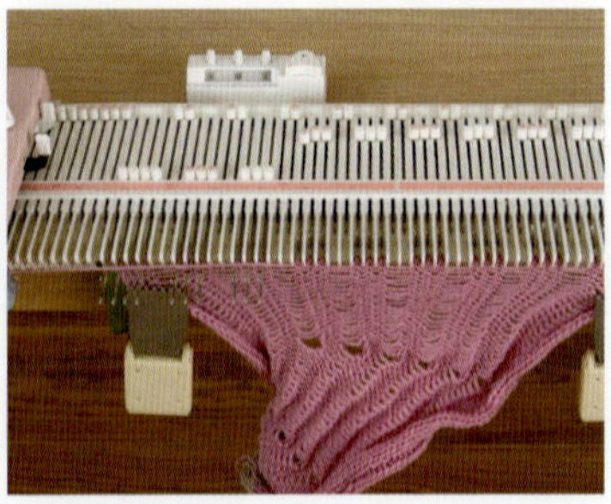

2
将罗塞尔杆调至集圈位置，编织1行。

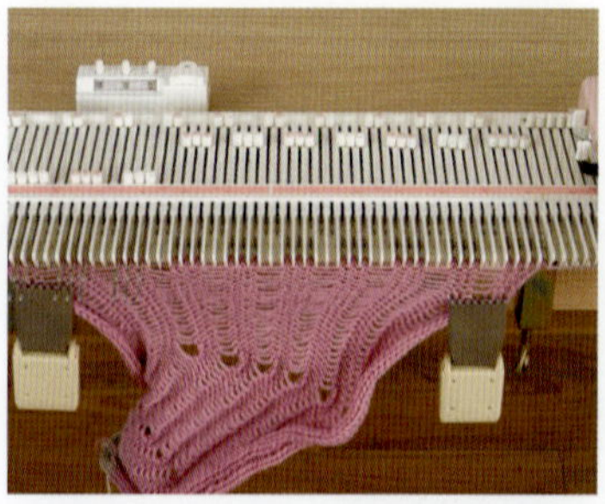

3
无须在针上挂线，直接编织1行。

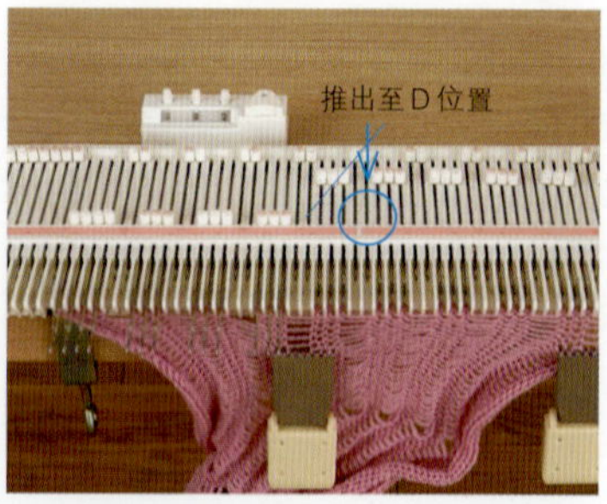

4
将3根机针推出至D位置，按相同要领编织2行。

5
编织后的状态。因为没有在针上挂线，所以引返位置会出现小洞。

6
每次将3根机针推出至D位置，按相同要领编织至右端剩下4针。

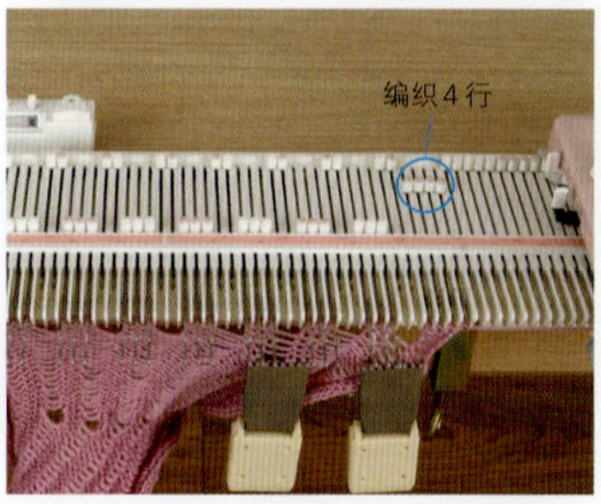

7
边上的4针继续编织4行。留针的引返编织就完成了。

8
接着做加针的引返编织。将3根机针推回至C位置，无须在针上挂线，直接编织2行。

9
编织后的状态。

10
每次将3根机针推回至C位置，按相同要领继续编织。

11
引返编织结束后，将D位置上的机针全部推回至C位置。

12
全部针目一起编织指定行数。披肩的1组引返编织就完成了。

编织师的极致编织

【第37回】编织雕刻刀的风景

37

在木板上描线，雕刻
虽然简单却颇有意趣的木版画

从可以轻松体验的单色木版画
到多色浮世绘和艺术版画

切割刀、平刀、圆刀、三角刀
不同种类的雕刻刀要区分使用
雕刻沟痕，或者留下

雕刻木头的声音
让人心静
沉浸其中，就像编织一样
在上面花费大量时间

这里，版画的要点！
不要忘记反转——

文、图/203gow 参考作品

编织师203gow：
持续编织非同寻常的"奇怪的编织物"。成立让编织充满街头的游击编织集团"编织奇袭团"，还涉足百货店的橱窗、时尚杂志背景、美术馆、画廊展示、舞台美术以及讲习会等活动。

毛线世界

编织符号真厉害

第15回 著名配角——盖针【棒针】

你是否正在编织？我是对编织符号非常着迷的小编。天气转暖，我们迎来了《毛线球》的春号！这依然是个适合编织的季节。春天，大家的手指应该就像从冬眠中苏醒的动物们，欢快地跃动着。如果大家一直都在不知疲倦地编织着，我将不胜荣幸。

好久没有说过棒针了。今天我们聊聊盖针。在思考该用什么词来描述这种编织方法时，我想起了“伪阿兰编织”这几个字……抱歉。或许本来就是？因为它看起来很像麻花针。而且，盖针也分左右。基本的盖针（穿过左针或穿过右针）要将针目拉紧，盖住剩余的针目，然后用挂针补充减去的针目。盖针斜着渡线，看起来很像麻花针。而且，盖针的针法有很多种变化。卷针盖针、拉针盖针、穿过挂针的盖针、穿过滑针的盖针……这里没法全部介绍一遍，毕竟有好多针法我自己也没有编过（笑）。大家可以先从基本的盖针开始尝试。

盖针通过盖住、拉住、卷住其他针目做出编织花样，编织符号的形状就是拉住、包住其他针目。从某种层面上来说，这个编织符号很像著名的配角，是整体中的一个重要存在。我很期待它的出现。这些盖针组成的花样，给我们带来了一件“伪阿兰花样”毛衣！配角出现的瞬间，甚至可以盖住主角的光辉。

见到不熟悉的编织符号可能会一时摸不着头脑，就以支持配角的心态来尝试一下这个针法吧。你一定会被它的魅力打动的。

了不起的符号 1 阿兰风?只需要盖住针目即可完成

穿过左针的盖针（3针时）

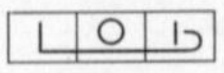

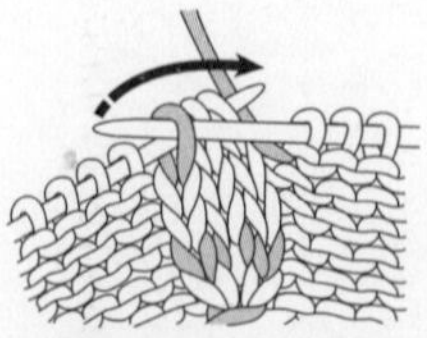

1 如箭头所示，右棒针插入左棒针上的第3针，盖住右侧的2针。

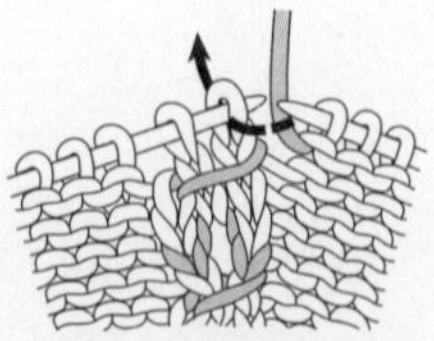

2 右棒针从织片前面插入左棒针上右侧的针目，编织下针。

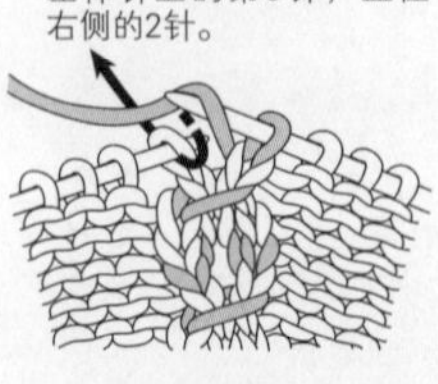

3 挂针，右棒针插入左侧的针目，编织下针。

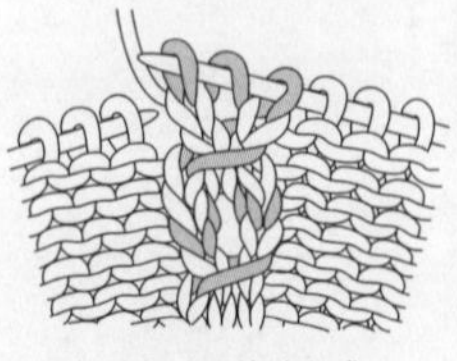

4 穿过左针的盖针完成。

穿过右针的盖针（3针时）

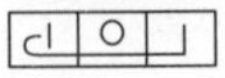

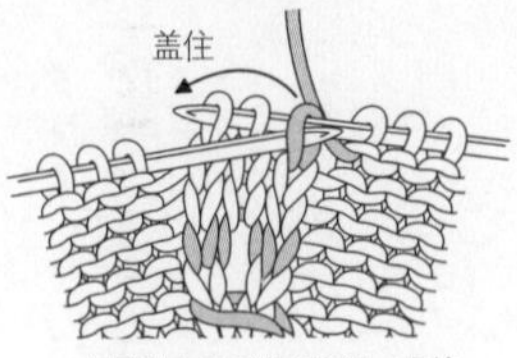

1 左棒针上的3针不编织，直接移至右棒针上（第1针需要改变针目方向）。如图所示插入第1针，盖住左侧的2针。

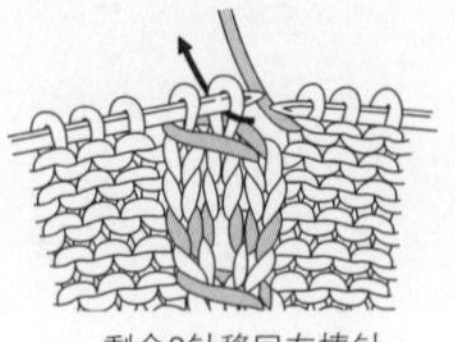

2 剩余2针移回左棒针，右边的针目编织下针。

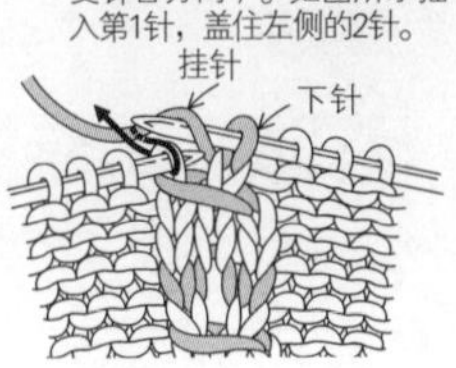

3 然后编织挂针，第3针编织下针。

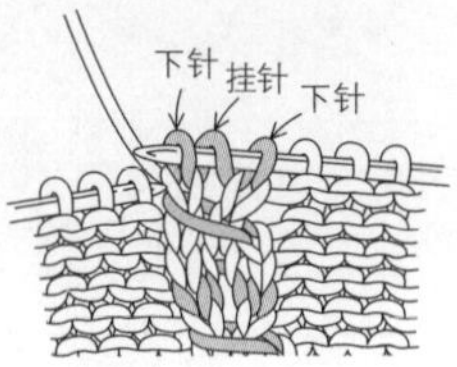

4 穿过右针的盖针完成。

了不起的符号 2 变化多样的盖针

绕3次的盖针（3卷绕线编）

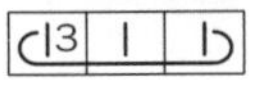

穿过左滑针的盖针

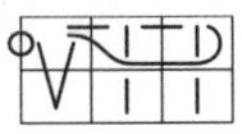

穿过右滑针的盖针

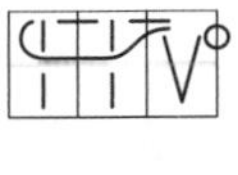

左拉盖针

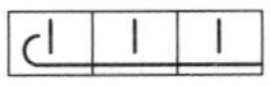

右拉盖针

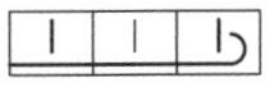

穿过左挂针的盖针

穿过右挂针的盖针

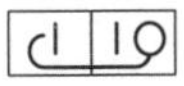

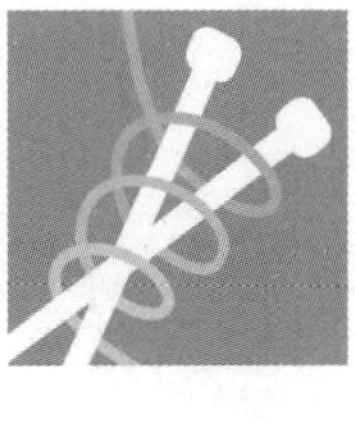

小编的碎碎念

我借着这个机会仔细查了一下，这个针法的变化之多令人惊奇。感觉还是有一定难度的，但实际动手编织，便会被这种花样打动，它让我感受到了新的可能性。从编织符号上来看，人们很难把它当作主角，所以我反而希望它能成为主角。有人想要尝试一下吗?!

现在还不知道？

正确测量编织密度的方法

大家在编织作品之前，会认真编织样片吗？
按照规定编织密度编织样片，是非常重要的一个环节。
虽然很想尽快着手编织，
但为了长时间编织的作品大小合适，还是先掌握正确测量编织密度的方法吧。

摄影/森谷则秋 监修/今泉史子

线材会拉伸或收缩，所以一定要熨烫哟！

※ 拿在手上熨烫的话很容易被烫伤

其1

样片的编织方法

编织密度表示针目的大小，通常以10cm×10cm面积内的针数、行数来表示。
那么，编织样片是要编织一个10cm×10cm的织片吗？非也。
织片端头的针目并不稳定，所以通常需要编织一个边长15cm的正方形织片，然后测量编织密度。

首先需要计算一下编织边长15cm的正方形样片需要编织多少针。按照书本编织的话，只需要将编织密度×1.5即可计算出针数。

如果是原创作品，按照毛线标签上的编织密度×1.6，大概就是所需的针数。

样片最终行不用做伏针收针，将线穿过最终行即可。

如果伏针收针，会影响针目大小。

将织好的样片翻到反面，用蒸汽熨斗悬空轻轻熨烫，使其饱含蒸汽。

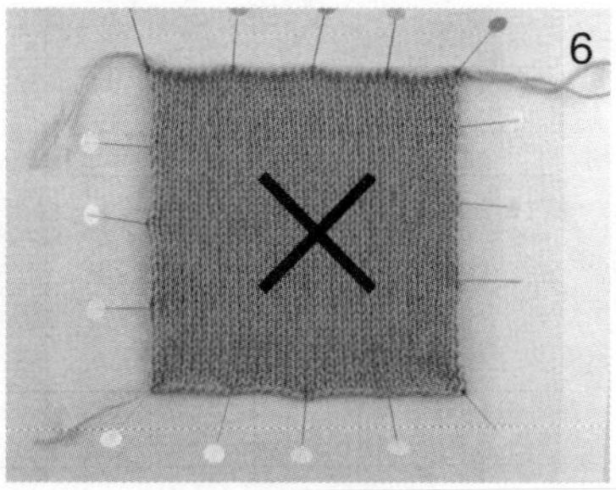

熨烫是为了呈现出织片最自然的状态，不用别上珠针。

也不要将熨斗压在织物上。

翻到正面，用手指轻抚，整理针目与行。

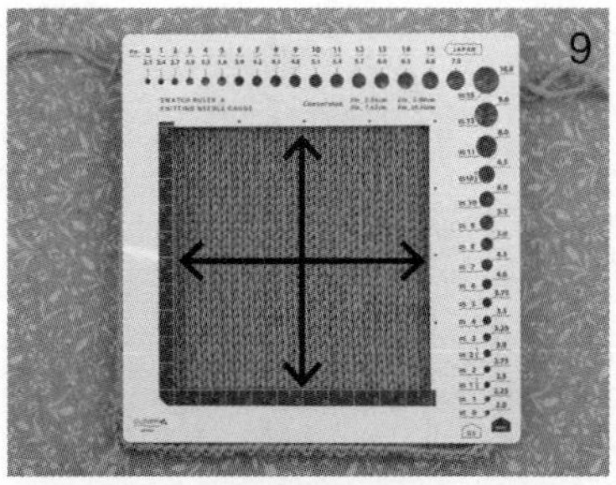

蒸汽散去后，用尺子从中间量取10cm×10cm范围，数一下针目和行数。如果针目与规定不吻合，以0.5为单位进行调整。

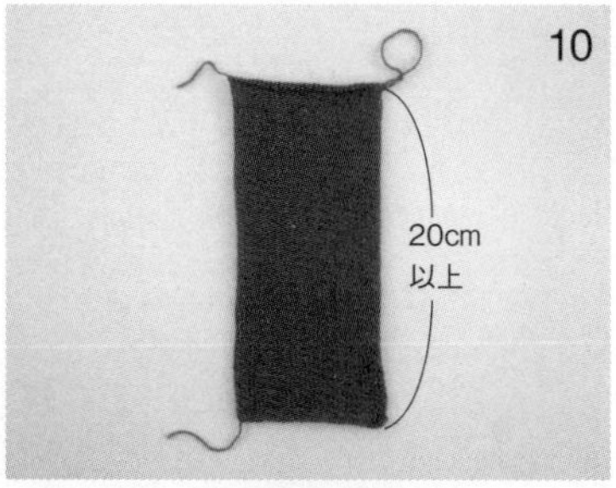

如果是编织连衣裙等比较长的衣物，样片编织成长方形再测量。

编织花样的密度的测量方法

下针编织和短针之类的针目细密排列在一起的花样很容易数清楚10cm×10cm面积内的针数、行数，那么，不规则的编织花样怎么测量编织密度呢？
下面介绍复杂的镂空花样和钩针编织花样、阿兰花样等编织花样测量密度的要点。

复杂的镂空花样（1个花样14针、16行）

以1个花样为单位来测量编织密度，然后换算为10cm×10cm面积。这个织片2个花样28针9.6cm、32行10.3cm。

●10cm的针数密度

28针：9.6cm＝X针：10cm
X＝28×10÷9.6
＝29.166…
≈29针

●10cm的行数密度

32行：10.3cm＝X行：10cm
X＝32×10÷10.3
＝31.067…
≈31行

复杂的钩针编织花样

书上的编织密度以1个花样○cm表述时，在10cm左右容易区分花样的地方测量，计算出平均值。

●针数密度

2个花样8cm
8cm÷2=4cm
1个花样=4cm

●行数密度

2个花样11.6cm
11.6cm÷2=5.8cm
1个花样=5.8cm

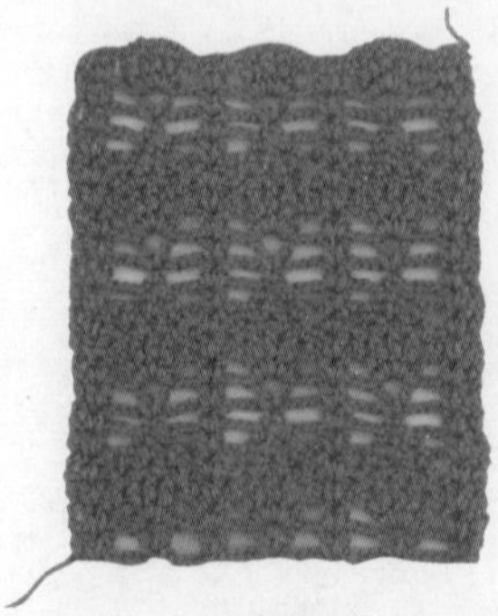

像这个花样一样针数不规则、行数规则的情况，则需要数清楚10cm范围内的行数。

阿兰花样

阿兰花样经常使用交叉花样。交叉的针数会影响编织密度，所以需要以花样为单位来测量密度。虽然花样较大的话会比较辛苦，还是要编织出包含整个花样的织片再测量密度。

虽然是逐个花样测量编织密度，但一个个编织的话行数密度也会很凌乱，所以不要分开编织。

反复编织相同花样时，要计算出平均值，得出10cm×10cm 面积内的编织密度。

单罗纹针

经常用来编织边缘，所以基本不用测量编织密度。如果织片整体使用这种针法，就需要编织样片测量密度。通常来说，1针下针的宽度是上针宽度的1/2，这是比较标准的罗纹针，周围用珠针固定。也可以做下针编织，然后将针数增加2成，计算出针目。

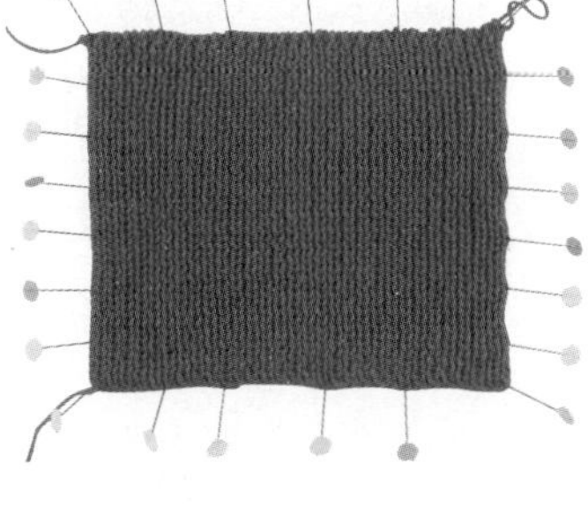

网眼针

网眼较多，横向、纵向可以自由变形，所以测量编织密度比较困难。网眼编织理想的形状是下图这样呈45°角固定的形状。在织片上打上珠针，使其呈这个形状，然后用蒸汽熨斗熨烫。

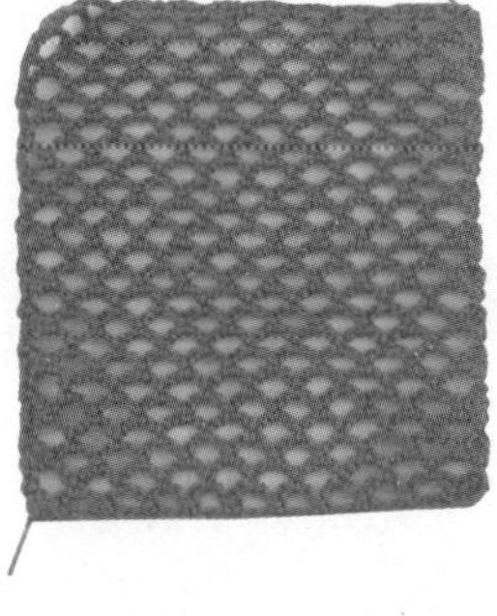

第44页作品 条纹花样的编织方法

本作品使用两头都有钩子的双头阿富汗针。
前进针和后退针的编织方法和单头阿富汗针不同，编织时要留意编织符号图和编织方向。

摄影/森谷则秋

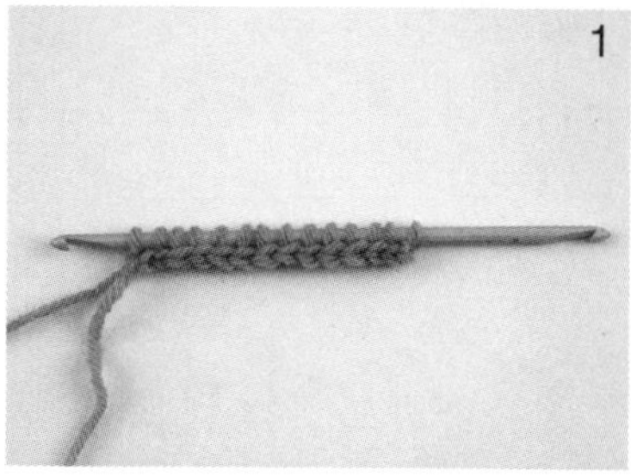

用A色线钩织锁针起针，挑起里山编织第1行前进针。（针数较多时，中途像步骤2那样先编织后退针。）

条纹花样

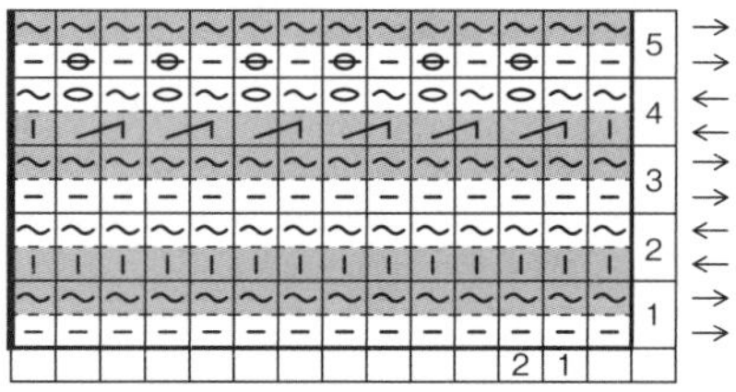

配色 □ =A色 ■ =B色

=2针并1针

=整段挑起后退针

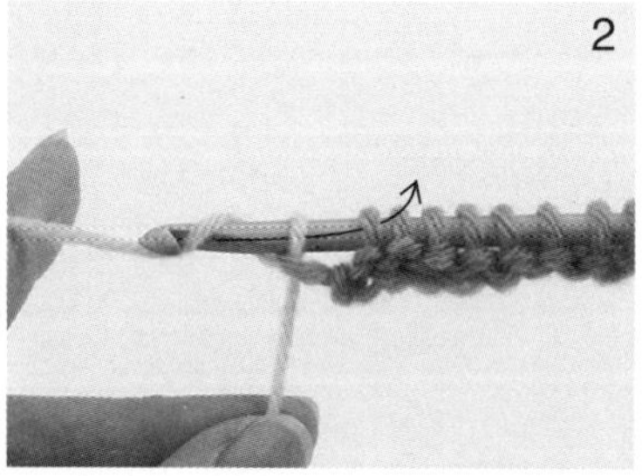

翻转织片，使用另一头的针尖，用B色线钩织1针引拔针，开始第1行后退针。

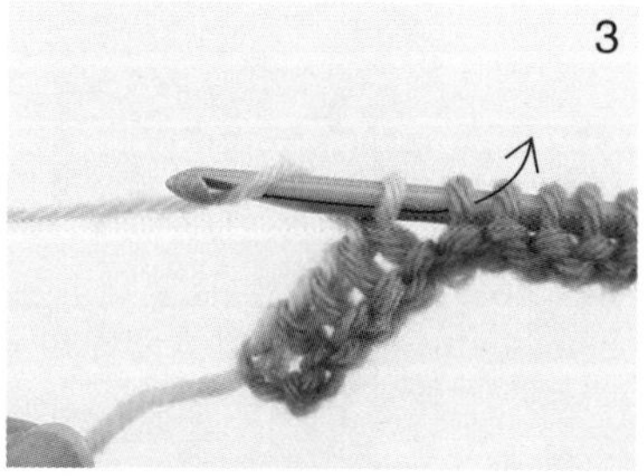

在1针前进针上重复编织1针后退针。

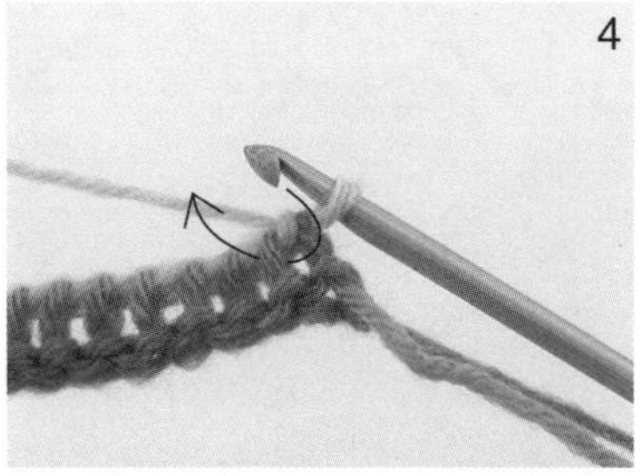

第1行编好了。第2行直接用B色线编织下针的前进针。

编织下针至端头。

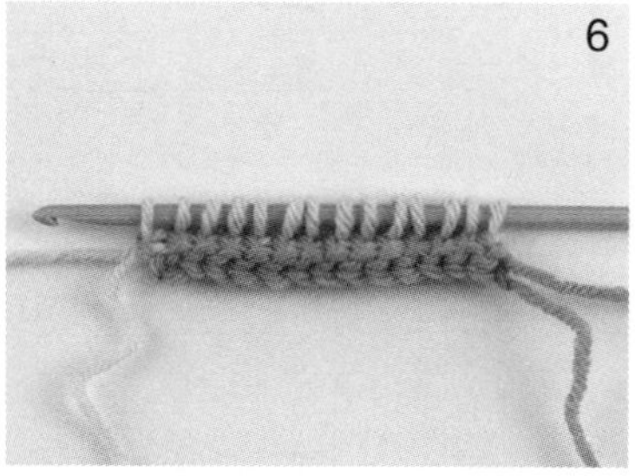

第2行前进针编好了。

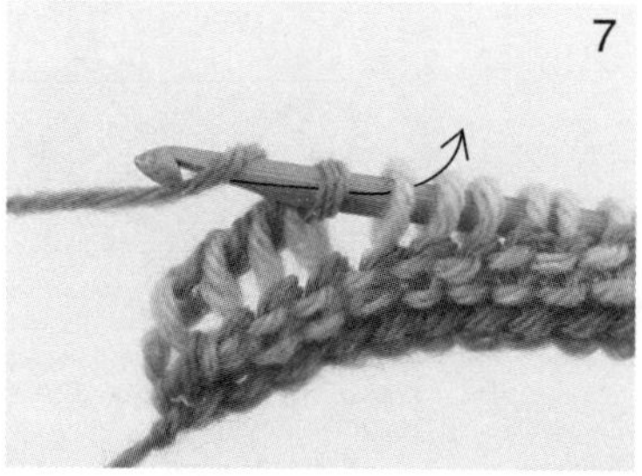

翻转织片，使用另一头的针尖，用A色线编织第2行后退针。

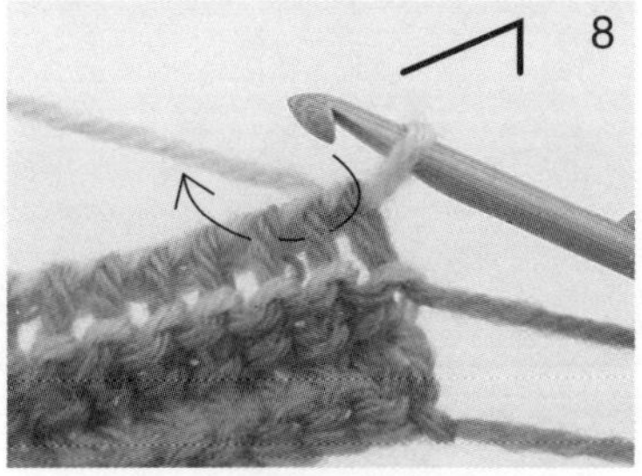

第3行用A色线编织下针的前进针，用B色线编织后退针。第4行用B色线编织，如箭头所示将阿富汗针插入2个针目。

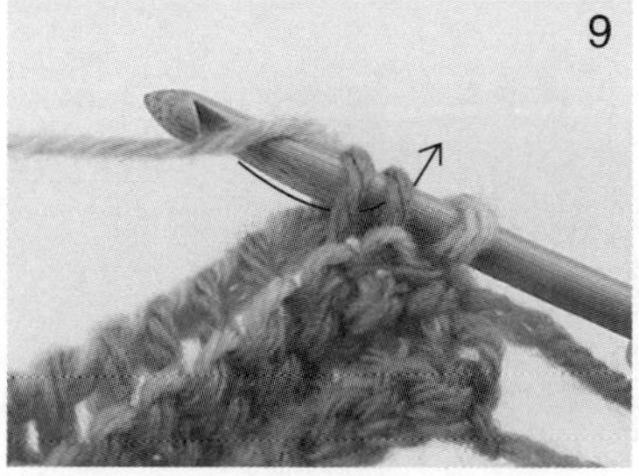

挂线并拉出。

按照相同要领重复编织2针并1针。

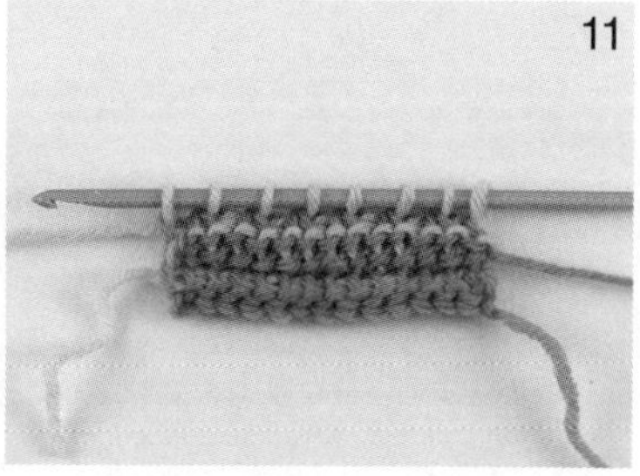

第4行前进针编好了。因为编织了2针并1针，所以针上挂的针目（除去端头的针目）只有一半。

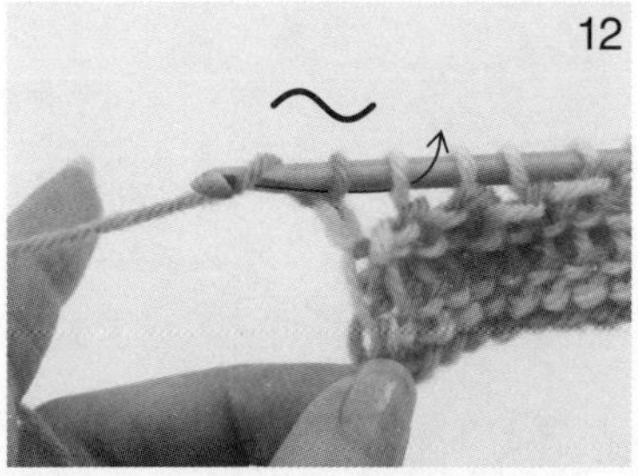

翻转织片，换用A色线编织2针后退针。

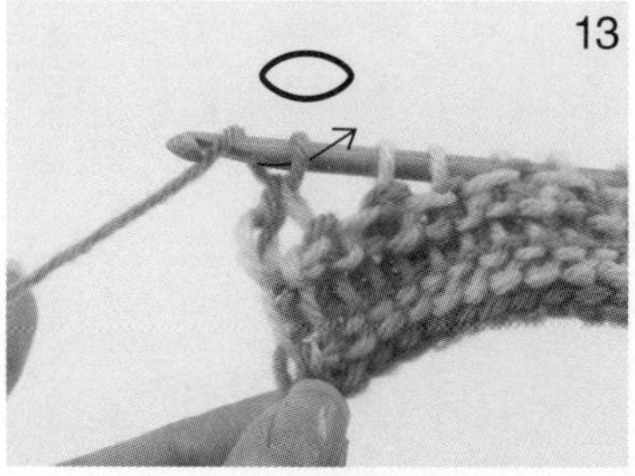

继续重复编织1针锁针、1针后退针。

第4行后退针编好了。

第5行将针插入前一行锁针的空隙里。

将线拉出。

前一行编织2针并1针的地方将针插入前进针编织下针。

第5行前进针编好了。这是从正面看的样子。

从反面看的样子。

第43页作品 条纹花样的编织方法

阿富汗针编织中有许多编织花样。
下面我们一起练习2针长针并1针、滑针的编织方法和半针后退针的挑针方法吧。

条纹花样

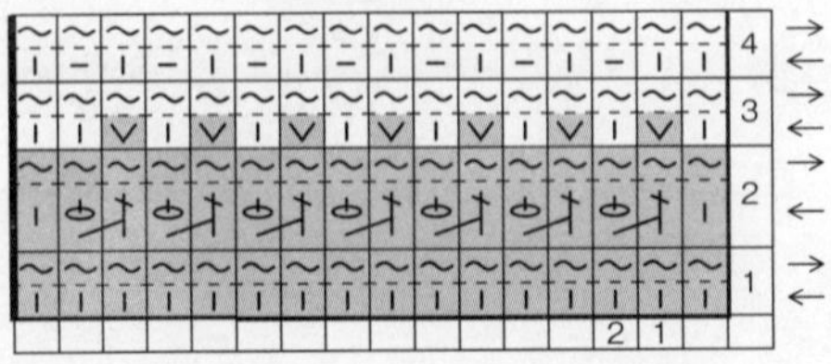

配色 { ▨ =A色 / □ =B色 }

=2针长针并1针、在后退针的锁针的半针里挑针编织下针

=将前一行的长针滑过不织

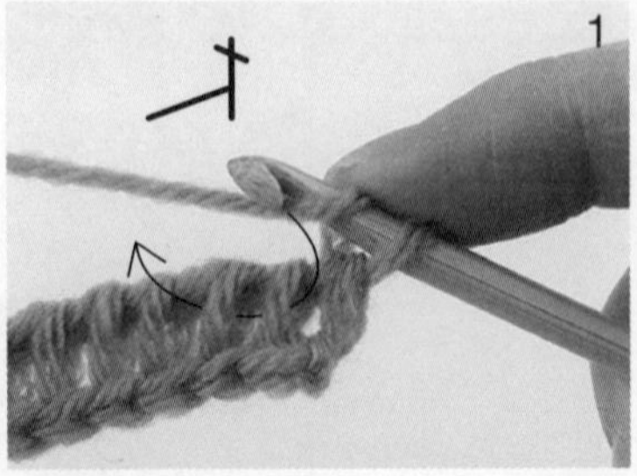

编织第2行时，针头挂线，如箭头所示插入2个针目。

挂线并按照箭头所示拉出。

再次挂线，从针上的2个线圈中拉出。

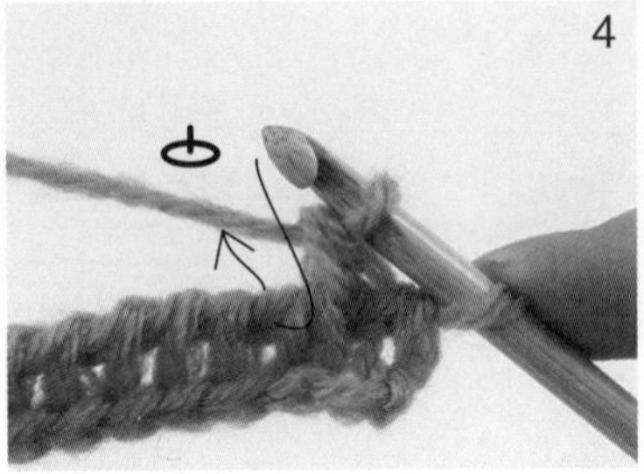

2针长针并1针完成。然后将针插入后退针的半针锁针，挂线并拉出。

按照相同方法编织2针长针并1针、挑起后退针的锁针的半针编织下针，不断重复。

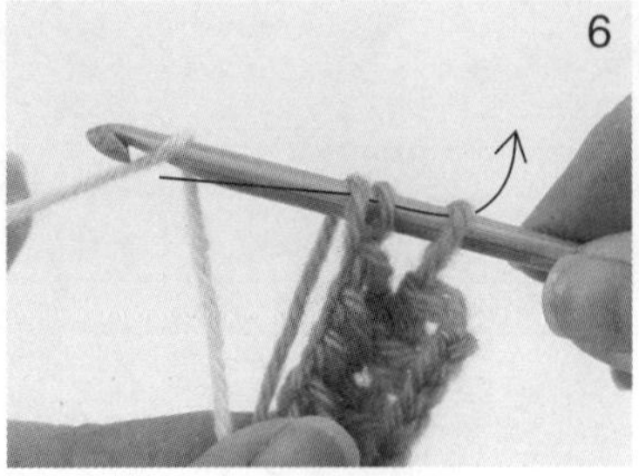

第2行在编织最后的后退针之前换为B色线。将A色线从前面挂到针上，用B色线引拔。

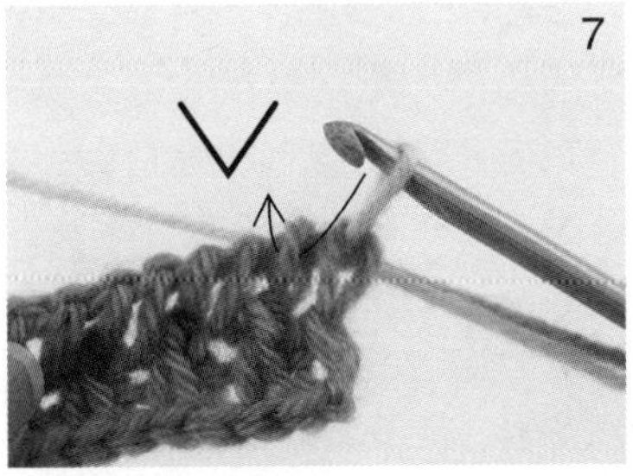

第3行将针插入第2针。

直接编织滑针。

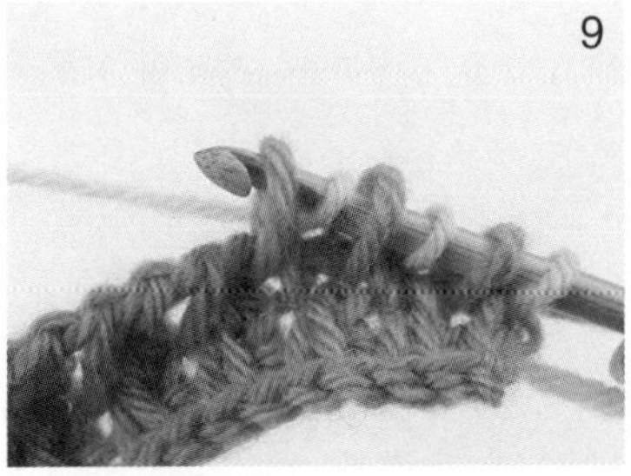

重复编织下针、滑针。编织滑针的针目需要让前一行的线挂在针上。

图为编完第3行后退针的样子。

毛线世界

时尚达人的手艺时光之旅：
日本国产毛线的艰难发展历程

在新冠疫情期间，网络销售的进口毛线在颜色和质感上似乎深受好评。不过，从明治时期（1868—1912年）到昭和三十年（1955年）的毛线出口鼎盛时期，日本的国产毛线也有过一段摸索发展的历程。

关于日本国内的牧羊业，早在明治七年（1874年），大久保利光收到在北海道拓荒的屯田兵需要呢绒大衣御寒的诉求后，开办了下总牧羊场（位于现在的成田机场附近）。据说他一同去做选址调查时，对一路走上来的堤坝［其实是江户时期（1603—1867年）用于放牧野生马匹的堤坝］非常满意，于是果断做了决定。

大久保利光被暗杀后，牧羊场就纳入了陆军省的管辖，开始扩建工厂，生产和管理陆军所需的布料和毛线等。但是预算不足和羊生病等问题层出不穷，养羊业始终没有得到发展。最后，羊毛只能依赖进口解决。日本华族女子学校的教授下田歌子也曾叹息不已：“我国的畜牧业和毛纺技术都尚不完善。使用毛线时，就不得不依靠进口产品。”

之后，发生了“八甲田山雪中行军遇难事件”。这个事件后来被拍成了电影，因为其中的一句台词“老天已经抛弃了我们”而广为人知。就是因为这个事件，日本政府于明治三十九年（1906年）在北海道的月寒地区成立了公营种畜牧场。虽然致力于牧羊研究，进展却好像并不太顺利。不过，第一次世界大战中英国将羊毛作为军用物资列为战时违禁品，日本进口毛线和毛纺产品急剧减少。作为紧急应对措施，日本政府制定了补助金制度，用于激励人们饲养国产羊，实现了民间牧场的量产，一直持续到昭和七年（1932年）。

说点题外话，量产的日本毛线比进口毛线更加便宜，甚至成为大正时期（1912—1926年）经济高速发展的一大契机。日本国产毛线的质量究竟如何呢？当时的编织讲师樋口歌代子曾经这样说过：“英国生产并染制的蝴蝶牌纯色毛线是1磅大约4.5日元，用羊背上的粗硬羊毛加工制造的德国产苏格兰粗呢毛线是1磅大约3.2日元。日本产的苏格兰粗呢毛线是1磅大约2.5日元，价格相当便宜了。日本国产毛线的质量虽然比不上进口的蝴蝶牌和苏格兰毛线，但是穿上2~3年完全没有问题，是编织性价比最高的毛线。”

日本现在的国产毛线无论是编织体验还是结实程度都是绝对有保证的，不过在弹性方面却一直不是很理想。每回看到只用一次就扭曲了的毛线便深有体会。真想使用富有弹性的毛线编织啊！

《鲁西亚人饲罗纱羊之图》（即《俄罗斯人饲养绵羊图》，1860年）东京都立中央图书馆特别文库室收藏

蝴蝶牌毛线的广告（大正十一年，即1922年）

蝴蝶牌毛线的广告（大正十一年，即1922年）

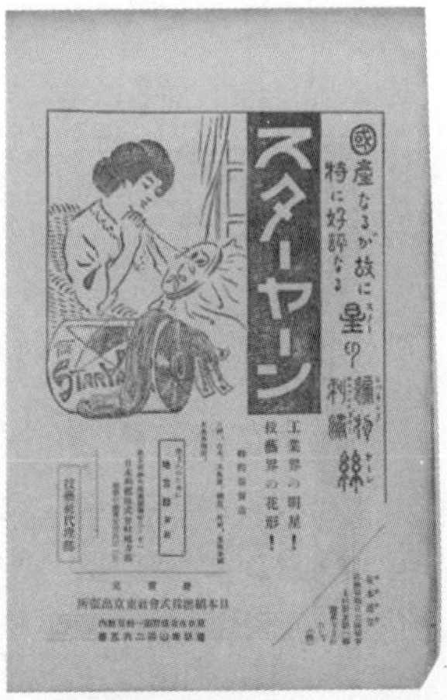

星牌毛线（STAR YARN）的广告（大正十三年，即1924年）

北川景

日本近代西洋技艺史研究家。为日本近代手艺人的技术和热情所吸引，积极进行着相关研究。公益财团法人日本手艺普及协会蕾丝编织教师，一般社团法人彩色蕾丝资料室代表。担任汤泽屋艺术学院蒲田校区、浦和校区的蕾丝编织讲师。在神奈川县汤河原经营着一家彩色蕾丝资料室。

作品的编织方法

★的个数代表作品的难易程度和对编织者的水平要求　★…初学者可放心选择　★★…拥有一定自信者都可以尝试

★★★…有毅力的中上级水平者可以完成　★★★★…对技术有自信者都可大胆挑战

※ 线为实物粗细

※ 图中未注明单位的表示长度的数字均以厘米（cm）为单位

材料

[A] 手织屋 Honey Wool 米色（17）175g，Silk Mohair Reina 米色（06）75g

[B] 手织屋 French Linen 浅蓝色（07）70g、白色（12）20g，Wool Yasan Silk 绿色（05）50g、原白色（10）15g

工具

[A] 棒针6号、4号

[B] 棒针4号、2号

成品尺寸

[A] 胸围101cm、衣长57cm、连肩袖长74cm

[B] 胸围101cm、衣长52cm、连肩袖长62cm

编织密度

[A] 10cm×10cm面积内：下针编织20针，28行

[B] 10cm×10cm面积内：下针条纹、下针编织均为20针，35行

编织要点

● [A]…育克另线锁针起针，环形做下针编织。参照图示加针。后身片往返编织8行，作为和前身片的差行。后身片、前身片均从育克挑起指定数量的针目，腋下做卷针起针，做环形编织。然后编织双罗纹针，编织终点做下针织下针、上针织上针的伏针收针。衣袖从育克和标记处挑针，按照身片的方法编织。袖下的减针参照图示。领口解开锁针起针，编织双罗纹针。编织终点的处理方法和下摆相同。

● [B]…育克另线锁针起针，环形编织下针条纹。参照图示加针。后身片往返编织8行，作为和前身片的差行。后身片、前身片均从育克挑起指定数量的针目，腋下做卷针起针，做环形编织。然后做下针编织和起伏针，编织终点从反面做伏针收针。衣袖从育克和标记处挑针，按照身片的方法编织。袖下的减针参照图示。领口解开锁针起针，编织起伏针。编织终点的处理方法和下摆相同。

8、9页的作品 ★★

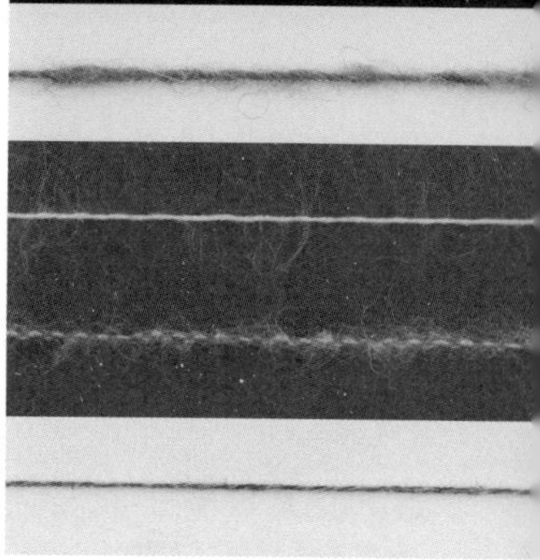

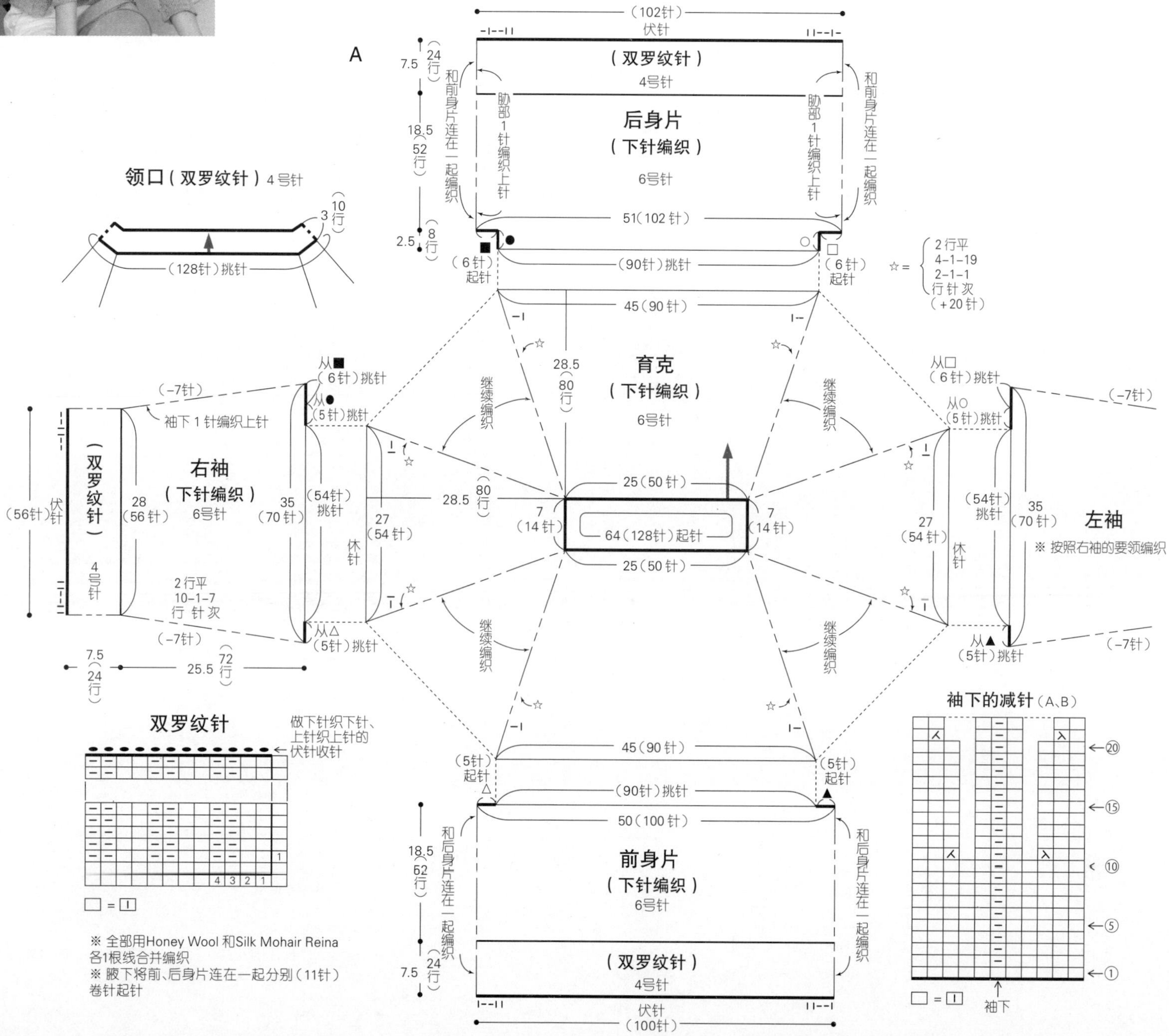

B

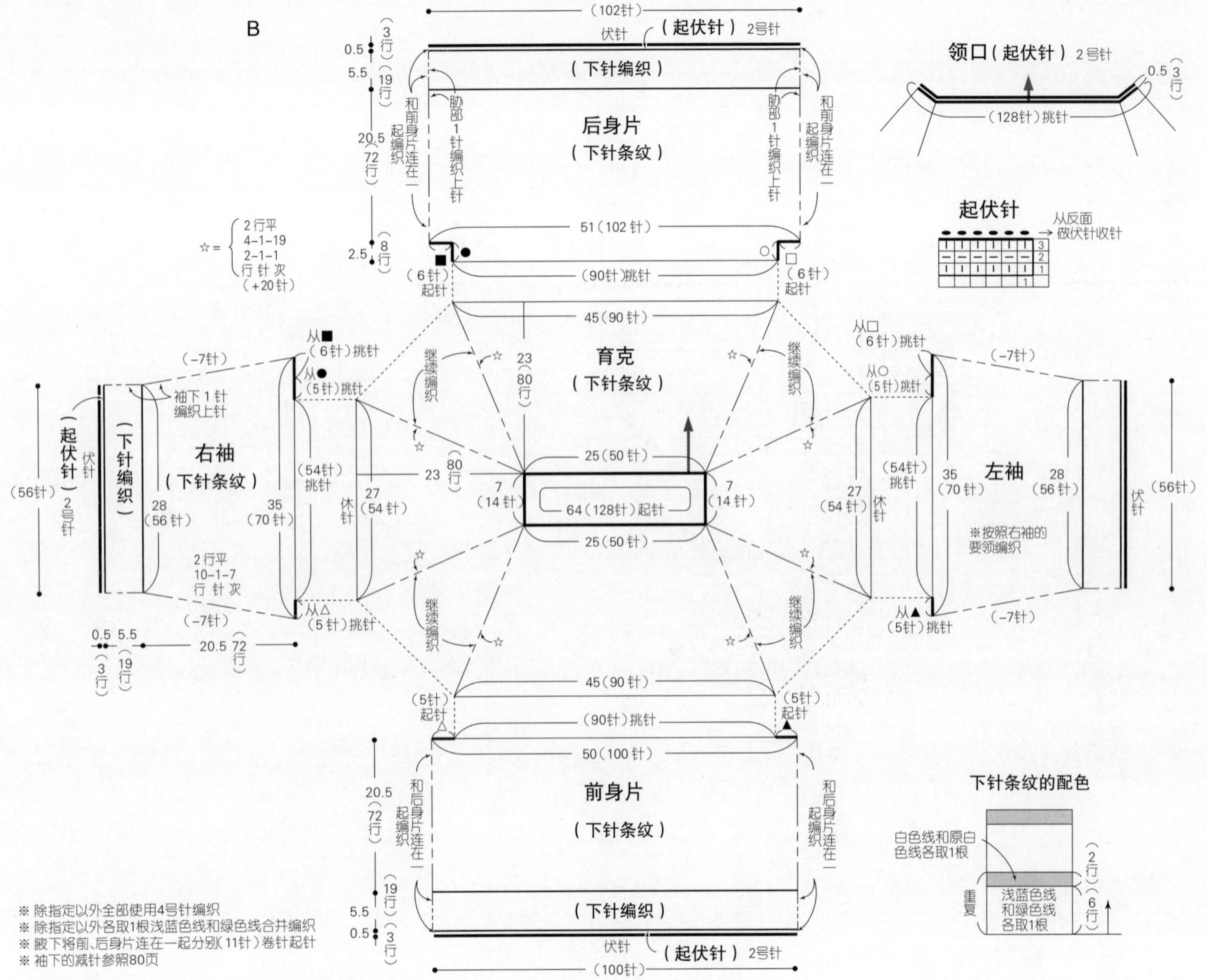

※ 除指定以外全部使用4号针编织
※ 除指定以外各取1根浅蓝色线和绿色线合并编织
※ 腋下将前、后身片连在一起分别(11针)卷针起针
※ 袖下的减针参照80页

5针中长针的爆米花针
(从针目中挑针)

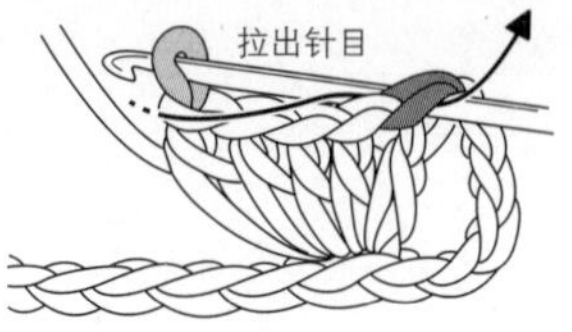

1 在锁针的里山钩织5针中长针，然后取下钩针，从织片前侧插入第1针中长针的头部，将休针的针目从第1针中拉出。

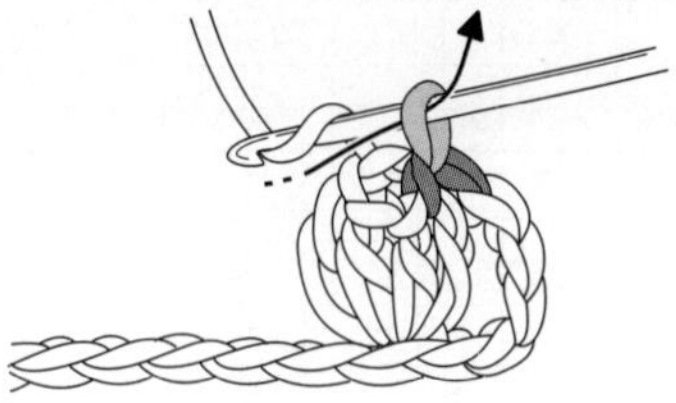

2 继续挂线并钩织1针锁针将针目收紧。

3 5针中长针的爆米花针（从针目中挑针）完成了。

5针长针的爆米花针
(整段挑针)

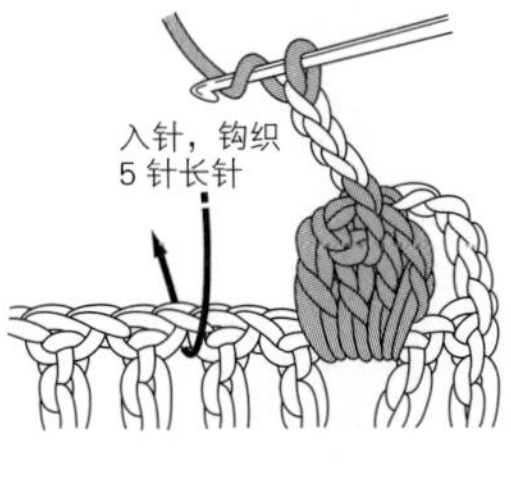

1 挂线，如箭头所示插入钩针，钩织5针长针，然后取下钩针。

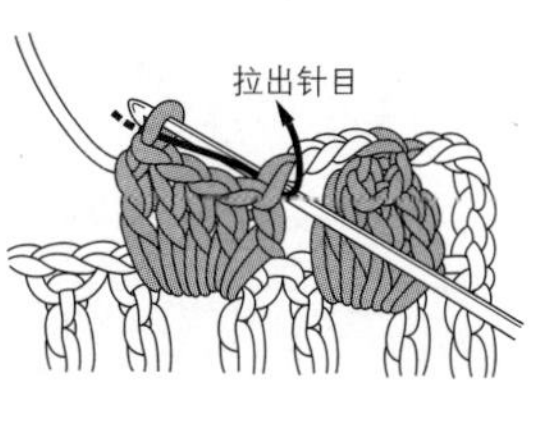

2 从织片前侧插入第1针长针的头部，将休针的针目从第1针中拉出。

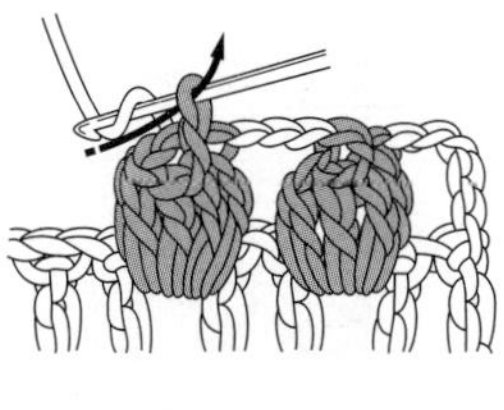

3 钩织1针锁针将针目收紧。

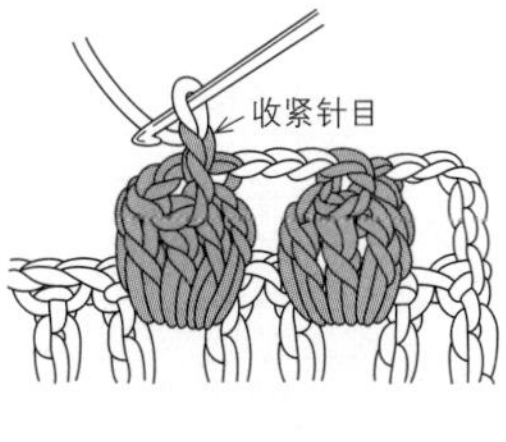

4 5针长针的爆米花针（整段挑针）完成了。

育克的加针（A）

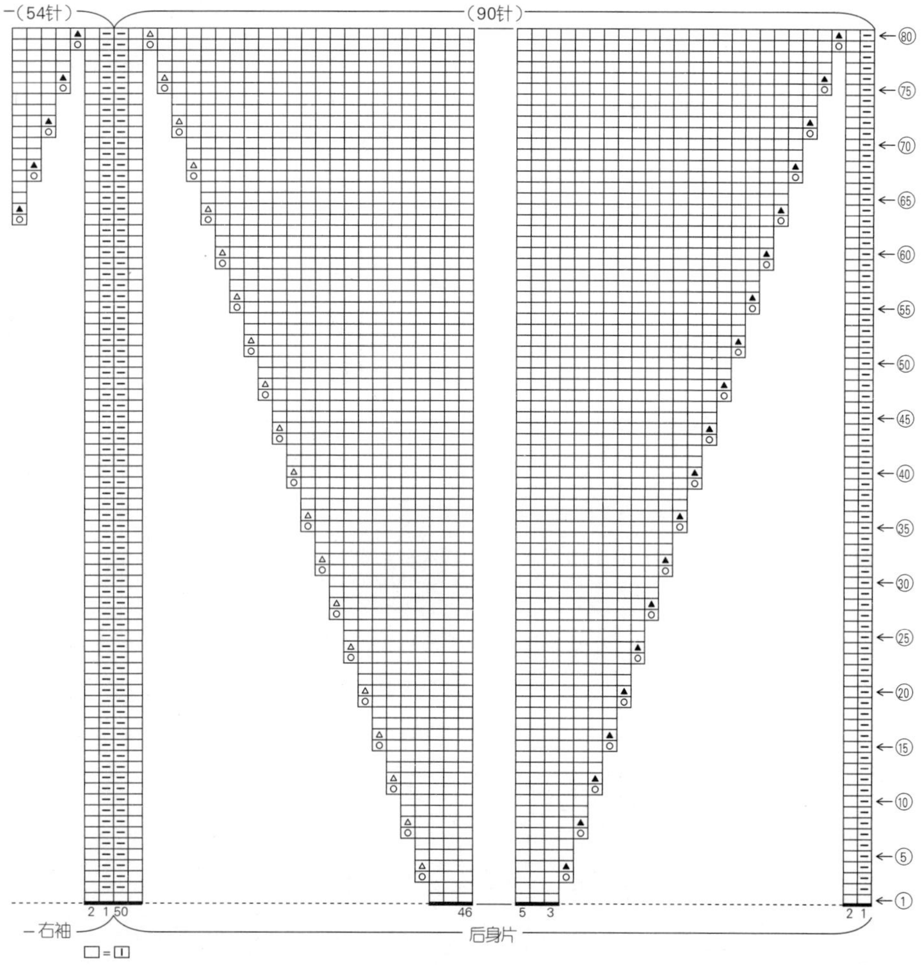

扭针加针

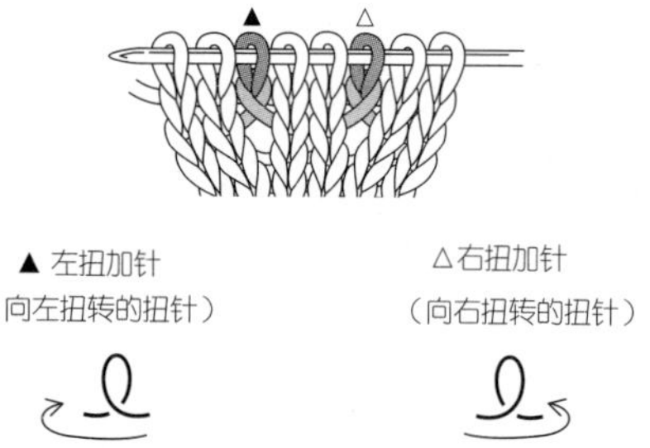

▲=向左扭转的扭针
△=向右扭转的扭针

育克的加针（B）

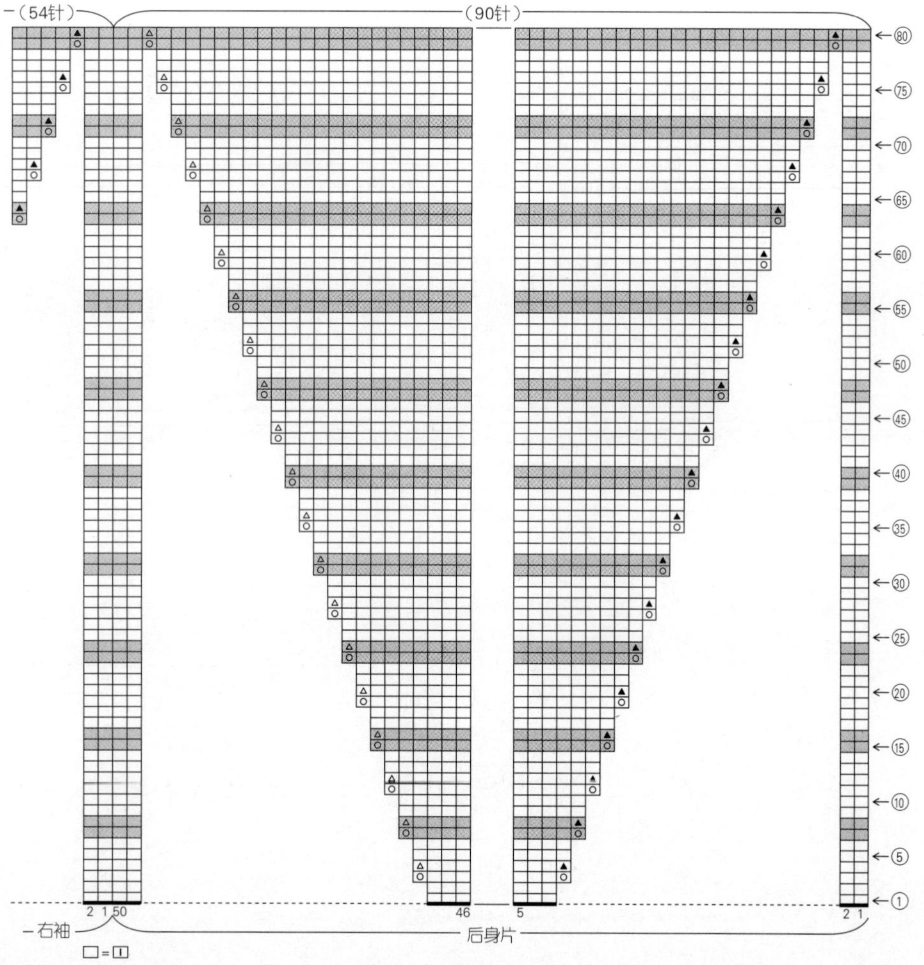

配色
□=浅蓝色线和绿色线各取1根
▒=白色线和原白色线各取1根

材料

[A] 芭贝 Pima Denim 藏青色（100）230g/6团，灰色（157）少量/1团

[B] 芭贝 Pima Denim 白色（200）130g/4团，灰色（157）105g/3团，藏青色（100）少量/1团

工具

棒针4号、5号、3号

成品尺寸

胸围110cm，衣长53cm，连肩袖长27.5cm

编织密度

10cm×10cm面积内：下针条纹、下针编织均为24针，33.5行（4号针）

编织要点

●用指定颜色线做锁针起针，[A]做下针编织，[B]编织下针条纹，均做环形编织。肩部参照图示加针。前、后身片分别做往返编织，[A]袖口编织起伏针，[B]袖口编织起伏针条纹。编织完54行以后，将前、后身片连在一起做环形编织。编织70行以后，编织单罗纹针。编织终点做下针织下针、上针织上针的伏针收针。

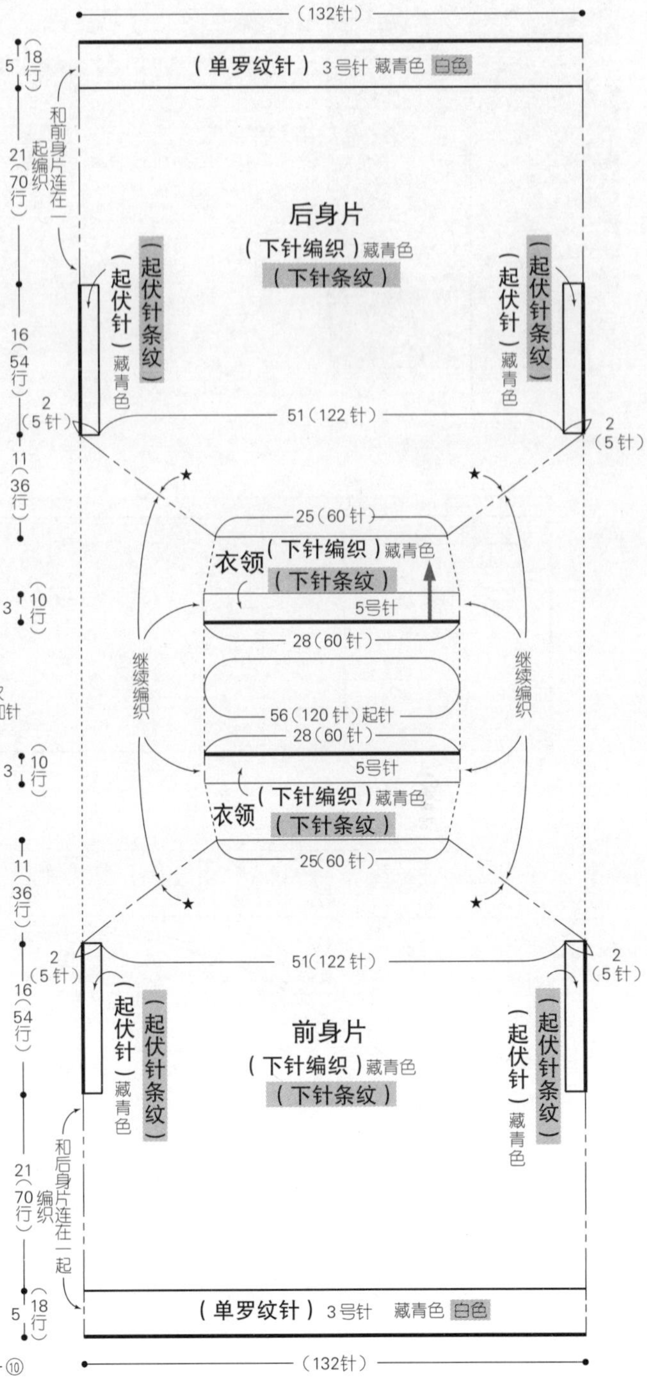

※■是B，其他是A或通用

※除指定以外均用4号针编织

※起针 灰色 藏青色

★=（+36针）2行平，2-2-17 行 针 次，（2针）加针

下针条纹、起伏针条纹的配色

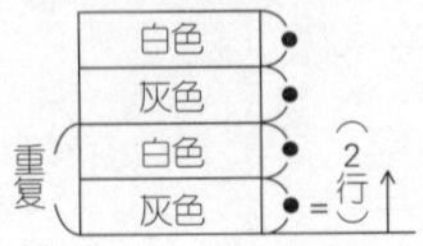

起伏针

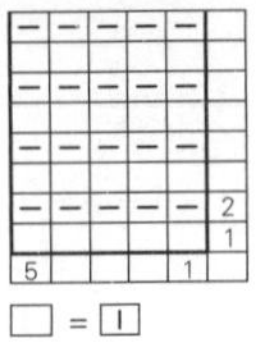

单罗纹针

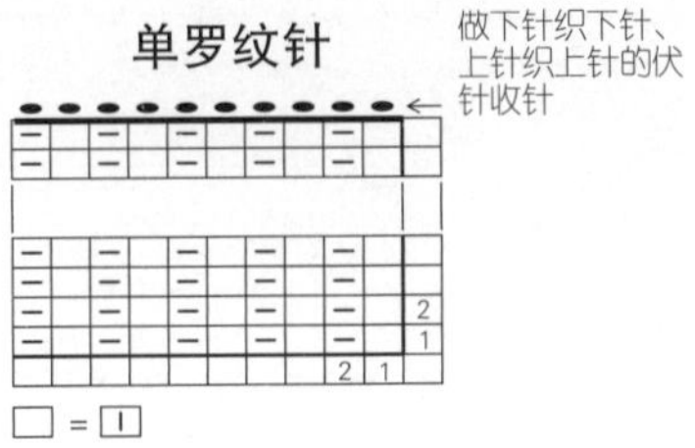

肩部的加针（通用）

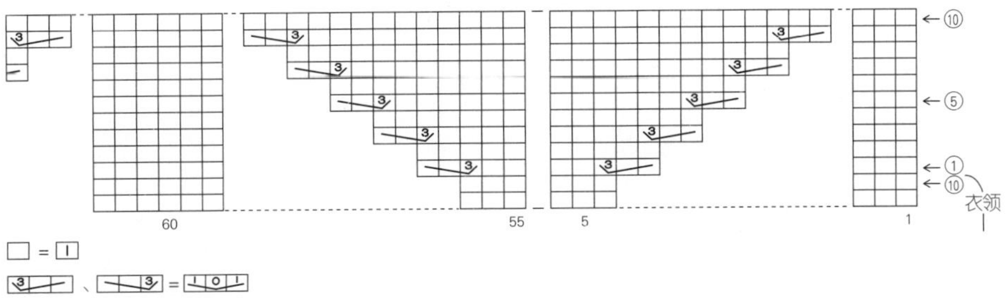

材料

[A] 钻石线 Dia Costa Uno 黄绿色（530）130g/4团，烟青色（524）105g/3团，灰蓝色（508）35g/1团；直径18mm的纽扣6颗

[B] 钻石线 Dia Corso 藏青色、浅蓝色、米色系段染（1208）255g/9团，直径15mm的纽扣7颗

工具

[A] 棒针5号，钩针5/0号

[B] 棒针3号，钩针4/0号

成品尺寸

[A] 胸围109cm，衣长49cm，连肩袖长52cm

[B] 胸围96.5cm，衣长54.5cm，连肩袖长61cm

编织密度

[A] 10cm×10cm面积内：下针条纹20针，28行；条纹花样B 1个花样22针9cm，28行10cm

[B] 10cm×10cm面积内：下针编织22.5针，31.5行；编织花样B 1个花样22针8cm，31.5行10cm

编织要点

●身片、衣袖…育克手指起针，参照图示做编织花样A。编织终点做伏针收针。从育克指定位置挑针，做2行下针编织。后身片、前身片从育克和腋下的共线锁针起针挑针，[A]编织下针条纹和条纹花样B，[B]做下针编织和编织花样B。编织终点做伏针收针。衣袖按照相同方法挑针，做环形编织。

●组合…下摆、领口、前门襟、袖口挑起指定数量的针目，[A]编织条纹边缘，[B]做边缘编织。右前门襟开扣眼。缝上纽扣。

A

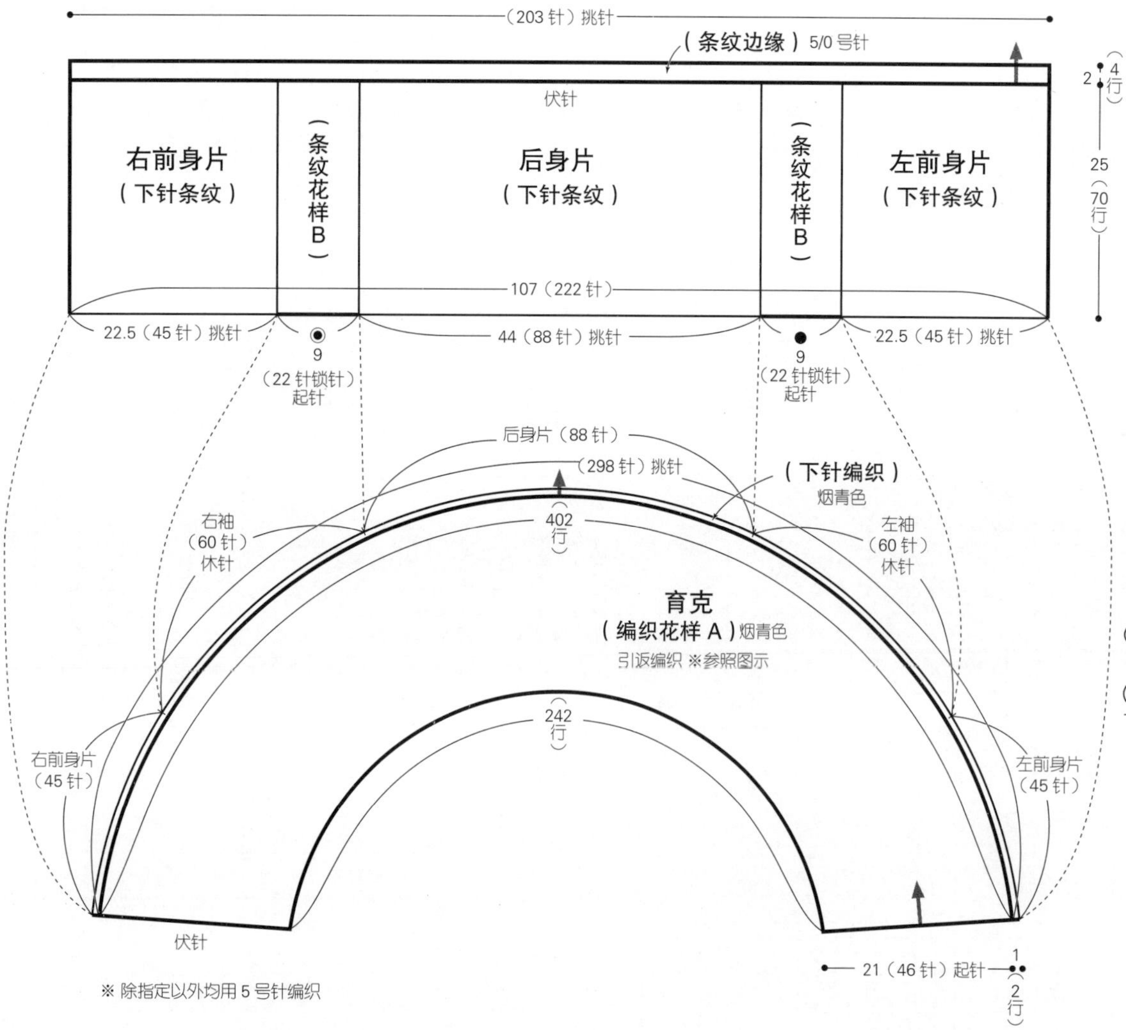

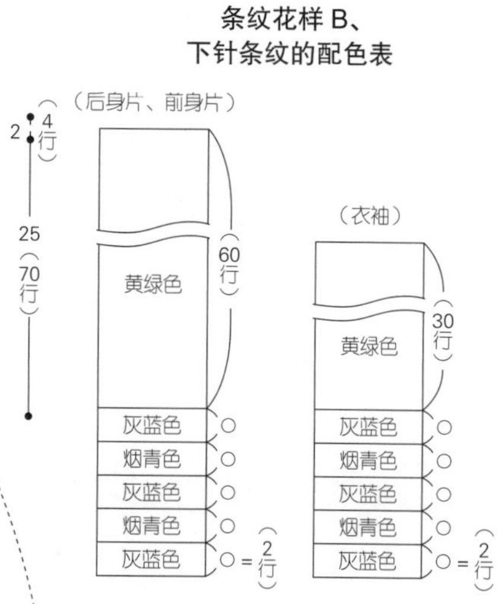

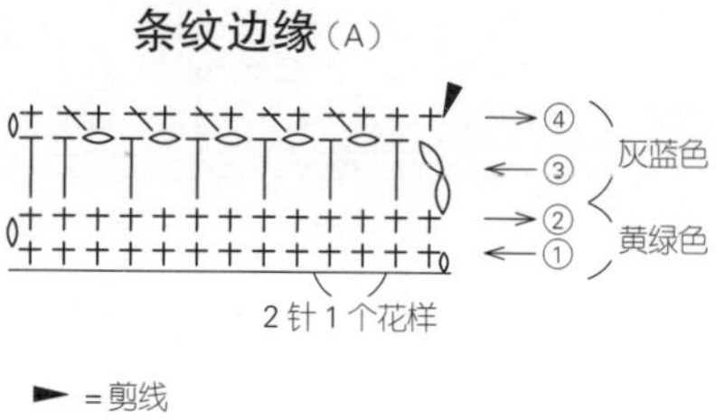

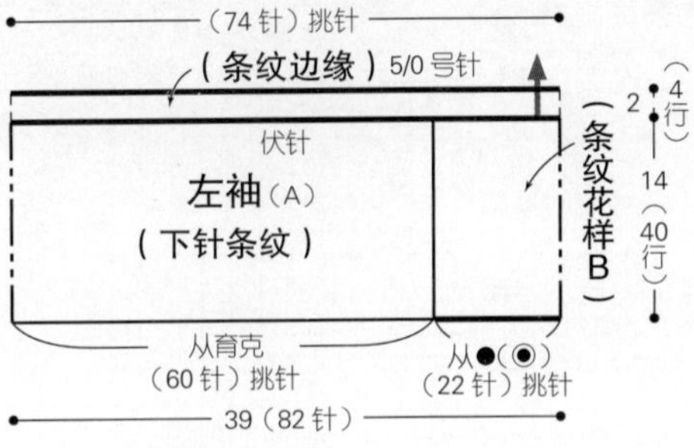

※（ ）内是右袖的挑针标记

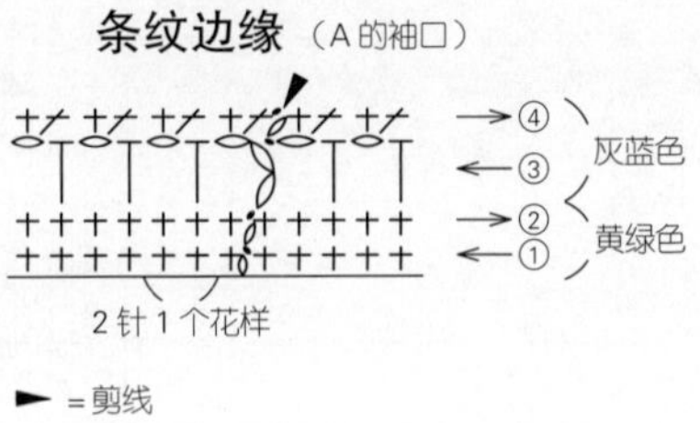

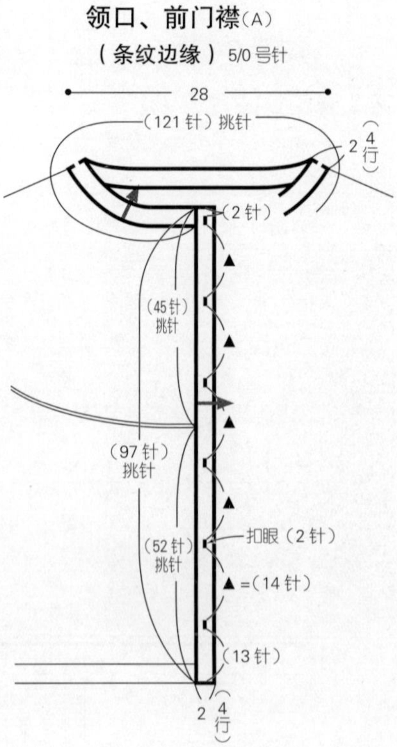

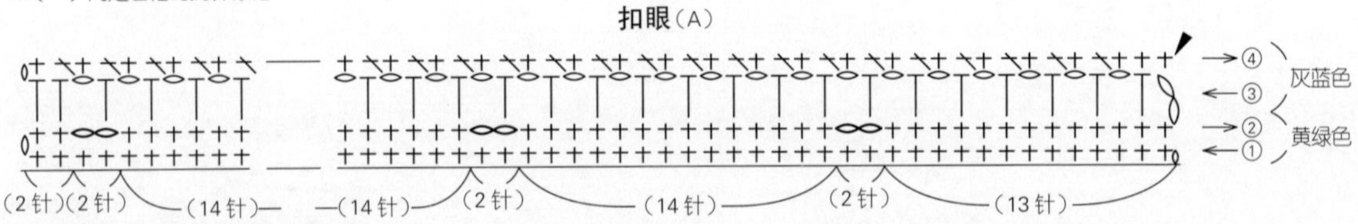

※ 扣眼下一行的中长针分开锁针挑针

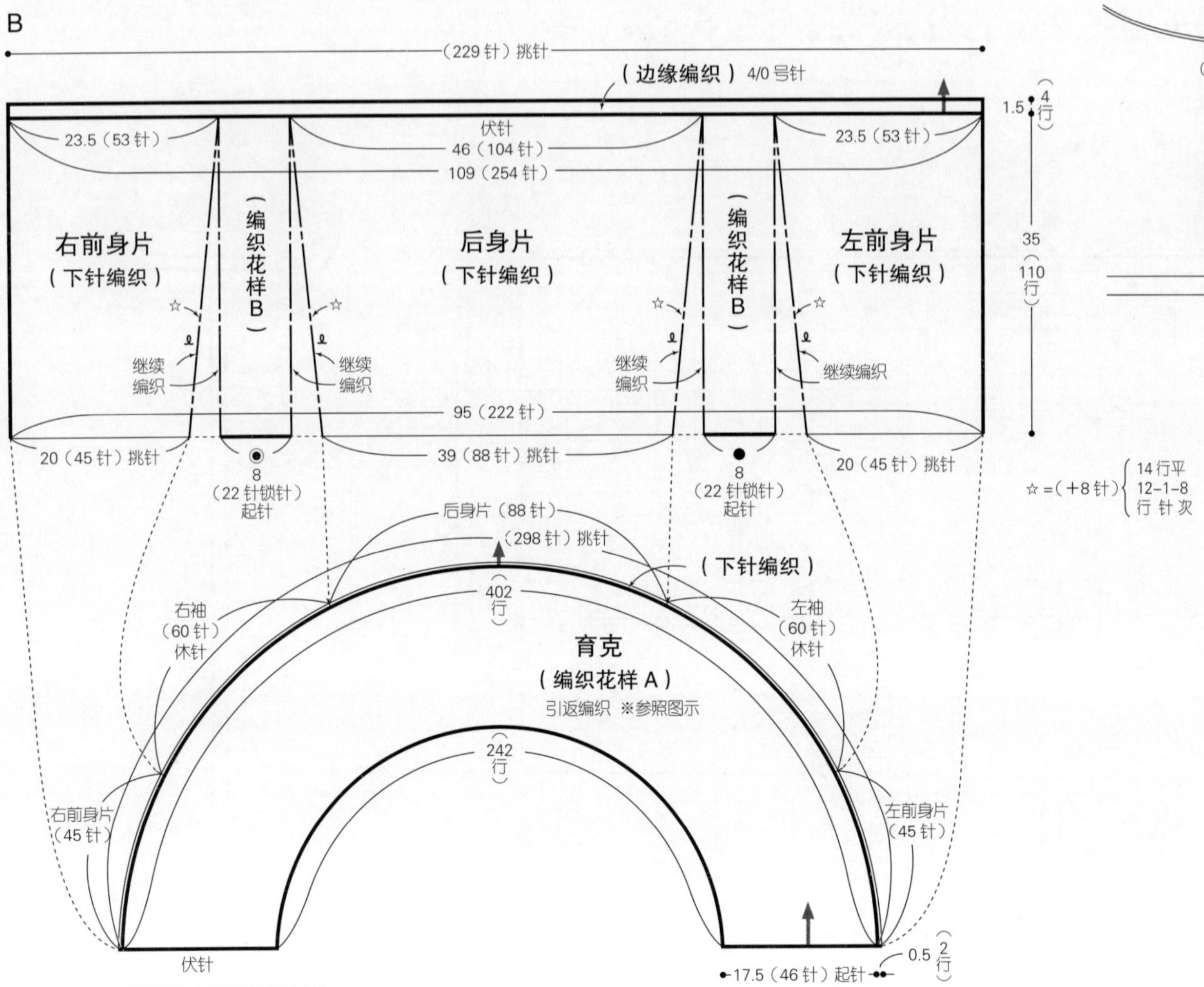

※ 除指定以外均用 3 号针编织

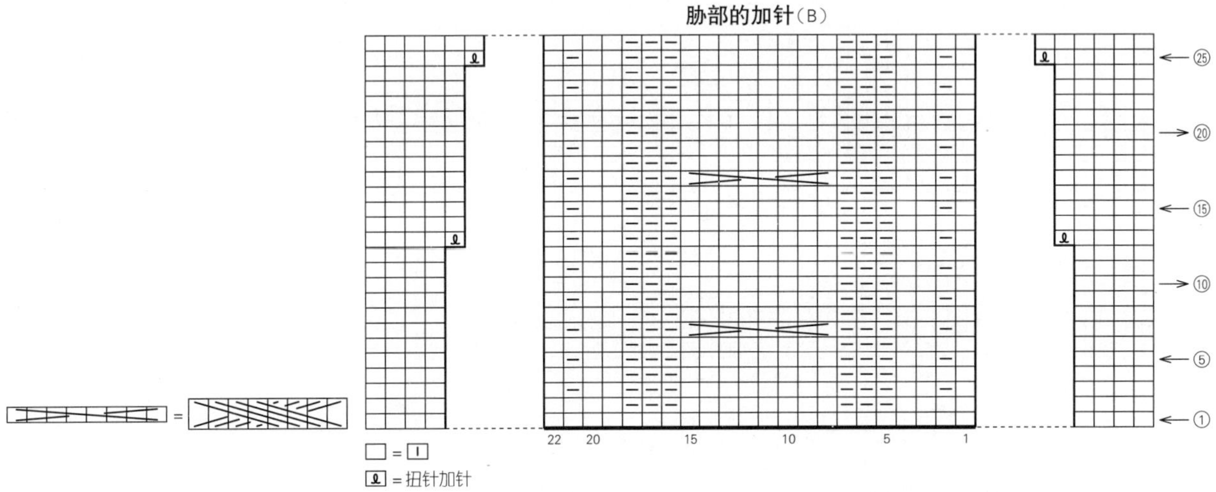

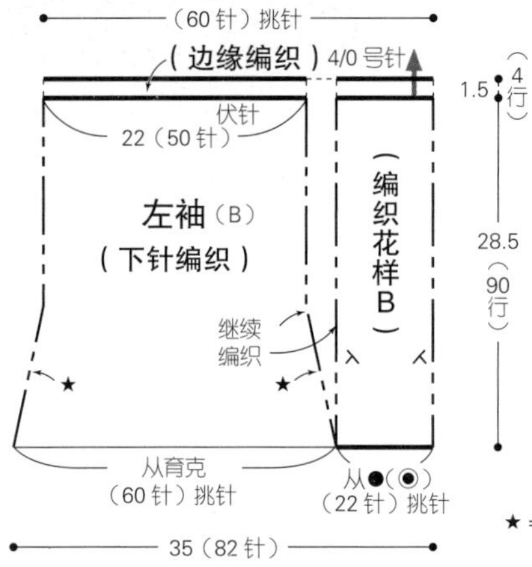

※（ ）内是右袖的挑针标记

边缘编织（B的袖口）

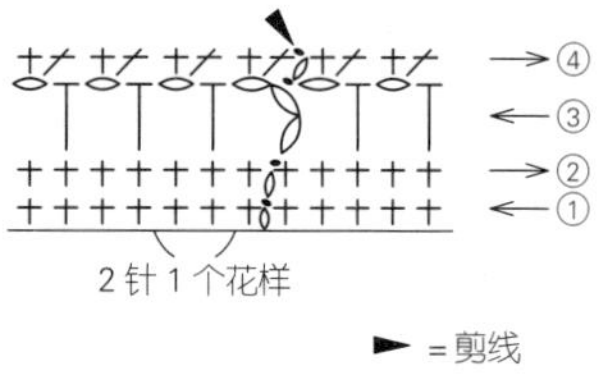

★ =（−5针）{ 52行平、14−1−1、6−1−1、4−1−2、行 针 次 }

衣袖的减针（B）

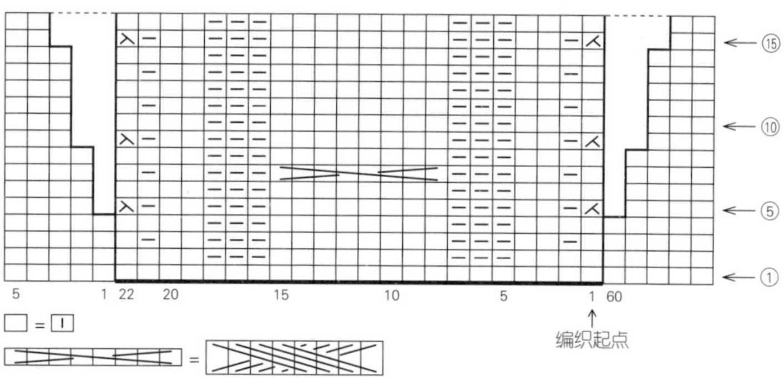

边缘编织（B）

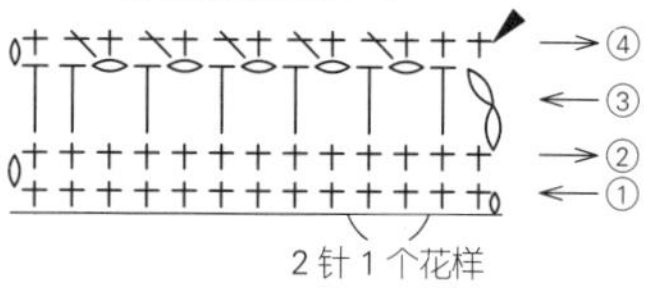

扣眼（B）

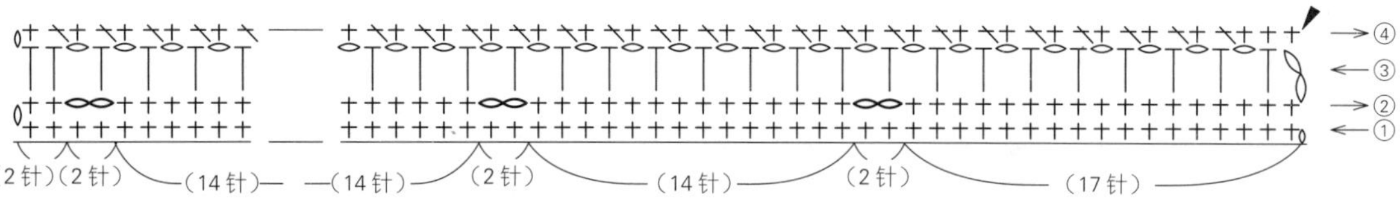

※ 扣眼下一行的中长针分开锁针挑针

领口、前门襟（B）

（边缘编织）4/0号针

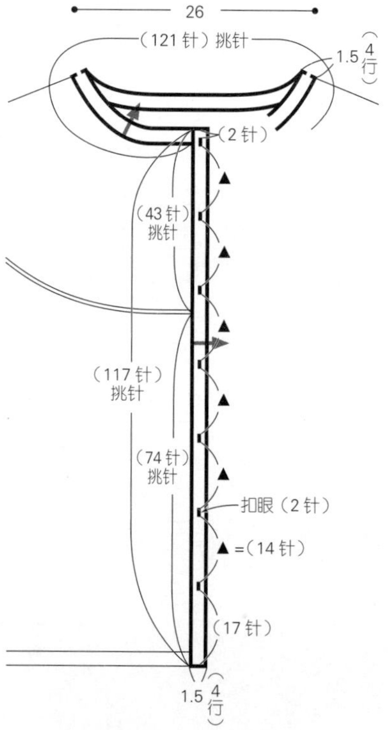

编织花样A（A、B通用）

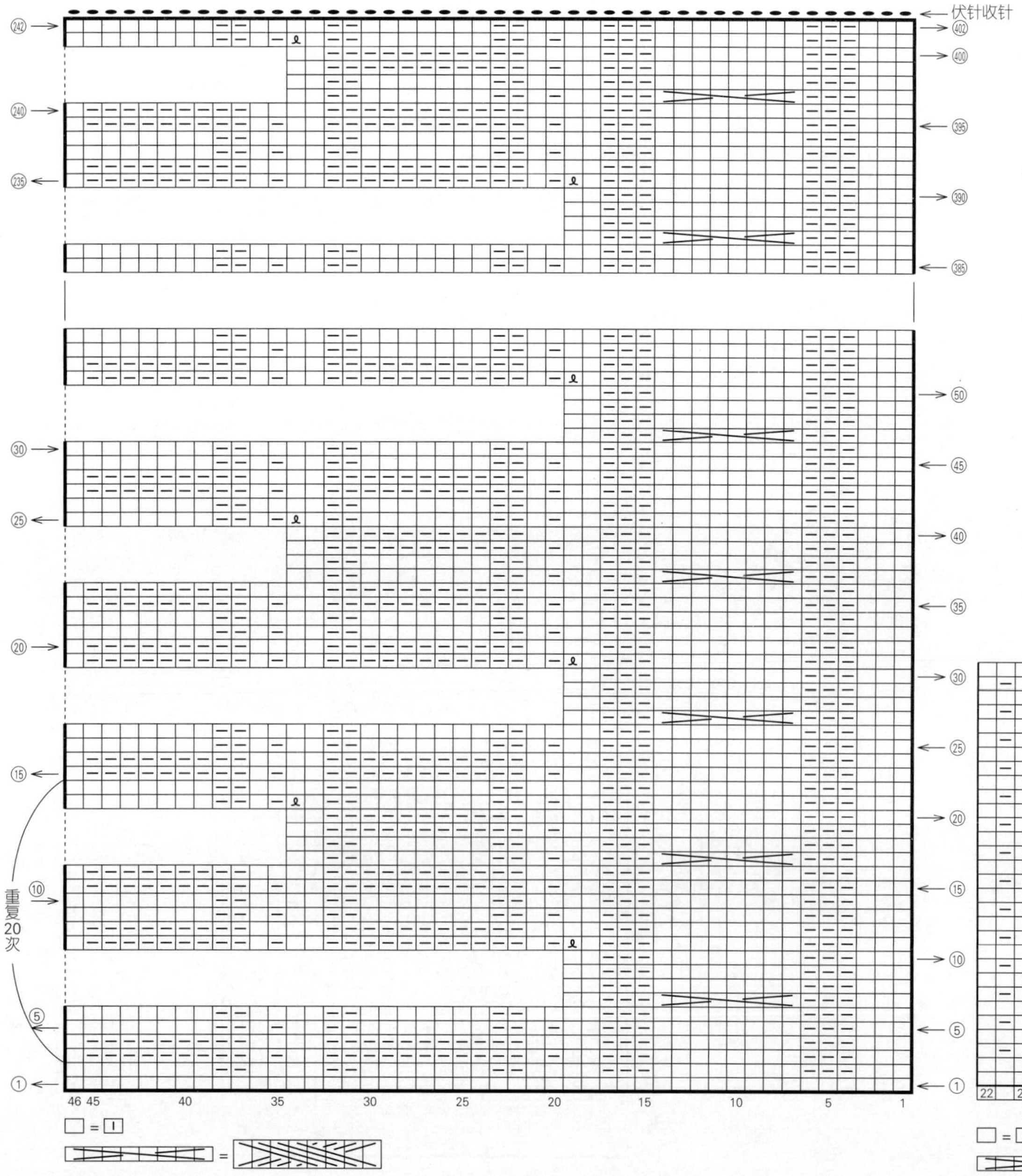

编织花样B、条纹花样B

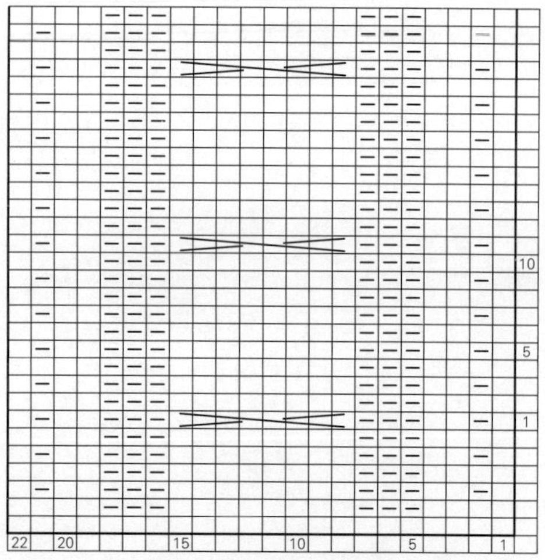

※ 条纹花样B的配色请参照84页的配色表

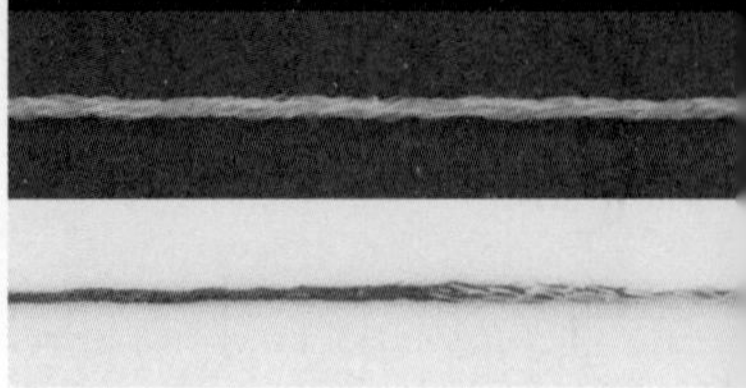

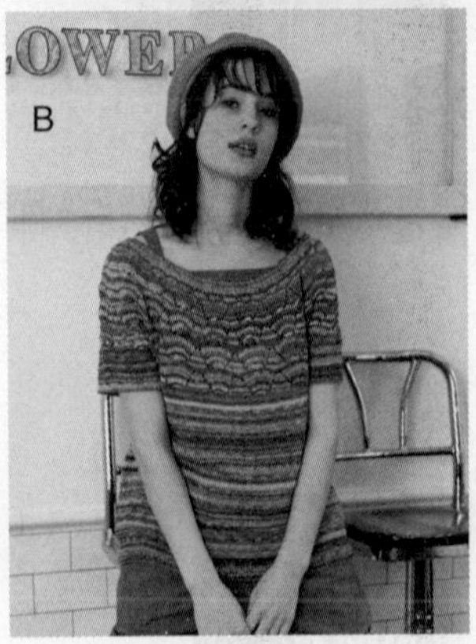

材料

[A] 奥林巴斯 Silk Bijou Couleur <Lame> 沙米色（202）355g/15团

[B] 奥林巴斯 Claris 蓝色、紫色系段染（55）250g/10团

工具

棒针4号、3号

成品尺寸

[A] 胸围91cm，衣长59cm，连肩袖长58cm

[B] 胸围99cm，衣长53.5cm，连肩袖长36cm

编织密度

[A] 10cm×10cm面积内：下针编织23针，31行；编织花样B 24针，31行

[B] 10cm×10cm 面积内：下针编织 24.5 针，35 行

编织要点

●手指起针，领口环形编织单罗纹针。育克一边调整编织密度，一边做编织花样A。参照图示做分散加针。编织花样A 1个花样的针数随行有变，需要注意。后身片需要编织出差行，[A] 编织14行，[B] 编织10行，做往返编织。然后从腋下另线锁针和育克挑起指定数量针目，[A] 做下针编织和编织花样B，[B] 做下针编织，均为环形编织。下摆编织单罗纹针。编织终点做下针织下针、上针织上针的伏针收针。衣袖解开育克休针和腋下的另线锁针，挑针按照身片的要领编织。编织终点的收针和下摆相同。

A

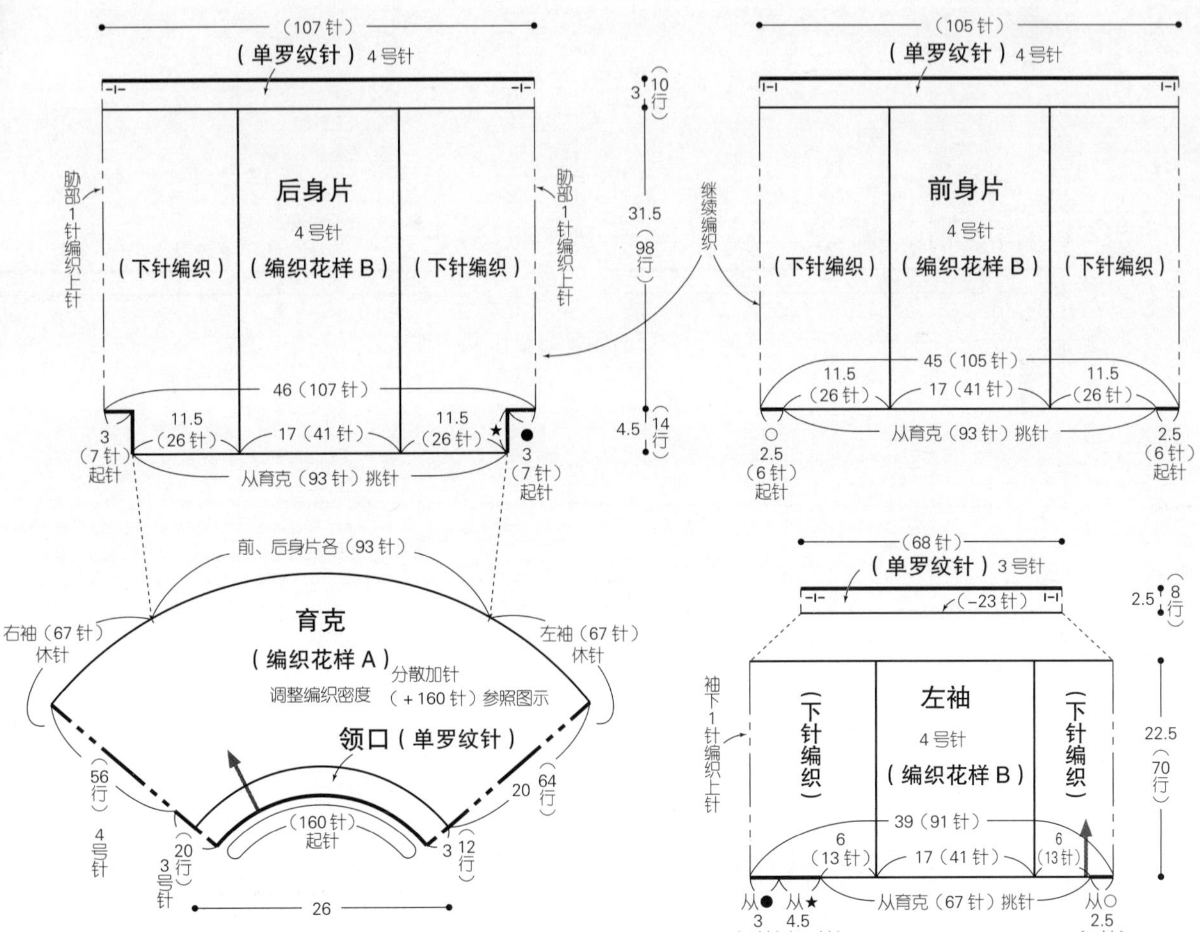

※ 腋下另线锁针起针将前、后身片连在一起分别（13针）起针

※ 右袖对称挑针

单罗纹针（下摆、袖口）

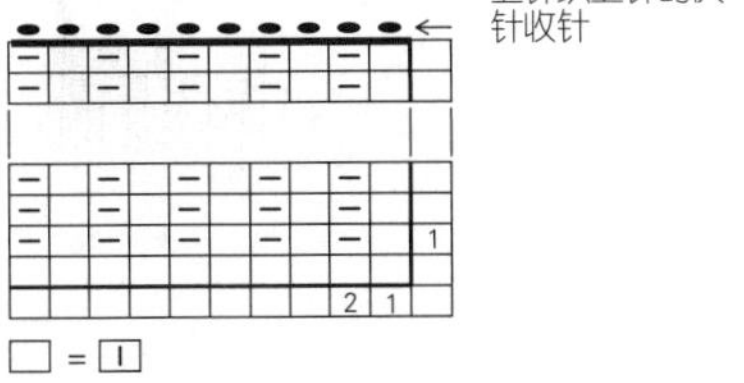

编织花样 B（A）

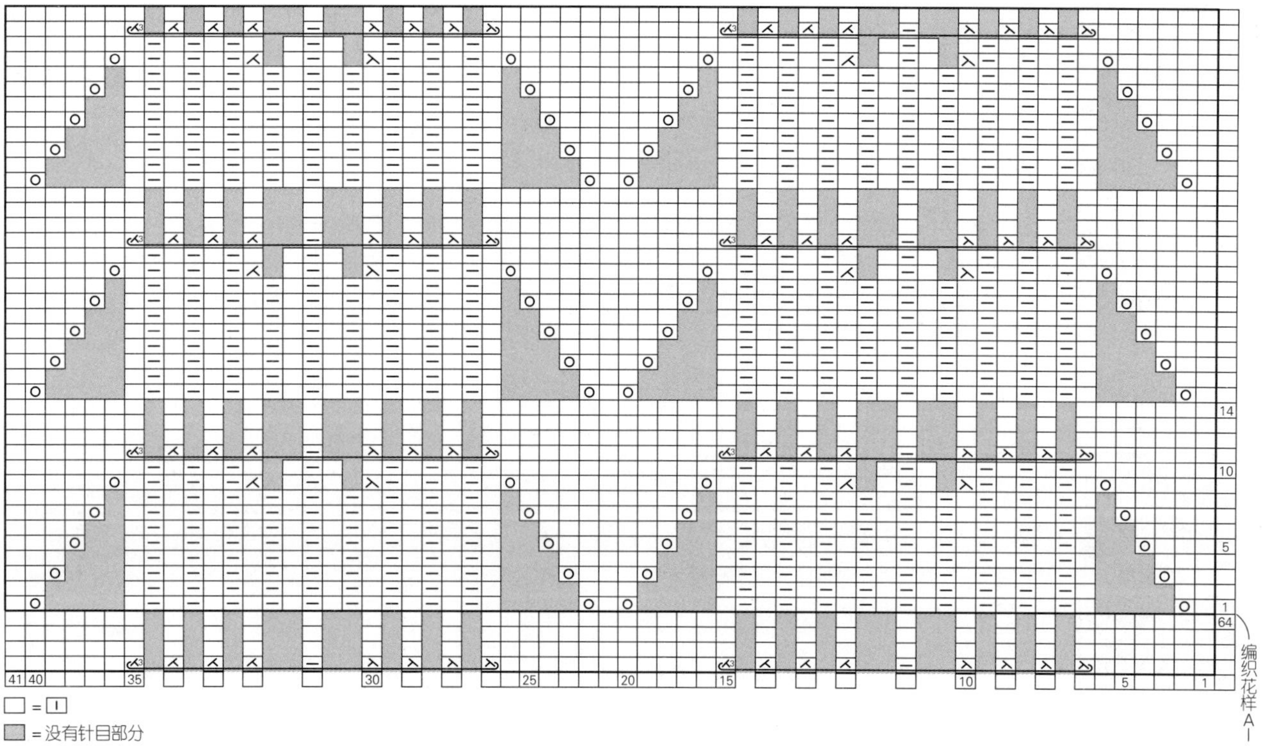

□ = ⊟

▒ = 没有针目部分

= 3 卷绕线编（9 针）

※编织方法参照 89 页

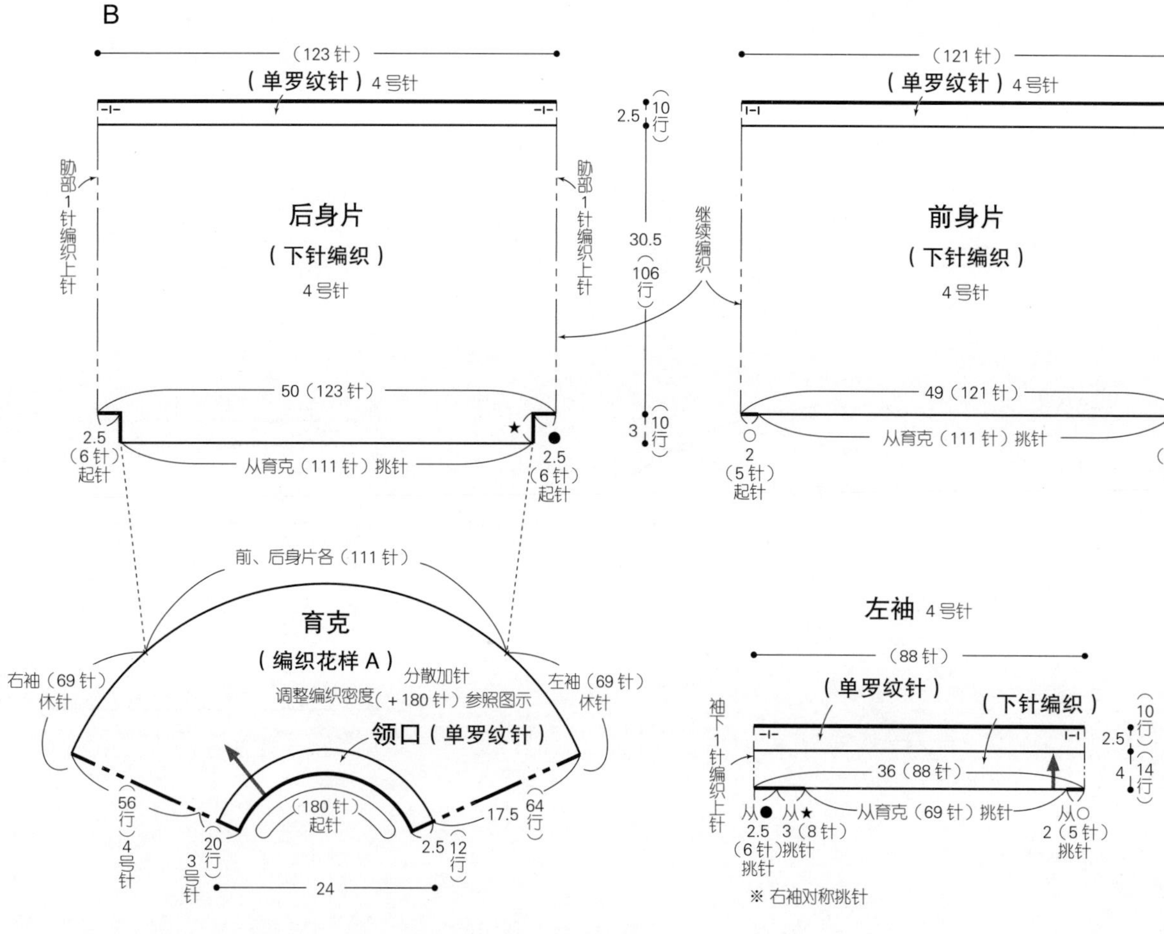

※ 腋下另线锁针起针将前、后身片连在一起分别（11 针）起针

编织花样A和育克的分散加针（A、B通用）

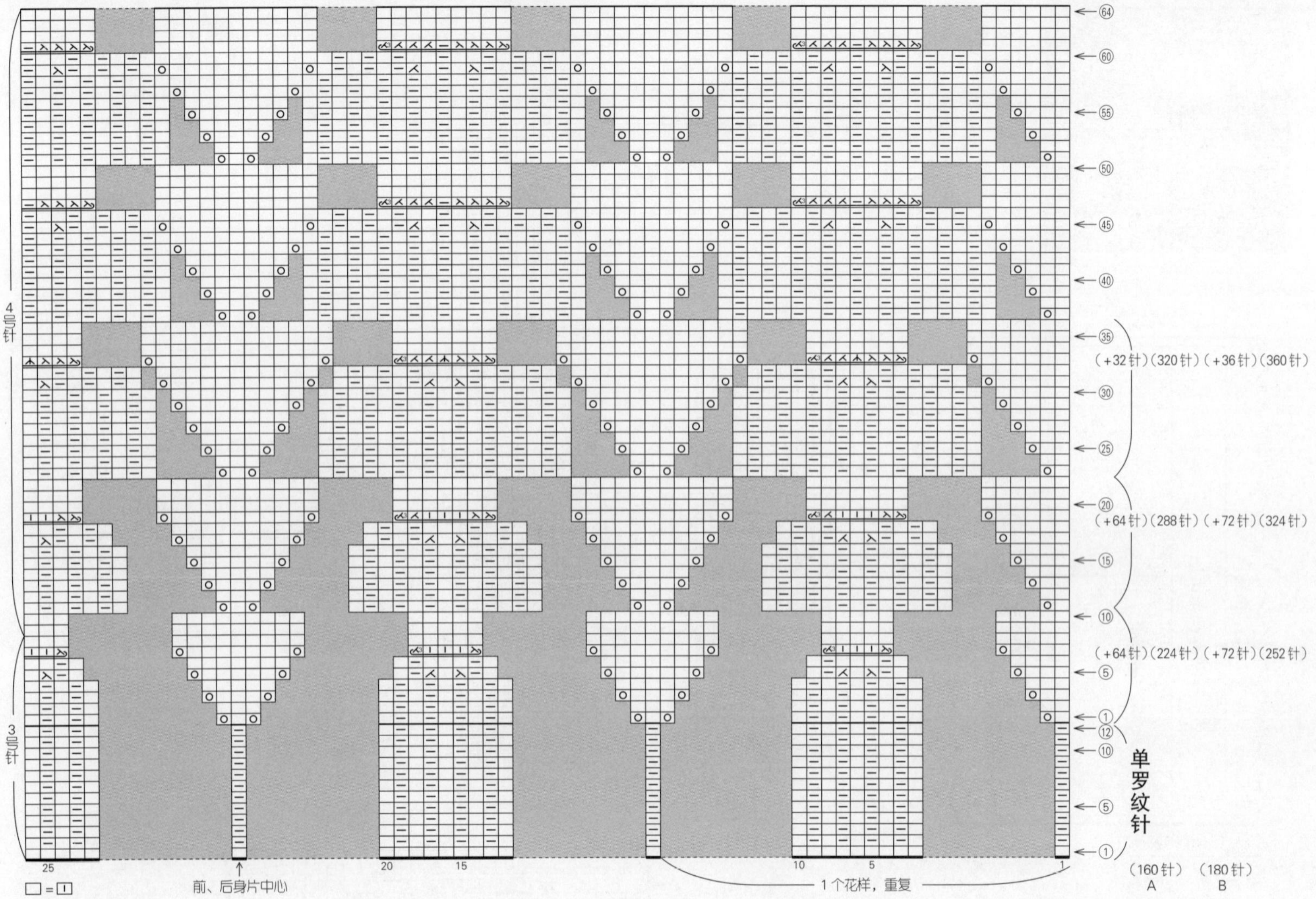

□ = ⊡

= 没有针目部分

= 3卷绕线编（5针）

、 = 3卷绕线编（7针）

= 3卷绕线编（9针）

3卷绕线编

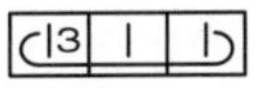

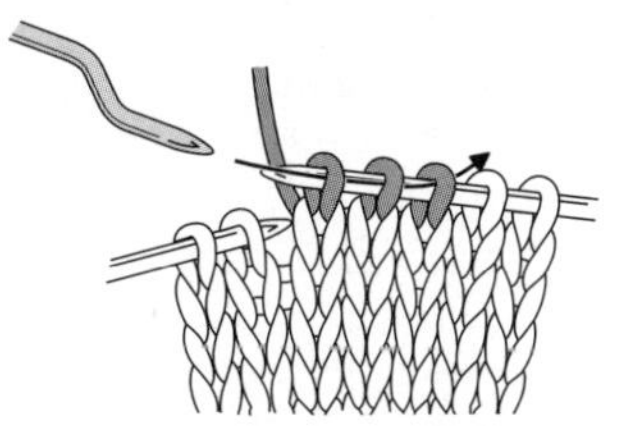

1 编织3针下针，移至麻花针上。

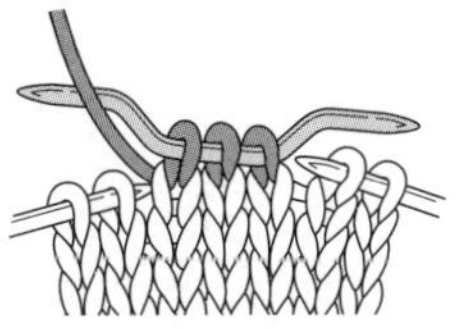

2 移好的样子。

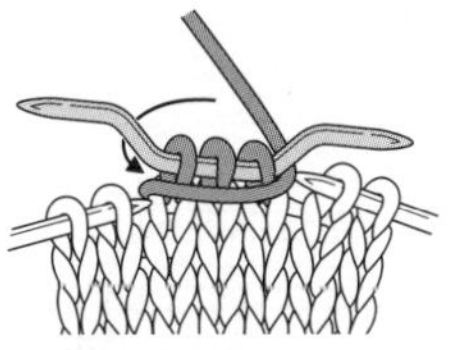

3 如箭头所示，将线在麻花针上的3针上缠绕3次。

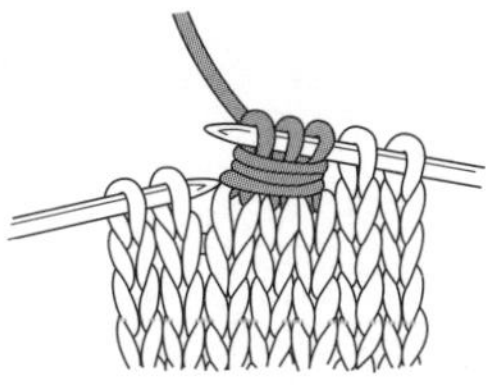

4 将麻花针上的3针移回右棒针。

材料

Keito Cashmere 黄色（M01）220g/5团

工具

棒针4号

成品尺寸

宽40cm，长157cm

编织密度

编织花样B、B' 1个花样15针7cm，36行10cm

10cm×10cm面积内：编织花样C 20.5针，36行

编织要点

●手指起针，从边缘编织开始。然后做编织花样A、B、C、B'、A'。编织560行以后编织边缘，编织终点做伏针收针。

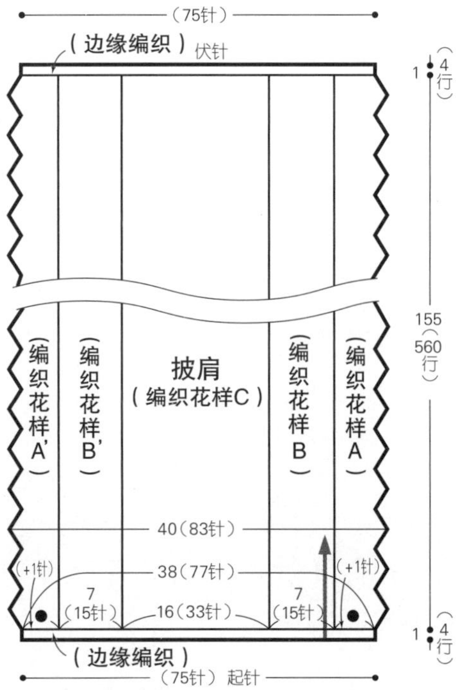

※ 全部使用4号针编织

※ ●＝4（7针）

编织花样A'

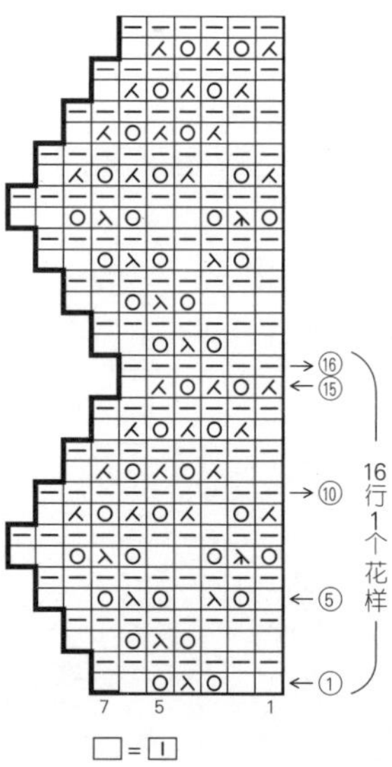

编织花样A

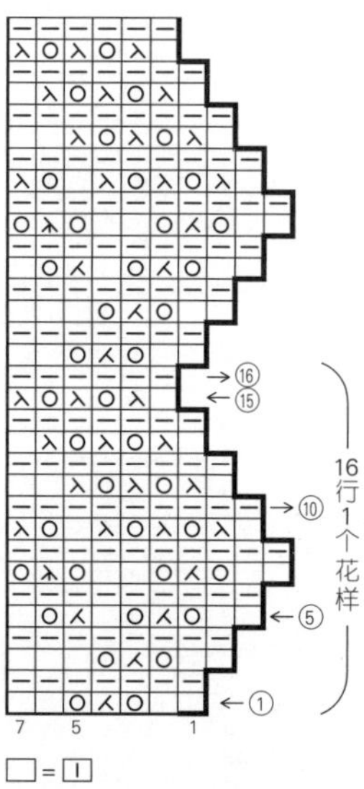

边缘编织（编织起点侧）

边缘编织（编织终点侧）

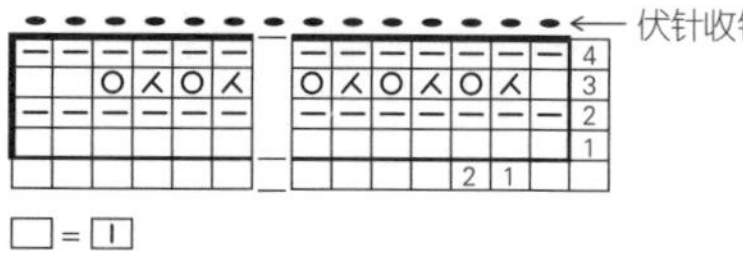

编织花样C

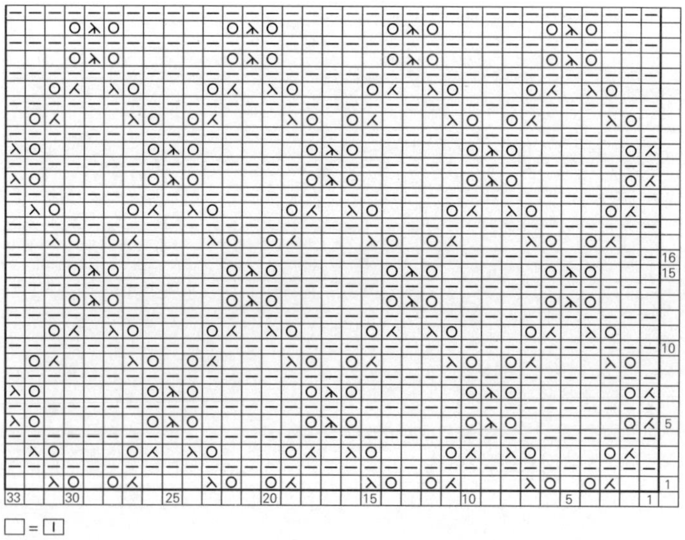

编织花样B'

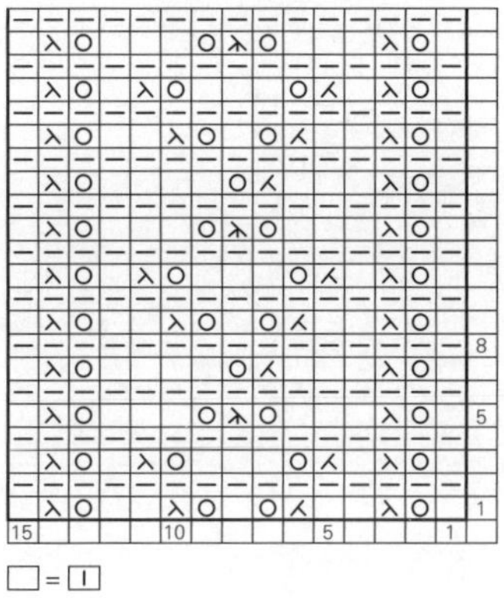

编织花样B

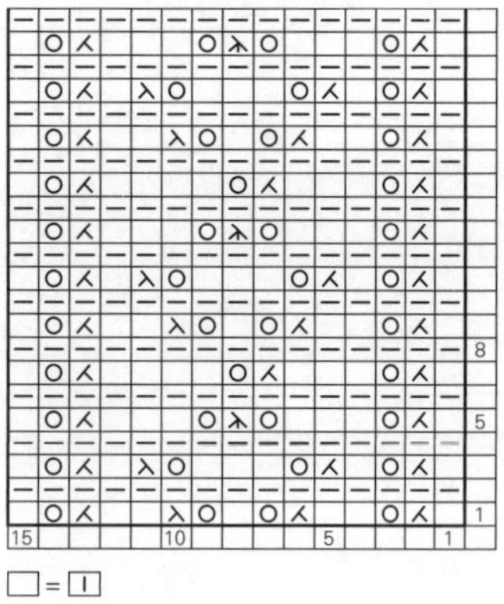

短针的正拉针

（在下面第2行短针上钩织的情况）

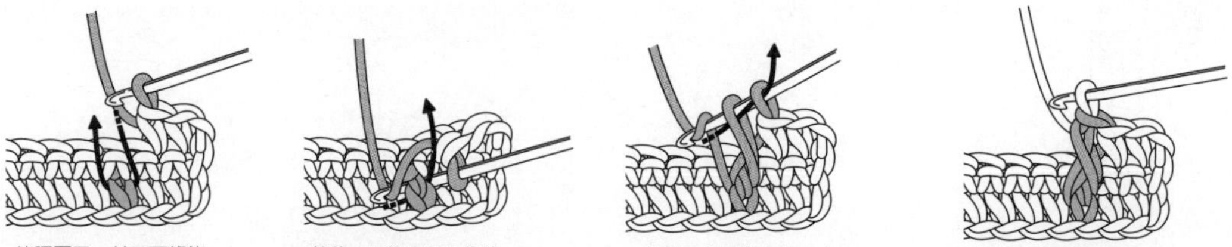

1 按照图示，从正面将钩针完全插入下面第2行的短针中。

2 挂线，如箭头所示将线长长地拉出。

3 挂线，从钩针上的2个线圈中引拔。

4 短针的正拉针（在下面第2行短针上钩织的情况）完成。

16、17页的作品 ★★★

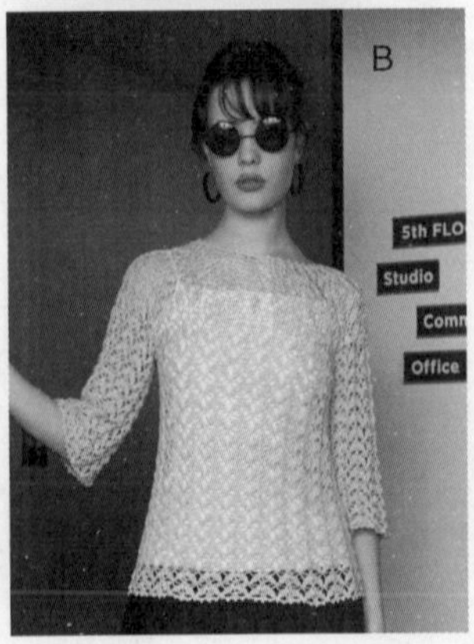

材料

[A] Ski线 Ski Quartz 浅紫色（1732）240g/8团

[B]Ski线 Ski Bell Soie浅米色（5102）250g/13团

工具

[A] 钩针4/0号

[B] 钩针3/0号

成品尺寸

[A] 胸围113cm，衣长53cm，连肩袖长30.5cm

[B] 胸围96cm，衣长47.5cm，连肩袖长48.5cm

编织密度

[A]编织花样A编织起点处1个花样12针4.5cm，9行10cm；编织花样B 1个花样4.7cm，8行10cm

[B]编织花样A编织起点处1个花样12针4.2cm，11.5行10cm；编织花样B 1个花样4cm，10行10cm

编织要点

●育克、身片、衣袖（袖口）…育克锁针起针，参照图示一边分散加针，一边做编织花样A。然后编织2行编织花样B。后身片、前身片从育克和腋下的共线锁针起针挑针，环形做编织花样B。编织指定行数后，[B]继续做边缘编织B。从育克和腋下的起针挑针，[A]是袖口，[B]是衣袖，编织指定行数的编织花样B。[B]继续做边缘编织B。

●组合…领口挑取指定数量的针目，[A]做边缘编织A，[B]做边缘编织C。[A]下摆12cm长部分用珠针固定成指定尺寸，用蒸汽熨斗熨烫，展开。

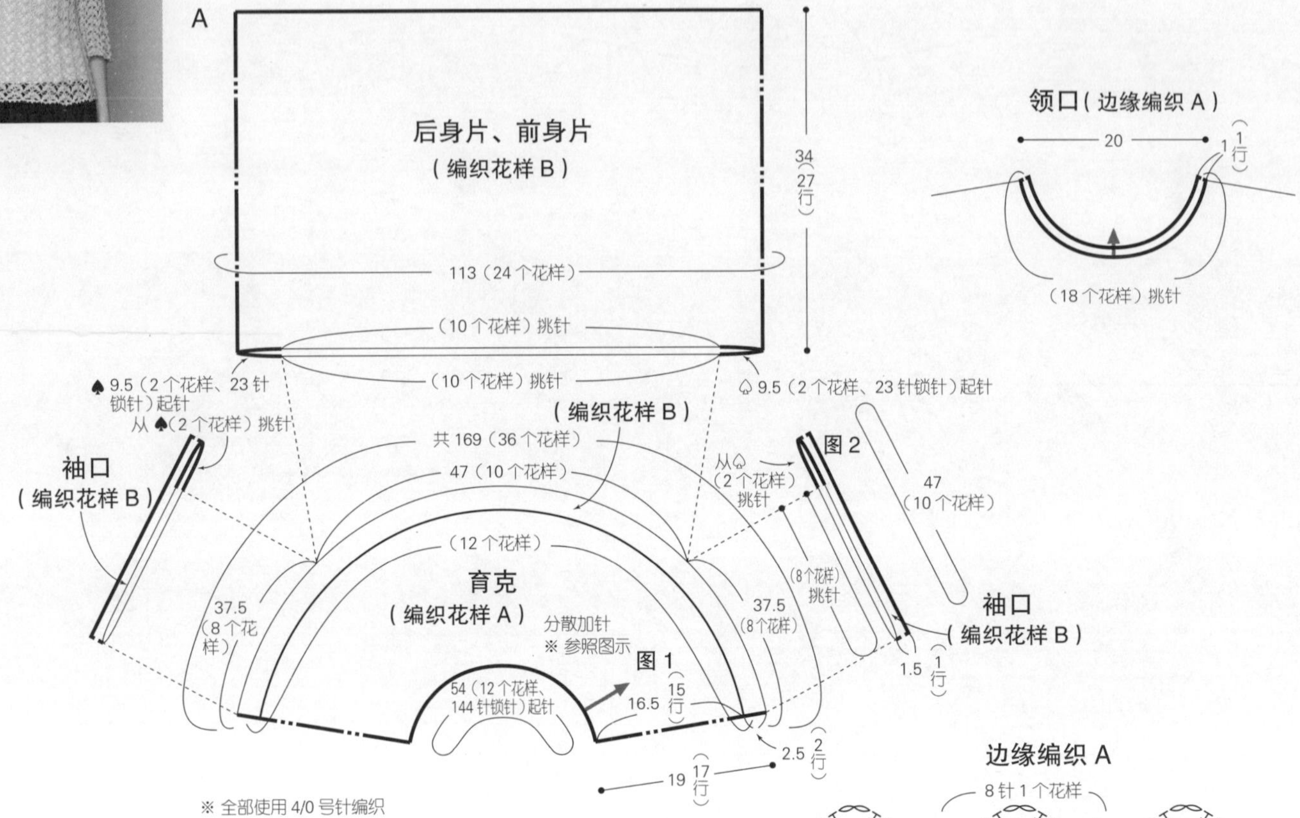

※全部使用4/0号针编织

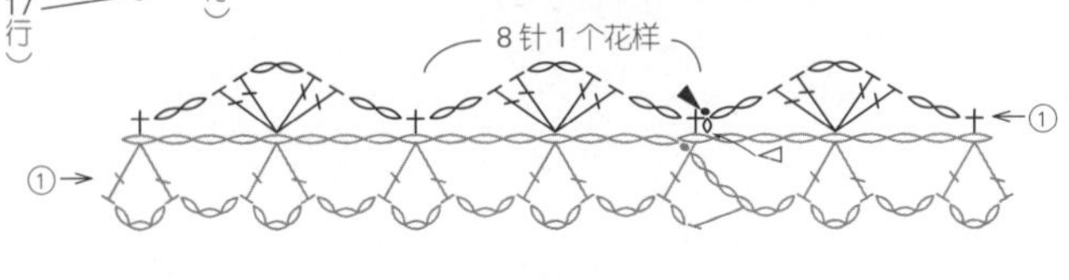

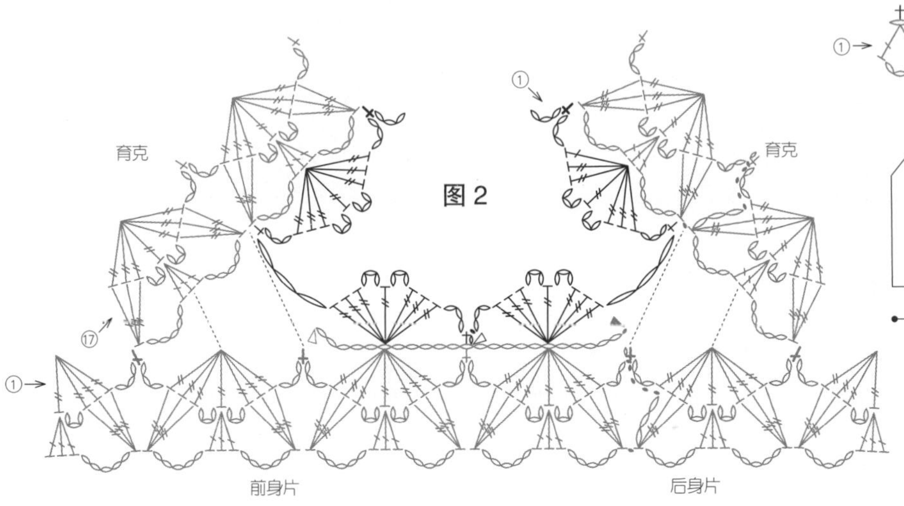

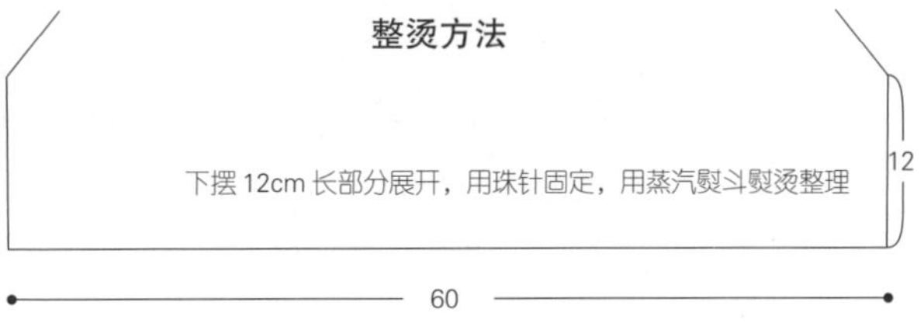

▷ = 加线

► = 剪线

✝ = 将钩针插入前一行的针目和针目之间，整段挑针

B

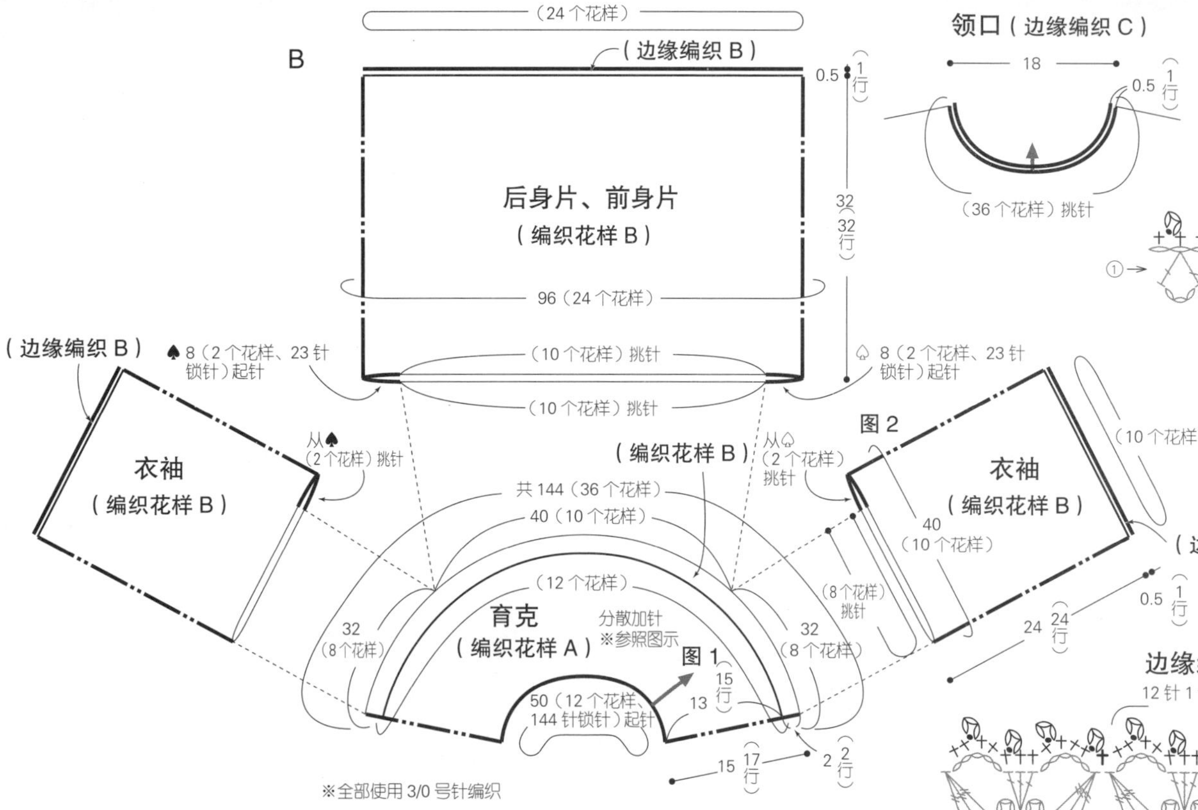

※全部使用 3/0 号针编织

边缘编织 C

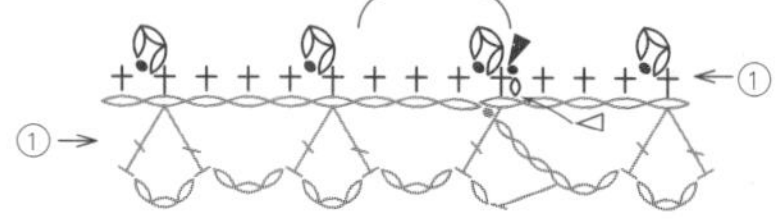

▷ = 加线
▶ = 剪线

边缘编织 B

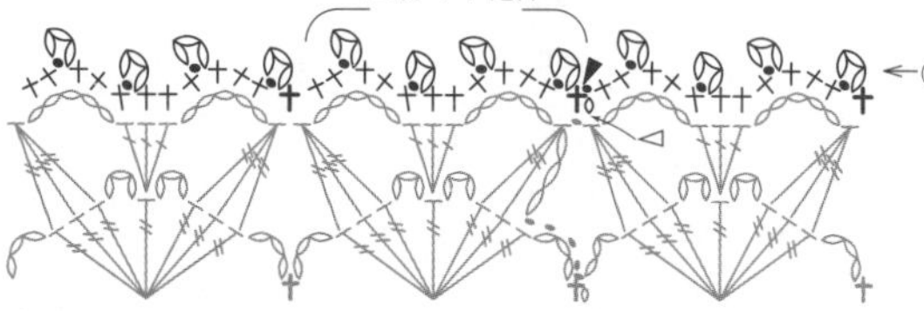

✝ = 将钩针插入前一行的针目和针目之间，整段挑针

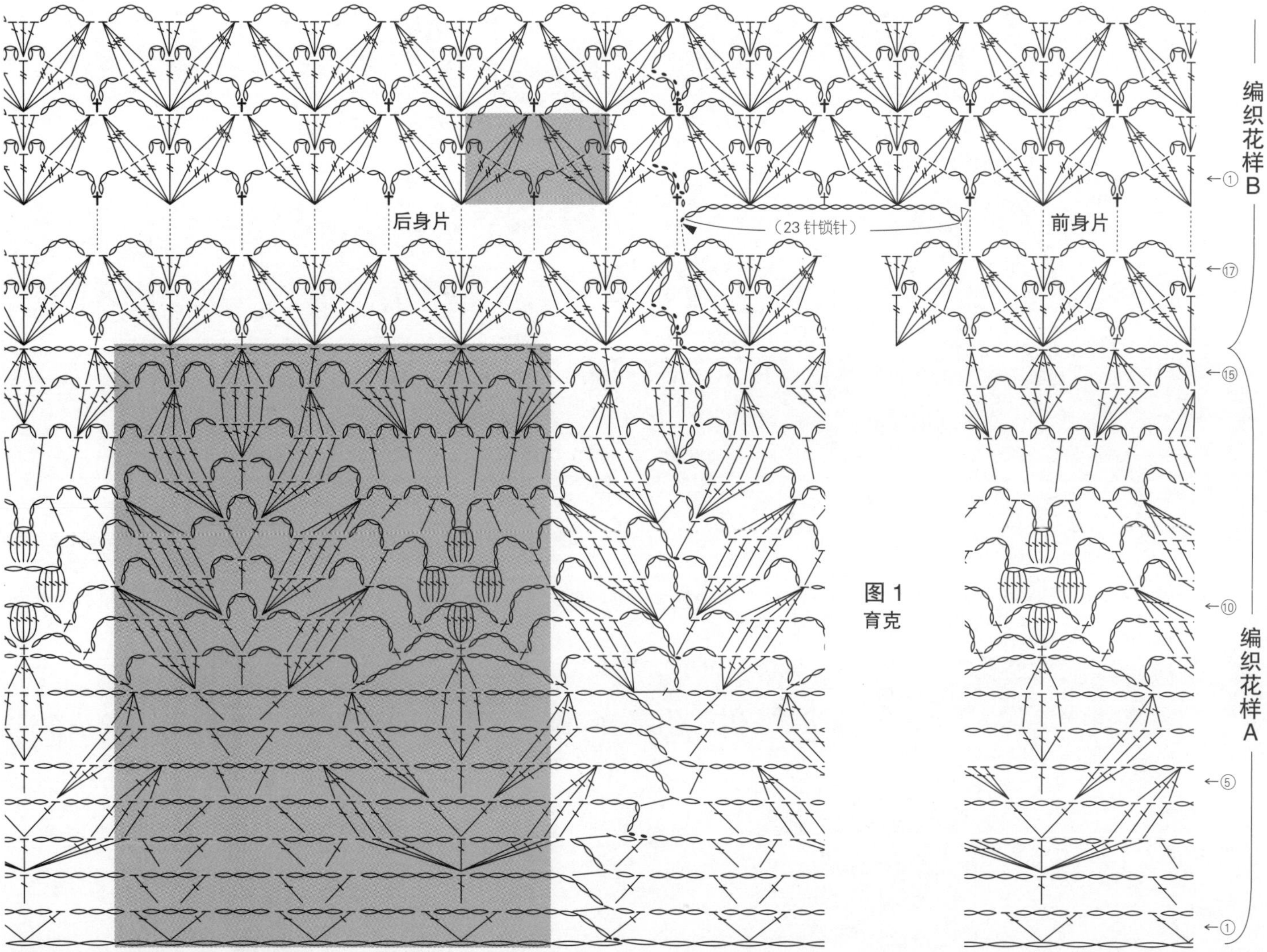

■ = 1 个花样　　= 5 针长针的爆米花针
※编织方法请参照 81 页

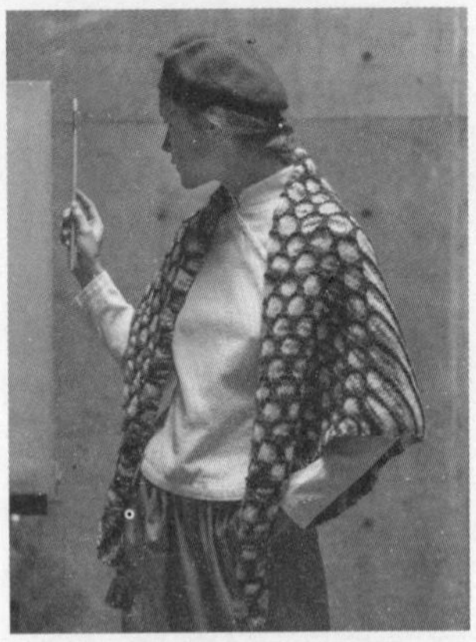

材料

Keito Calamof 绿色、黄色、蓝色系段染（01）180g/2桄，Cashmere 蓝色（M03）100g/2团

工具

棒针10号

成品尺寸

长165.5cm，宽67.5cm

编织密度

10cm×10cm面积内：条纹花样A 15针，25行

编织要点

●取2根Cashmere线、1根Calamof线编织。用Cashmere线另线锁针起针，编织起伏针条纹、条纹花样A、条纹花样B。不剪线渡线编织，注意不要钩住Cashmere线。参照图示编织加减针。编织终点做伏针收针。参照图示用Cashmere线做2个流苏，固定在指定位置，完成。

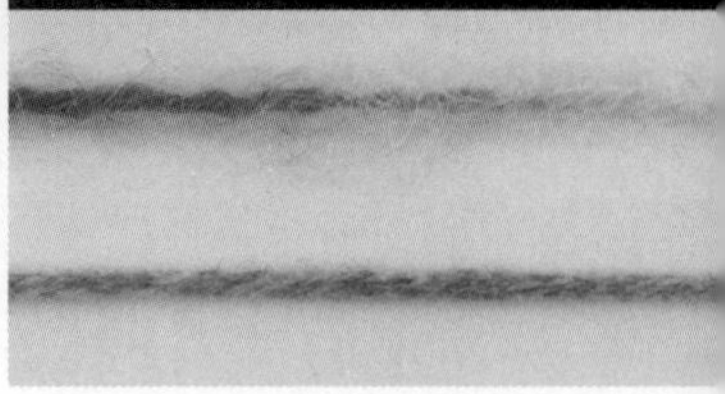

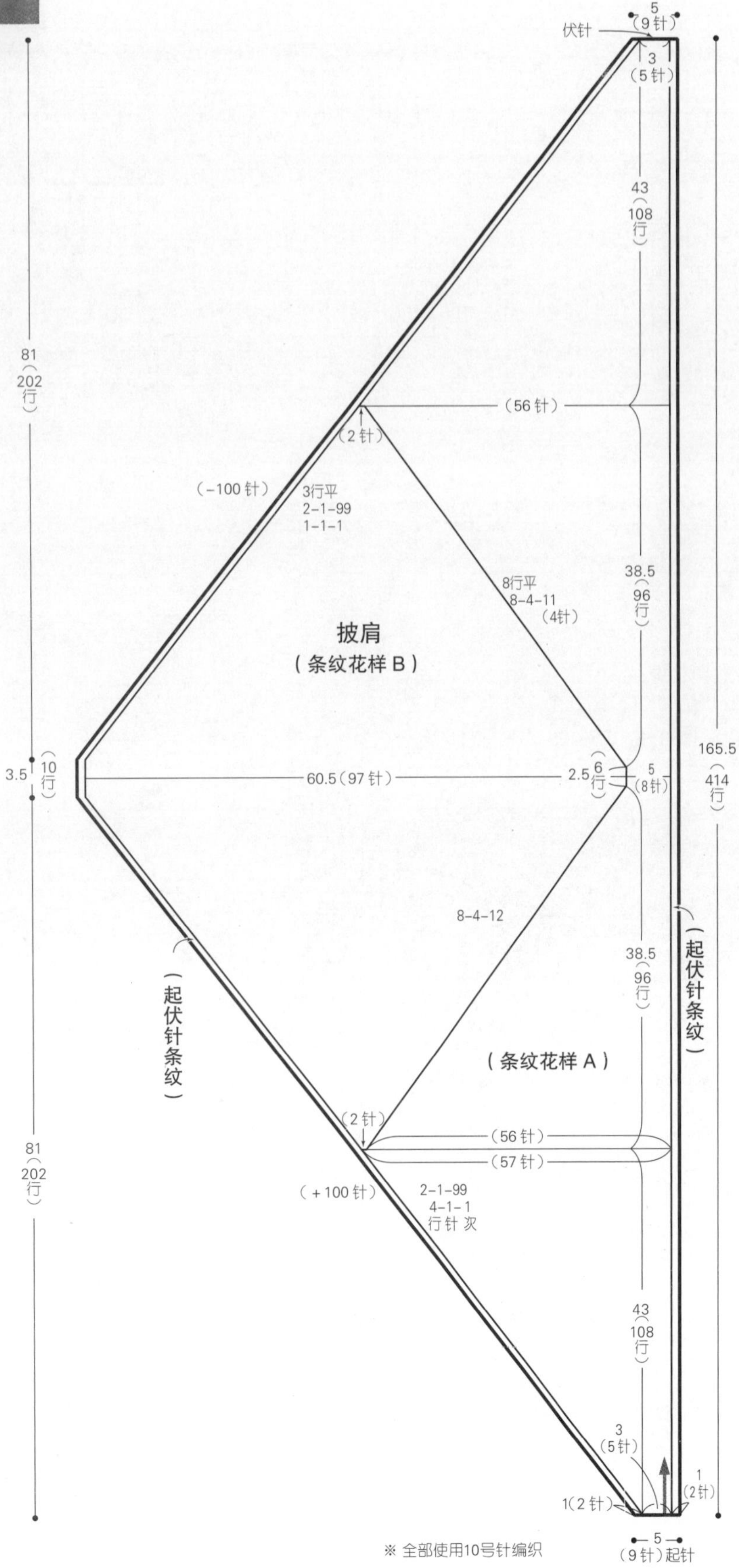

※ 全部使用10号针编织

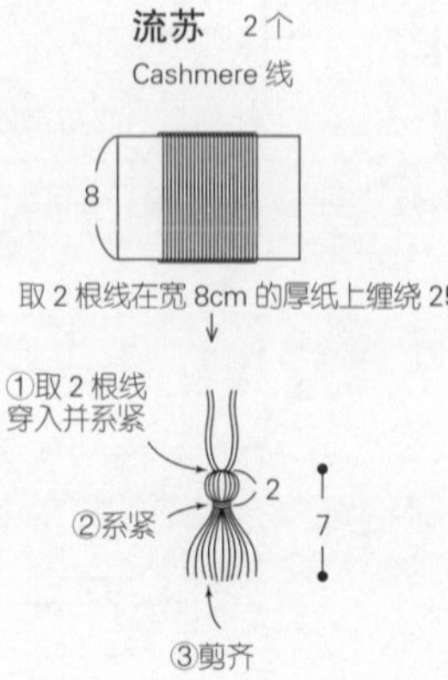

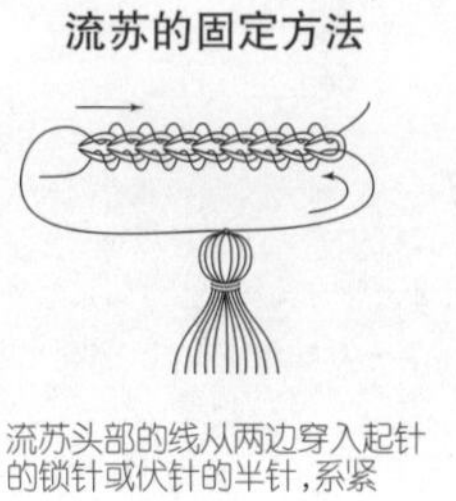

披肩的编织方法

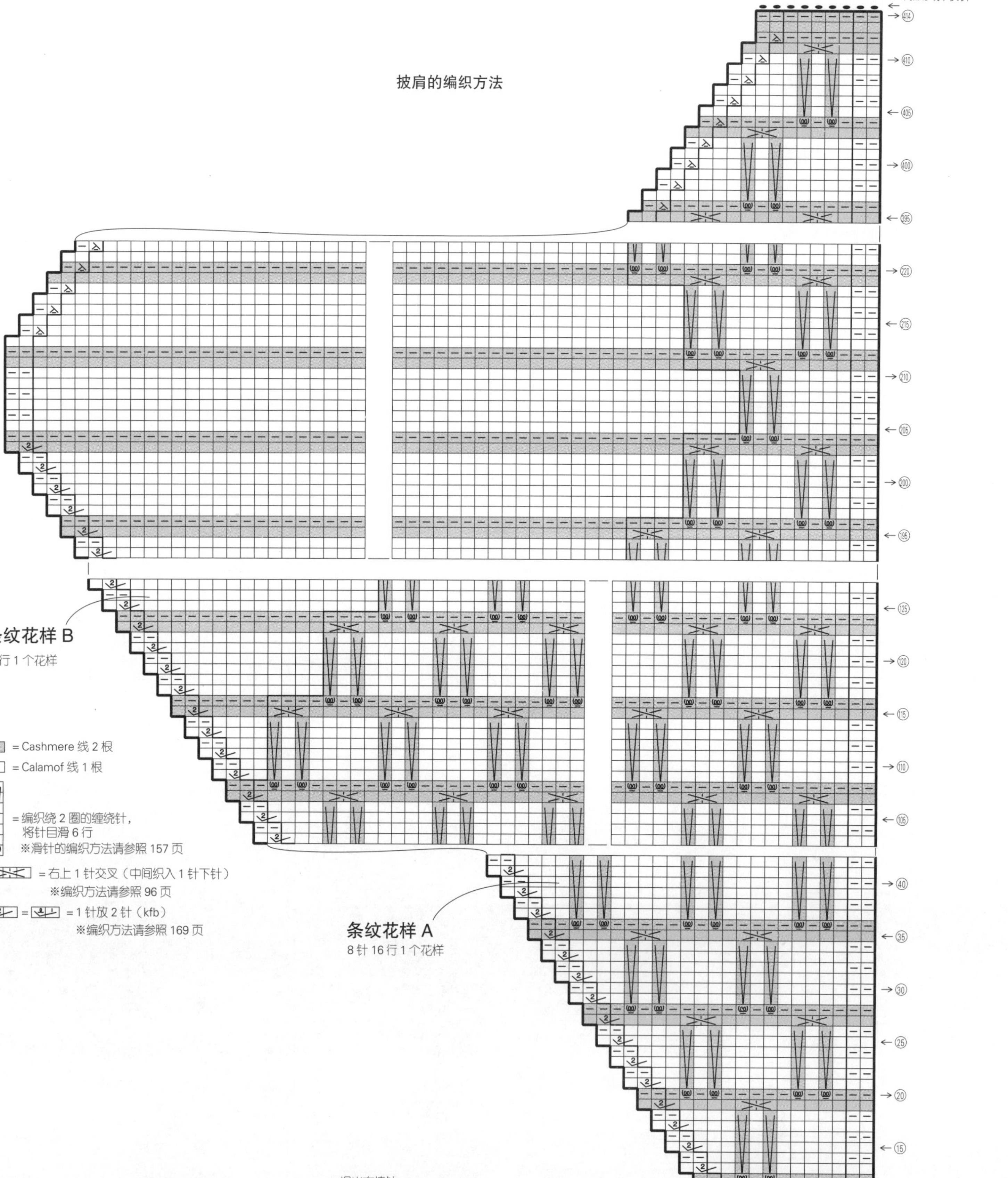

配色 { ▩ = Cashmere 线 2 根
　　　□ = Calamof 线 1 根

= 编织绕 2 圈的缠绕针，
　将针目滑 6 行
　※滑针的编织方法请参照 157 页

= 右上 1 针交叉（中间织入 1 针下针）
　※编织方法请参照 96 页

= = 1 针放 2 针（kfb）
　※编织方法请参照 169 页

绕 2 圈的缠绕针

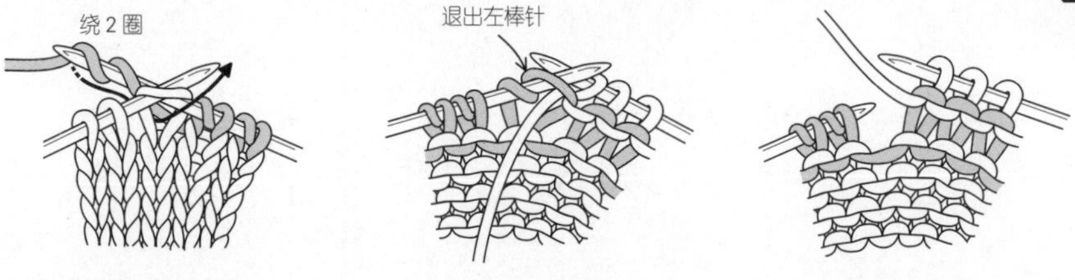

1 将右棒针插入，绕 2 圈线并拉出。

2 下一行，正常编织后，将绕线全部从左棒针上取下。

3 绕 2 圈的缠绕针完成。

材料

芭贝 Iyowashi 浅米色（701）85g/4团，深粉色（703）80g/4团，灰紫色（702）75g/3团

工具

钩针4/0号

成品尺寸

宽56cm

编织密度

10cm×10cm面积内：长针19针，10行

编织要点

●钩织1针锁针，参照图示一边做分散加针，一边编织长针。然后做编织花样和条纹花样。换色时，不渡线，剪断，处理线头。

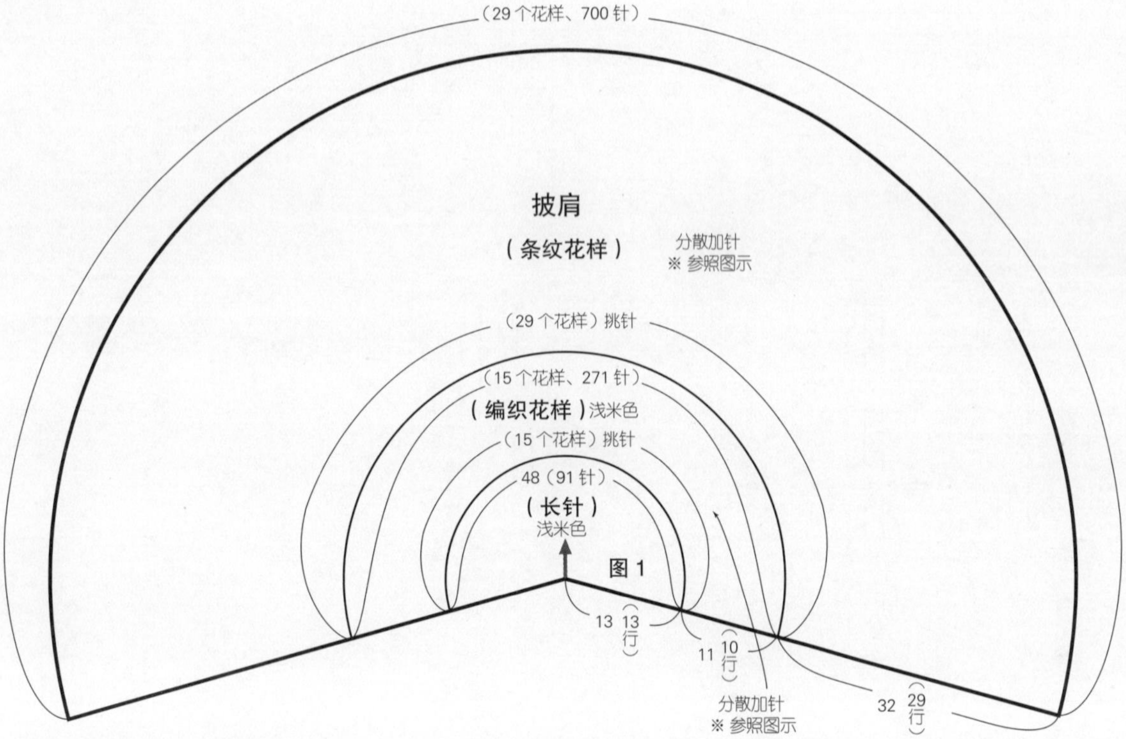

※ 全部使用4/0号针编织

长针

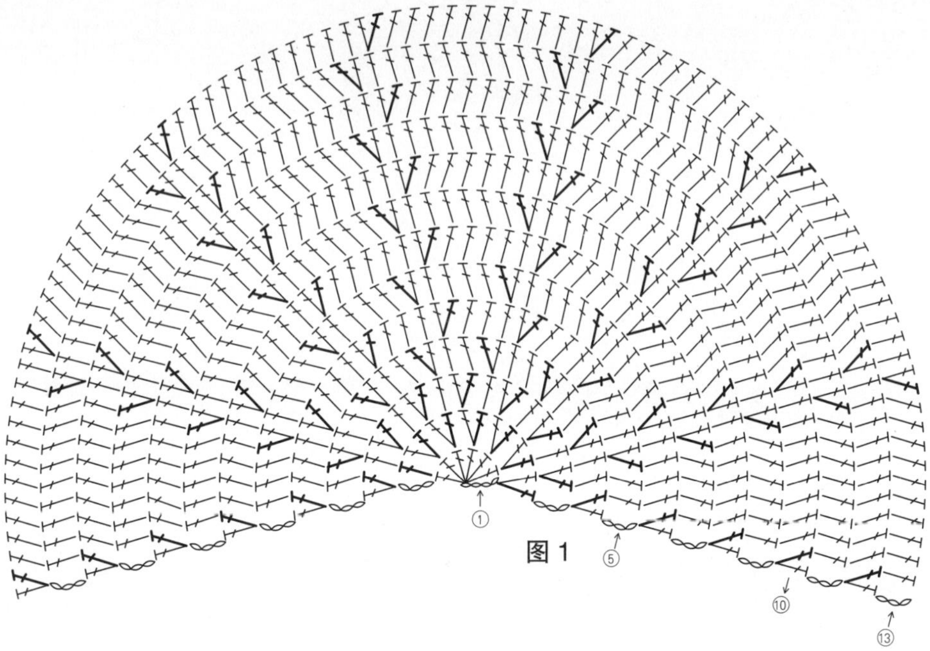

图1

行数	针数	
第13行	91针	（+7针）
第12行	84针	（+7针）
第11行	77针	（+7针）
第10行	70针	（+7针）
第9行	63针	（+7针）
第8行	56针	（+7针）
第7行	49针	（+7针）
第6行	42针	（+7针）
第5行	35针	（+7针）
第4行	28针	（+7针）
第3行	21针	（+7针）
第2行	14针	（+7针）
第1行	7针	

编织花样

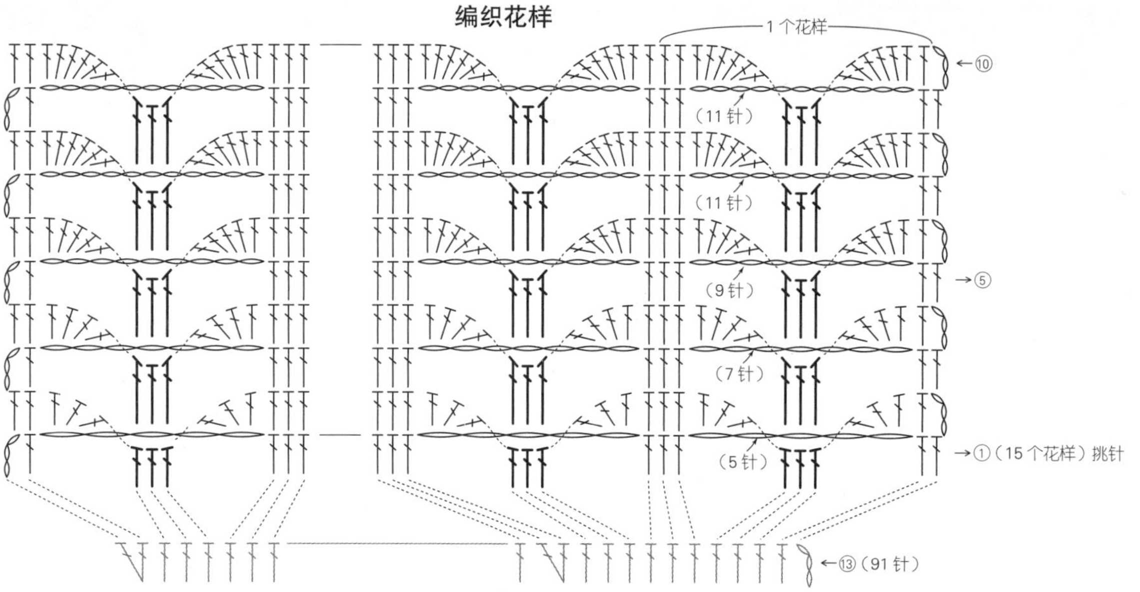

编织花样的编织方法

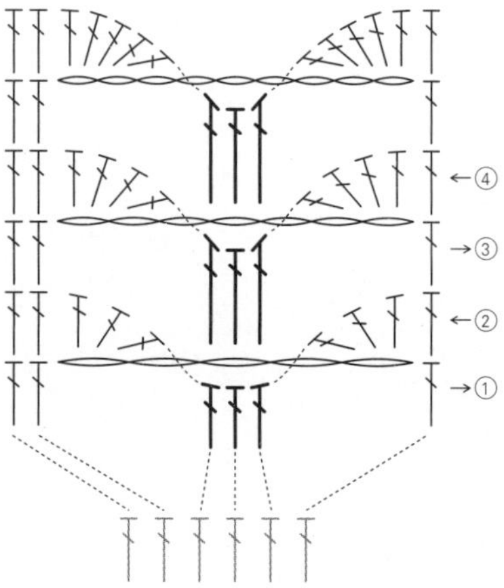

第 4 行以后的 = 从前一行的锁针前面整段挑起下方第 3 行的锁针

第 2 行的 = 从前一行的锁针前面挑起下方第 2 行的长针

右上 1 针交叉（中间织入 1 针下针）

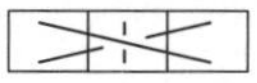

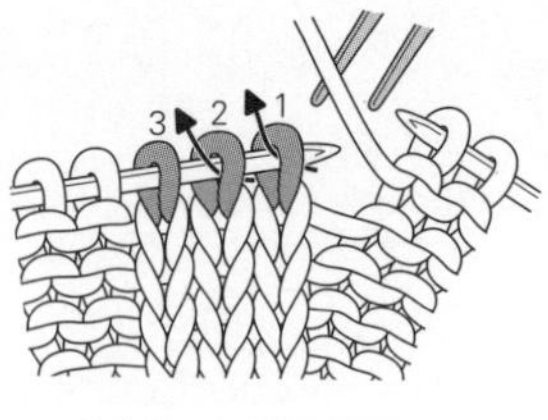

1 将针目 1 和针目 2 分别移至两个麻花针上。

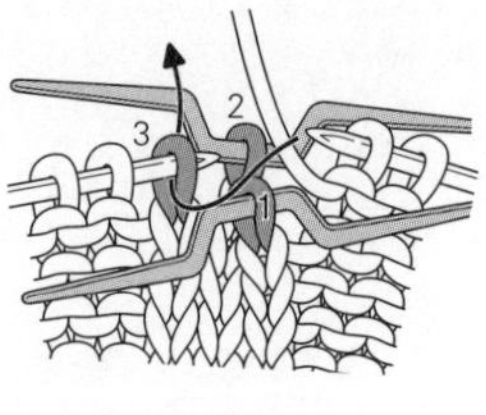

2 将针目 1 放在前面，针目 2 放在后面。将右棒针插入针目3。

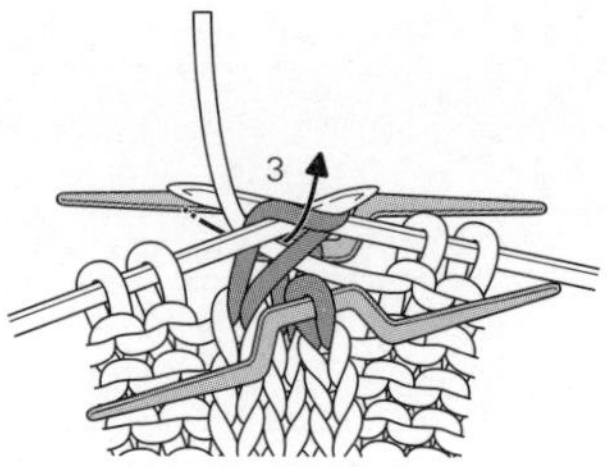

3 编织下针。

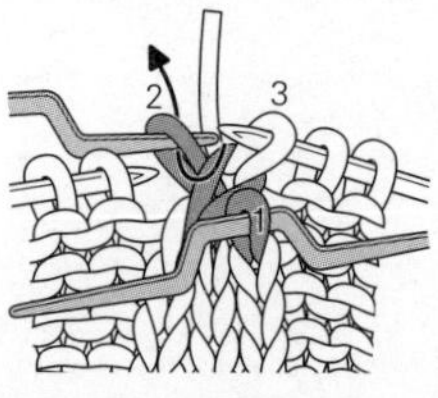

4 针目 2 编织下针。

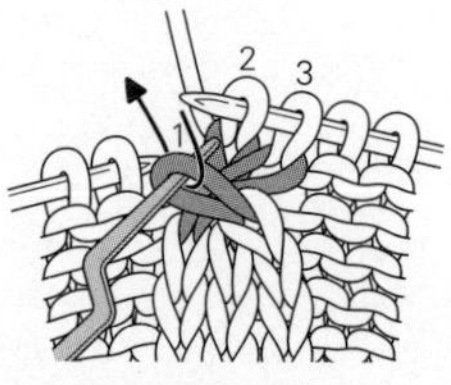

5 针目 1 编织下针。

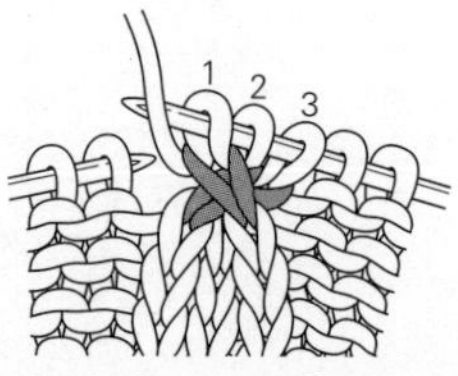

6 右上 1 针交叉（中间织入 1 针下针）完成。

条纹花样

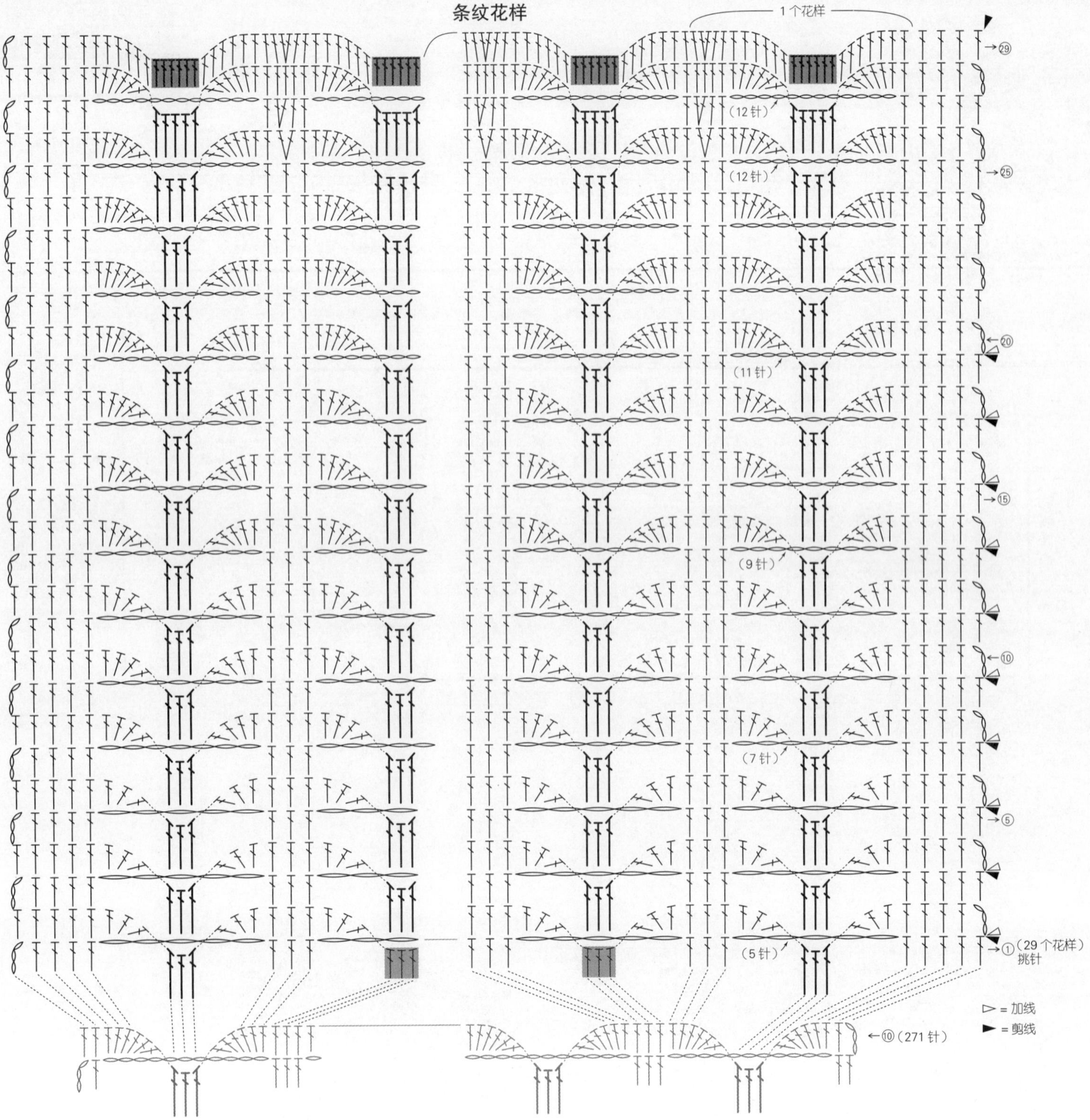

条纹花样的配色

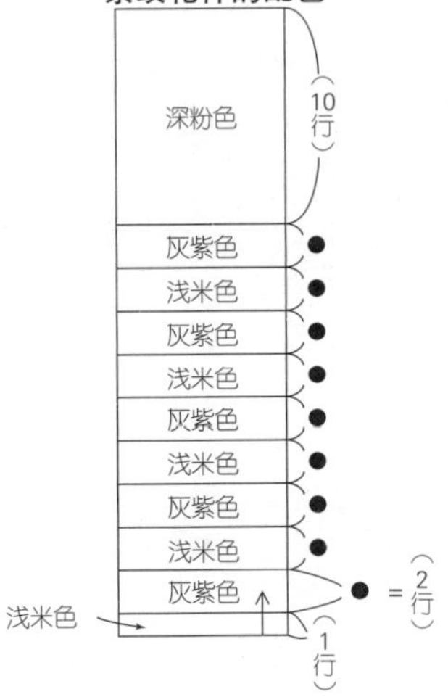

= 整段挑起第27行的锁针

= 从前一行的锁针前面挑起下方第2行的长针

= 从前一行的锁针前面整段挑起下方第3行的锁针

材料

芭贝 Arabis　浅褐色(2607)75g/2团，米色(6002)60g/2团，白色(9719)、灰紫色(9476)、橙色(4607)各55g/各2团

工具

钩针6/0号

成品尺寸

宽44cm，长132cm

编织密度

花片边长2.75cm

编织要点

●全部按照连编花片的方法编织。按照表中的序号和颜色逐个完成。

披肩(连编花片)

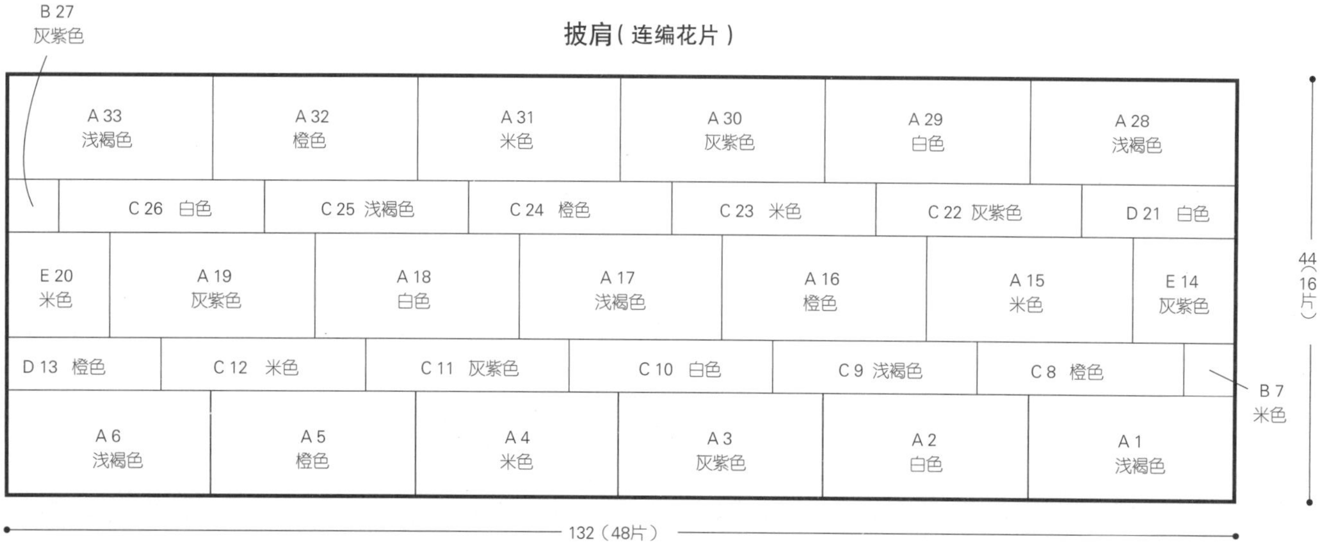

※全部使用6/0号针编织

※表中的数字表示编织顺序

连编花片

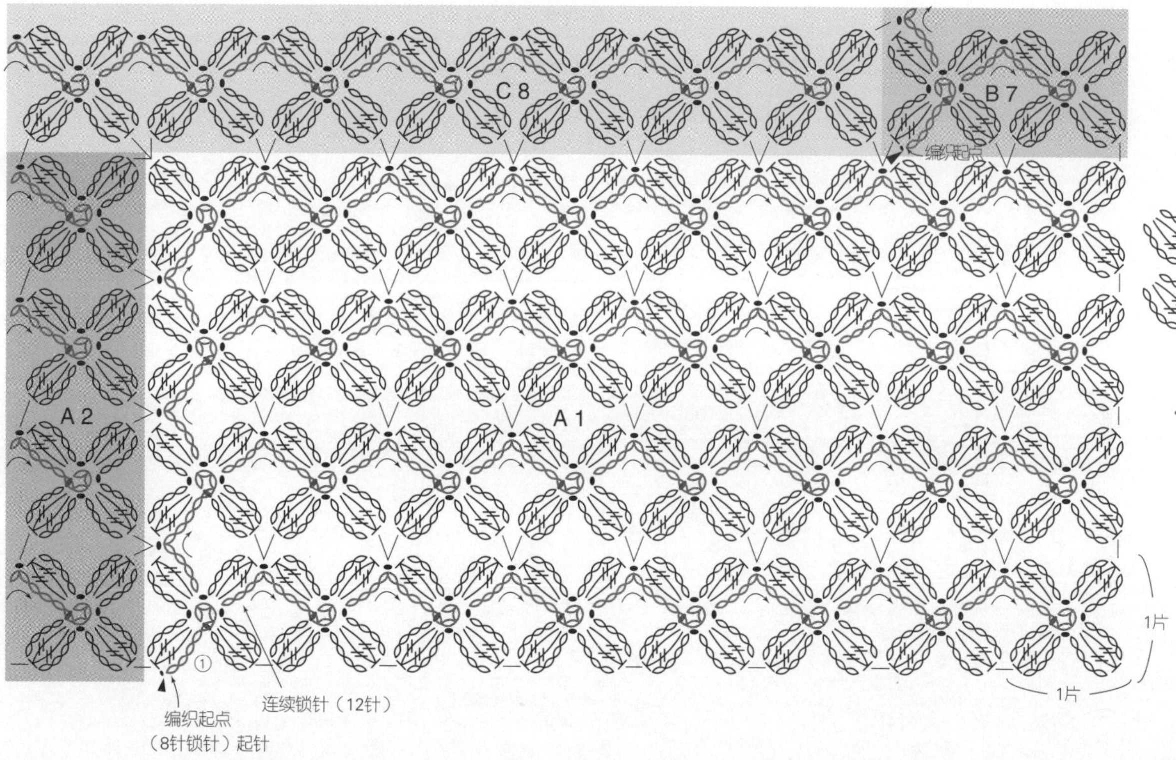

▶ = 剪线

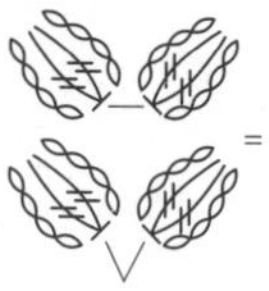

编织2针长长针的枣形针后，将钩针取下，插入连接处的枣形针头部，或者从上面插入引拔针的头部，将刚刚取下的针目拉出

● 的编织方法请参照127页

材料

DMC Natura Multi　粉色、黄色、灰色系段染（M904）380g/8团，Natura 淡蓝色（N106）75g/2团

工具

钩针5/0号

成品尺寸

宽57cm，长131cm

编织密度

编织花样1个花样5cm，12行10cm

编织要点

●锁针起针，做编织花样。编织花样最终行有变化，需要注意。参照图示环形钩织边缘。

26页的作品 ★★

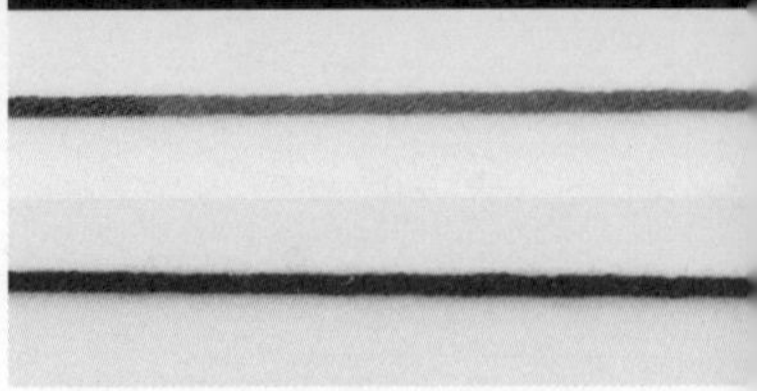

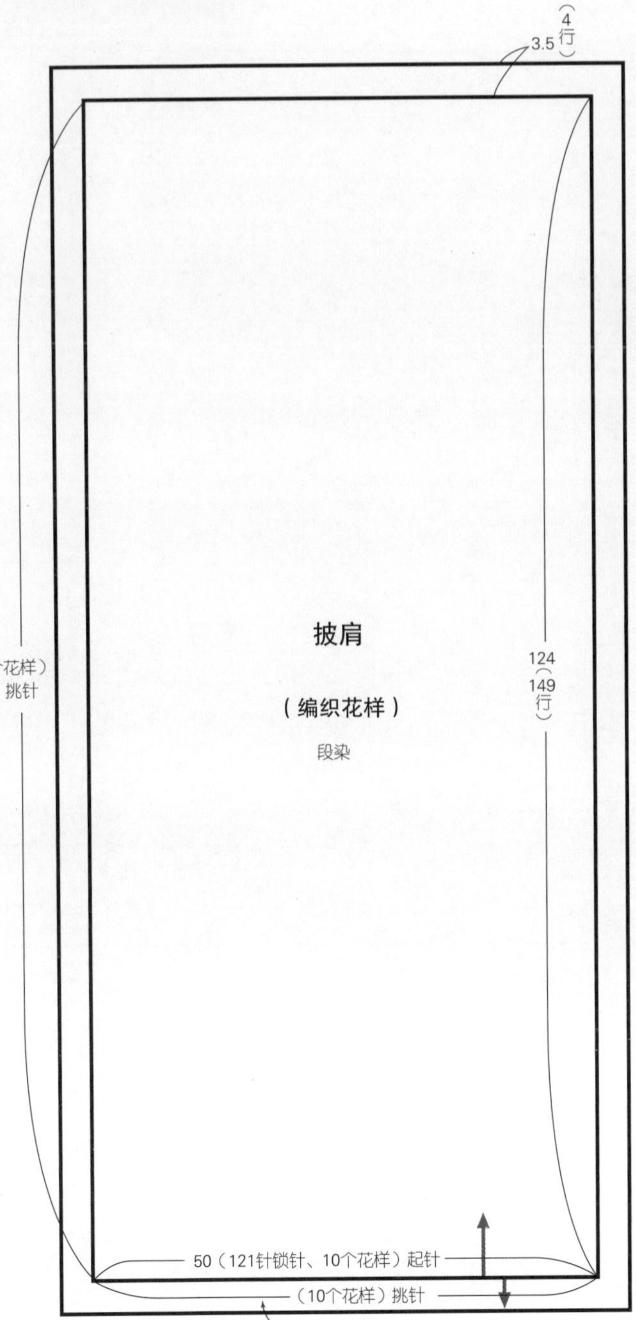

※ 全部使用5/0号针钩织

► = 剪线

编织花样

边缘编织

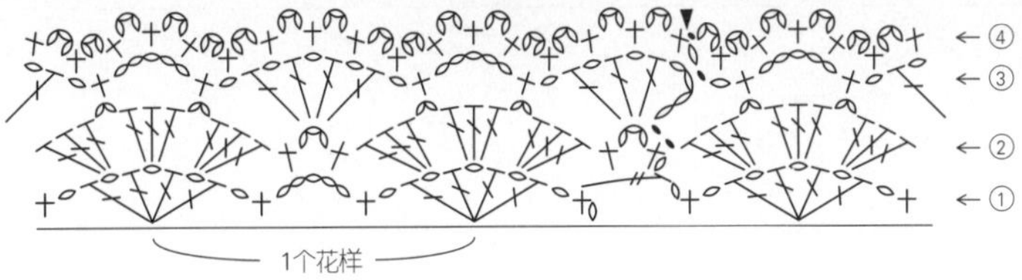

▷ = 加线
► = 剪线

边缘编织的挑针方法和角部的编织方法

▶接 102 页

组合方法

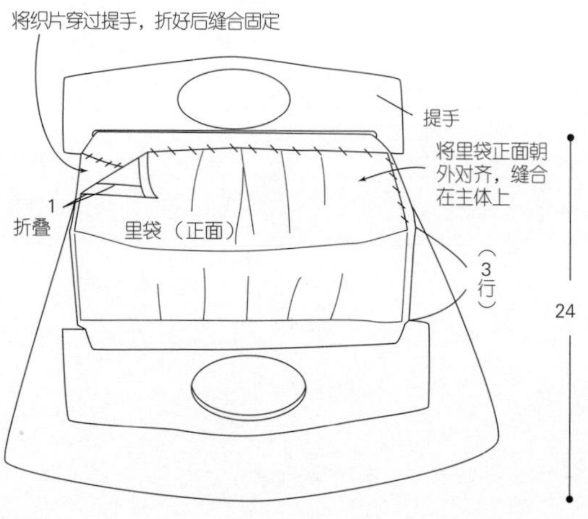

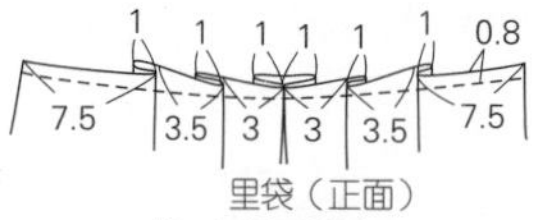

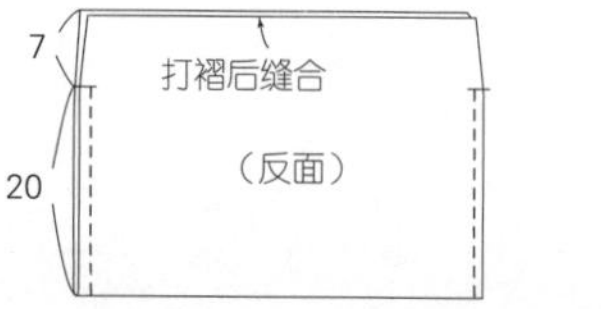

里袋的制作方法

材料

[围巾] DMC　Natura Denim 暗绿色(08 Deep Jungle)、绿色(18 Cutted Grass)、淡绿色(138 Washy fern)各130g/各3团

[包包] DMC　Natura Denim暗棕色(03 Lava Stone)90g/2团，棕色(13 Sand Castle)、淡棕色(133 Stoned Earth) 各60g/各2团；Hoooked 提手1组；54cm×40cm的里袋用布

工具

钩针7/0号

成品尺寸

[围巾] 宽32cm，长140cm

[包包] 宽40cm，深24cm

编织密度

条纹花样A、B均为1个花样8cm，9行15.5cm

编织要点

●围巾…锁针起针，编织条纹花样A。

●包包…包底锁针起针，钩织长针。主体从包底挑针，环形编织条纹花样B，从开口止位开始做往返编织。制作里袋，参照组合方法组合在一起。

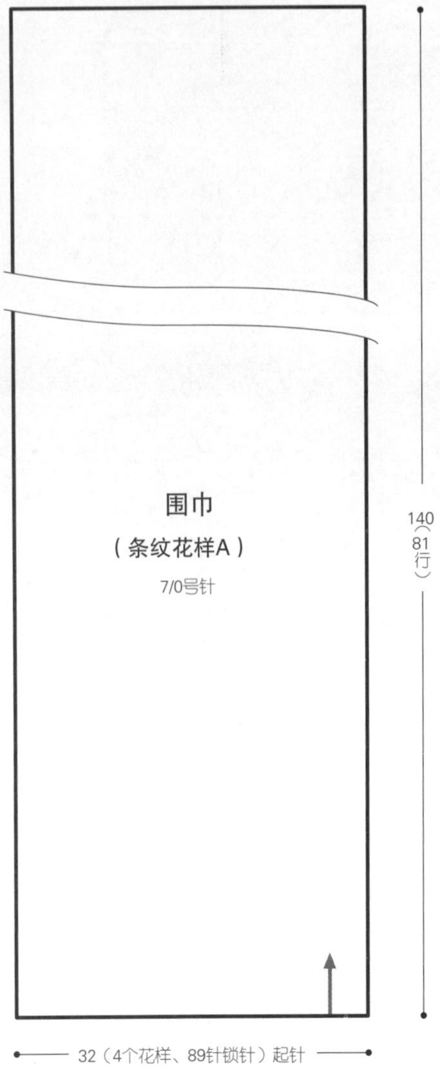

条纹花样A

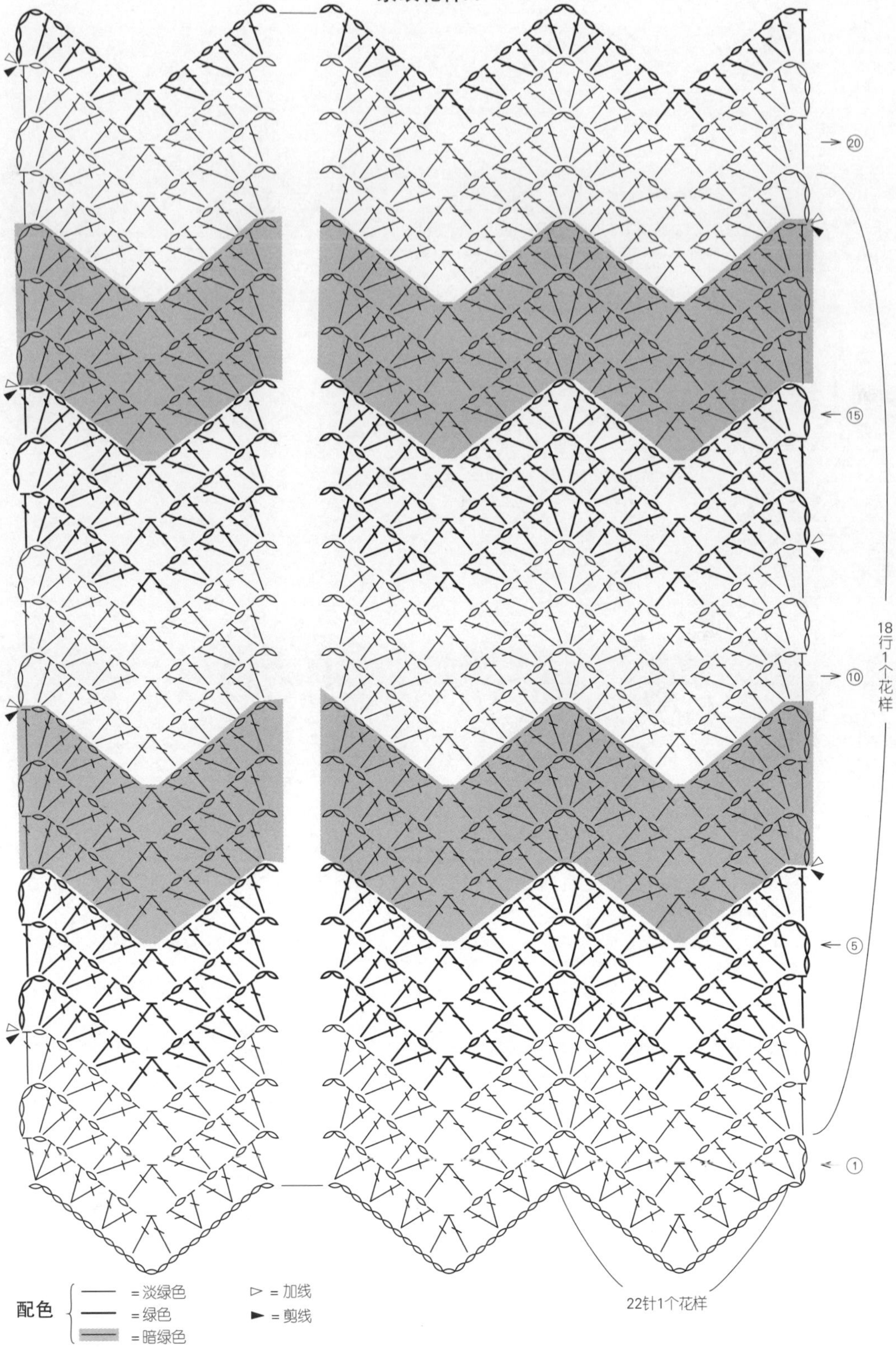

包包

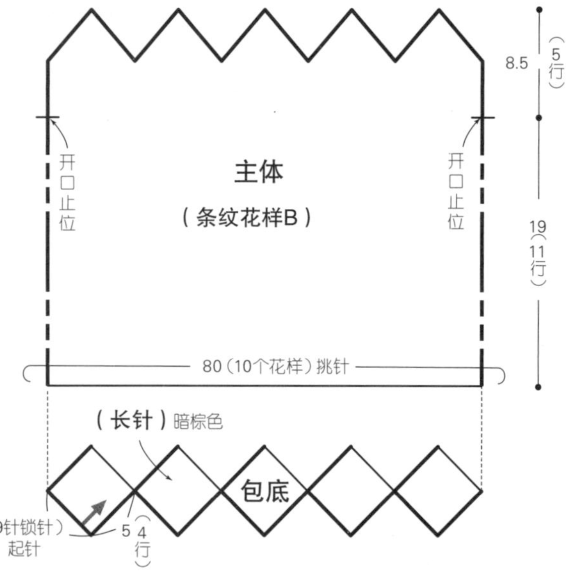

※全部使用7/0号针钩织

条纹花样B

包包的组合方法见100页

材料

芭贝 Arabis 米色（6002）205g/6团

工具

棒针6号、5号

成品尺寸

最长处156cm，最宽处80cm

编织密度

10cm×10cm面积内：编织花样19针，27行

编织要点

●卷针起针开始编织。编织6行起伏针后，参照图示编织3针，从编织行和编织起点挑针，编织起伏针和编织花样，完成1行。换用6号针，参照图示，一边加针一边编织，编织终点休针。边缘编织部分，卷针起针，一边在反面编织行的终点，和主体的休针用2针并1针的方法连接，一边编织。编织终点从反面做伏针收针。

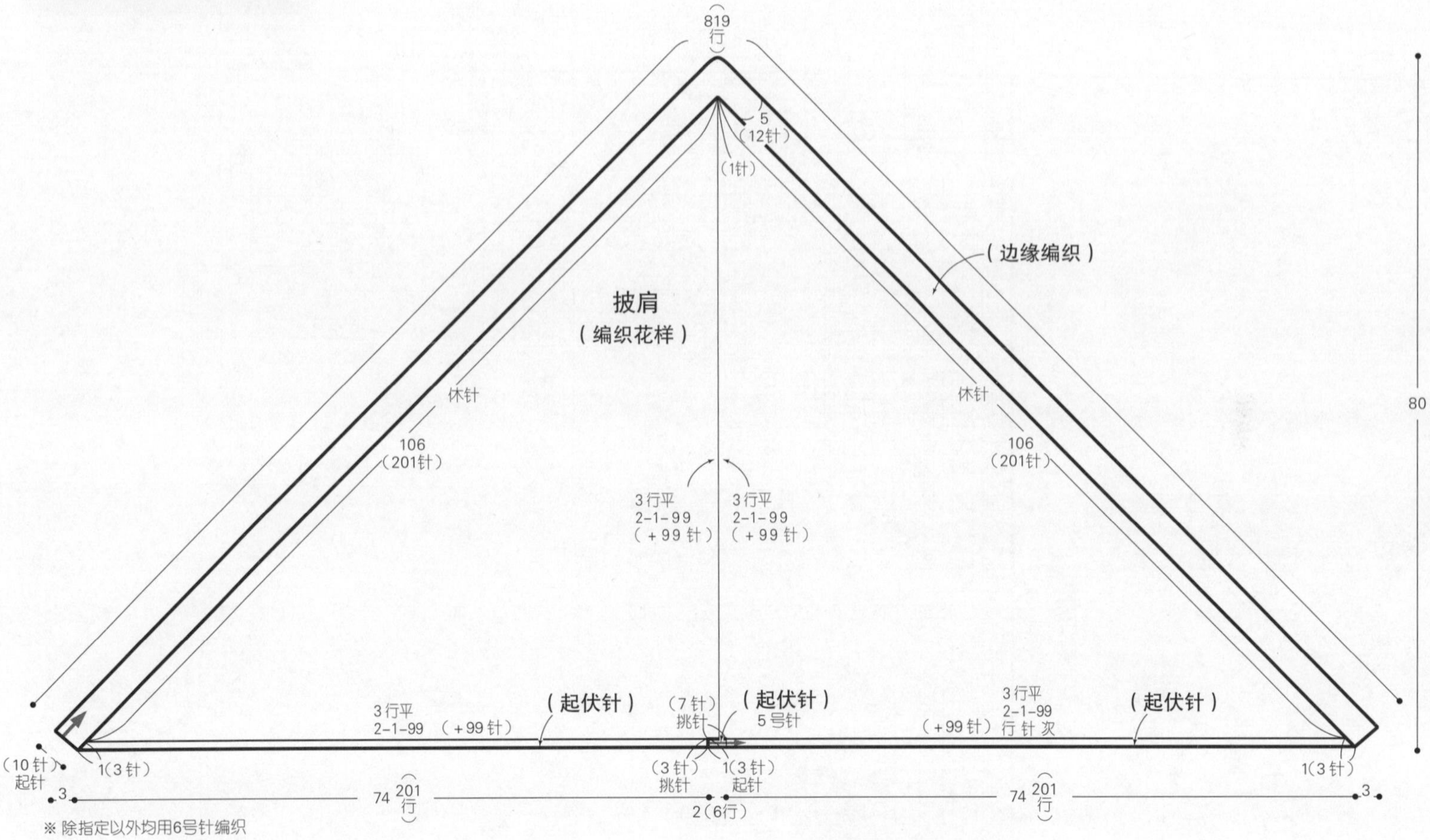

※ 除指定以外均用6号针编织

边缘编织

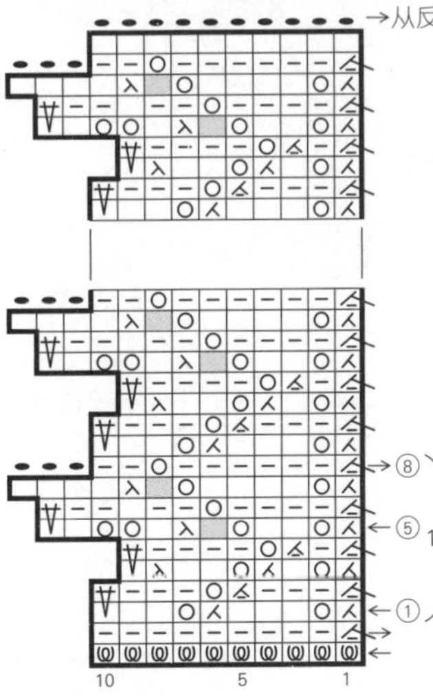

□＝⊡

▨ ＝没有针目部分

⊚ ＝卷针

＝和编织花样的休针编织左上2针并1针

＝上针的左上2针并1针

※从反面编织时是

∀ ＝浮针（1行）

∀ →●
←×

×行编织下针，

●行将线放在后面，不编织，针目直接移至右棒针上（从反面编织滑针）

卷针加针（2针以上）

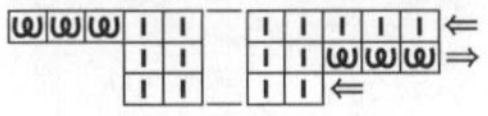

1 "在食指上挂线，插入棒针，抽出食指"，重复此步骤至增加所需针数。

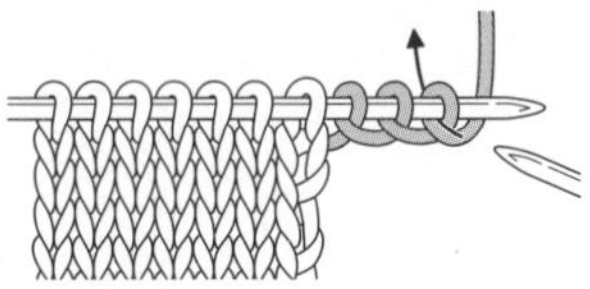

2 翻到正面，如箭头所示入针编织下针。剩余2针按照相同方法编织，继续编织至端头。

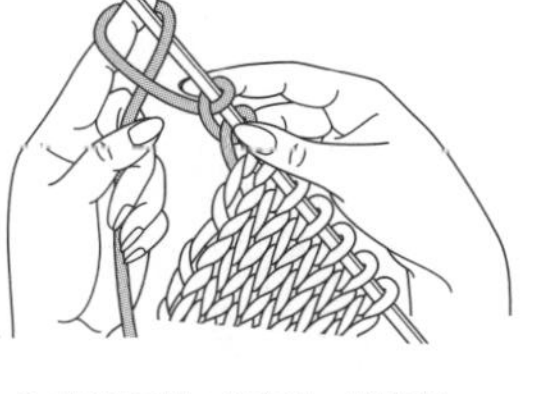

3 按照步骤1的方法，将棒针插入食指上的针目。

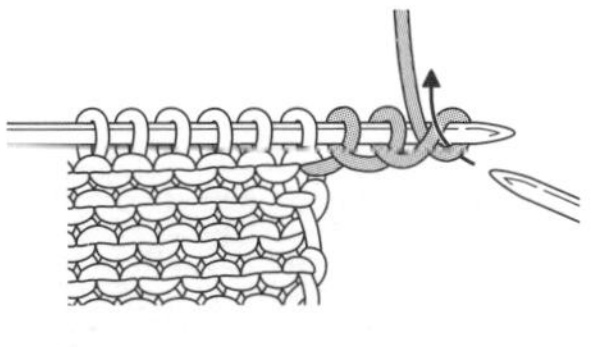

4 翻到反面，如箭头所示入针编织上针。剩余2针按照相同方法编织，继续编织至端头。

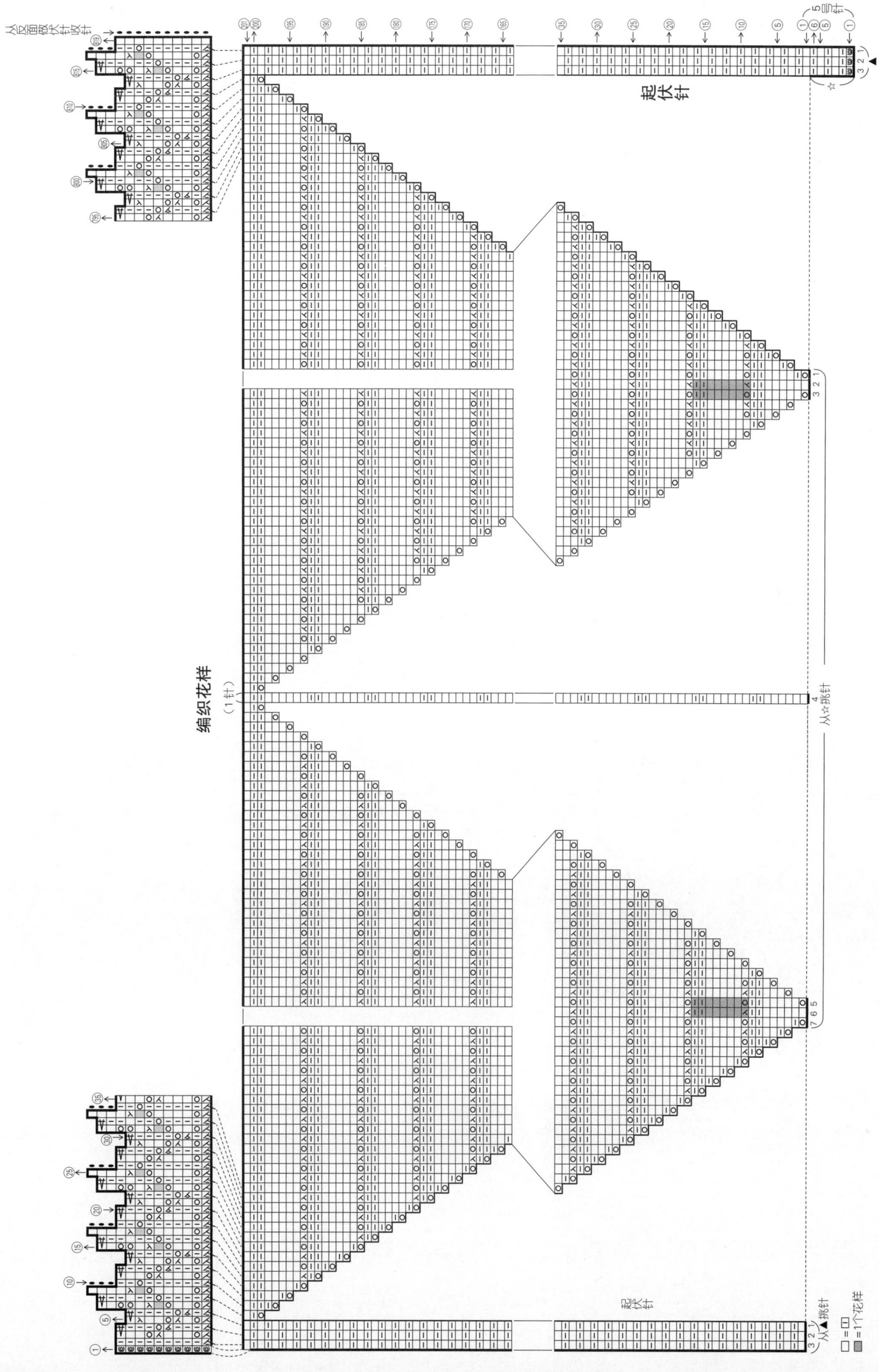
编织花样
（1针）
起伏针
从☆挑针
从▲挑针
5号针
从反面做伏针收针
□=□
■=1个花样

材料

奥林巴斯 Emmy Grande<herbs>、25号刺绣线，毛线的色名、色号、用量及其他辅材等请参照下表

工具

蕾丝针0号

成品尺寸

参照图示

编织要点

●参照图示编织各部件。参照组合方法组合。

毛线和辅材

	使用线	色名（色号）	用量	辅材
樱花	Emmy Grande<herbs>	褐色（745）	7g/1团	花艺铁丝 绿色#30 35cm 15根 花艺铁丝 绿色#20 35cm 3根 黏合剂适量
	25号刺绣线	淡粉色（100）	5束	
		浅粉色（101）	3束	
		玫粉色（1120）	2束	
		深粉色（1121）	2束	
		橄榄绿色（288）	2束	
		黄色（582）	1束	
黄鹂	25号刺绣线	米色（721）	2束	花艺铁丝 白色#26 35cm 1根 眼睛 黑色 4mm 2颗 填充棉、黏合剂 适量
		橄榄绿色（288）	1束	
		金褐色（712）	1束	
团子（3串）	25号刺绣线	粉色（1013）	2束	竹签 9cm 3根 填充棉、黏合剂 适量
		白色（850）	2束	
		绿色（275）	2束	

樱花

※全部使用0号蕾丝针钩织

※除指定以外，刺绣线均取6根线钩织

花朵A、花朵B

A 7朵、B 15朵

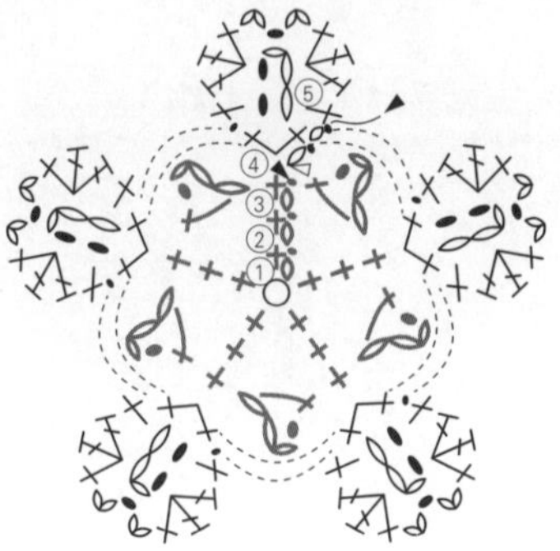

配色 { —— =A 深粉色 B 玫粉色 / ---- =A 浅粉色 B 淡粉色

※编织时正面为内侧

花蕾 7个

在最终行针目头部外侧1根线里穿线并收紧

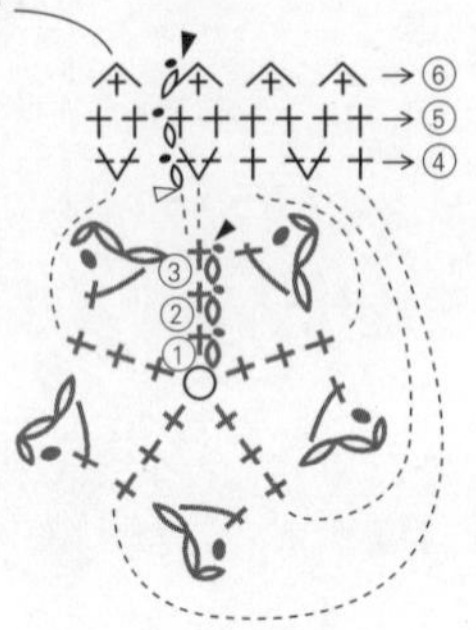

配色 { —— =深粉色 / ---- =浅粉色

※ 第1~3行编织时正面为内侧，第4~6行编织时正面为外侧

雄蕊

黄色（取2根刺绣线）

66根

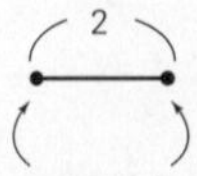

在针上穿线，刺绣5卷玉结。用稀释2倍的黏合剂稍微固定一下

花枝C 2个 褐色

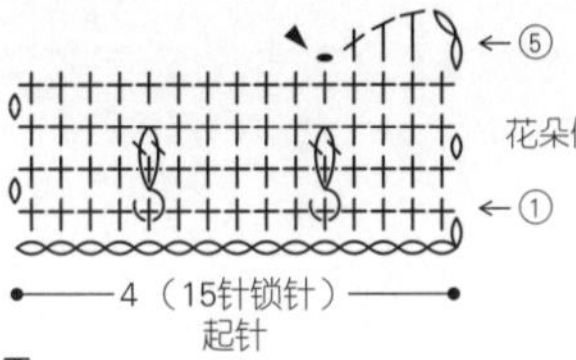

= 按照在前面第2行上钩织正拉针的要领入针，钩织2针长针的枣形针

▷ = 加线

▶ = 剪线

花枝A、花枝B 各1个 褐色

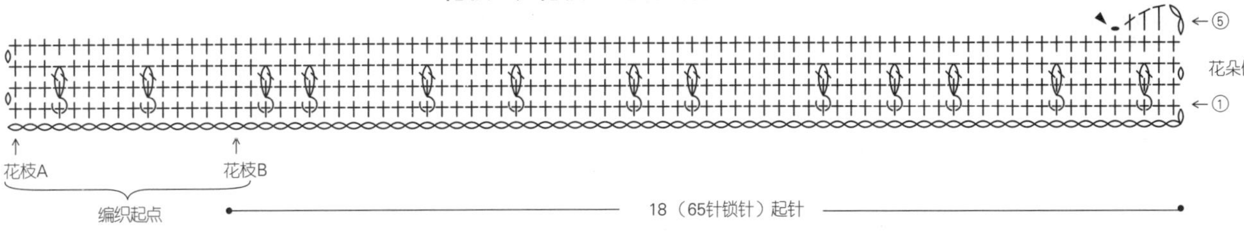

= 按照在前面第2行上钩织正拉针的要领入针，钩织2针长针的枣形针

组合方法

①将铁丝（#30：剪成一半）穿入花朵A、B和花蕾，钩织短针

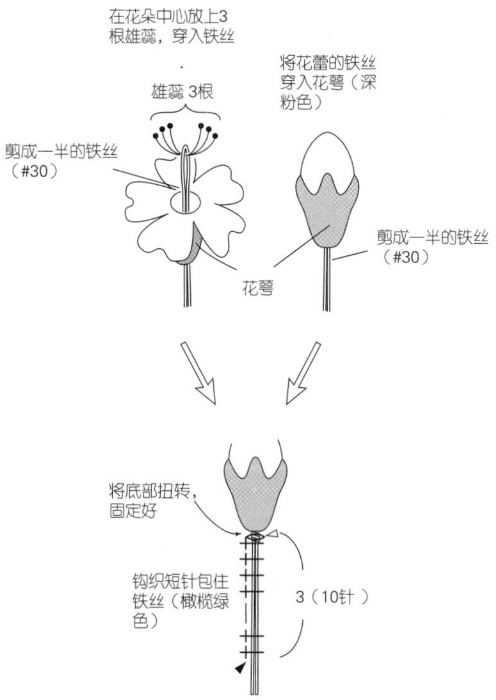

②将铁丝（#20:2根35cm、2根17.5cm）用作花枝内芯，分别按照图示折回端头

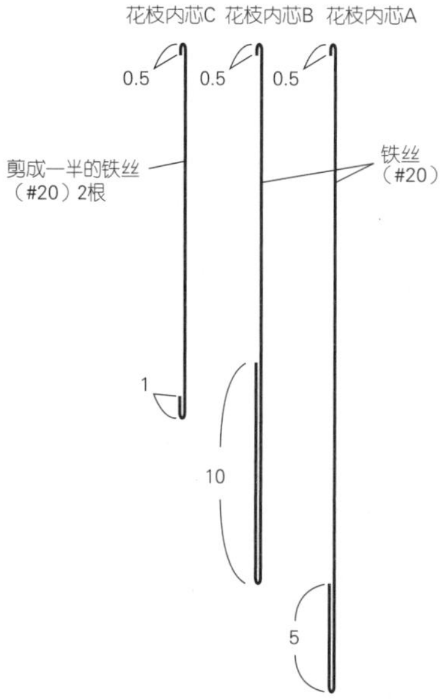

③除右下图中★之外的花朵和花蕾，分别用铁丝（#30）将指定数量缠在花枝内芯上

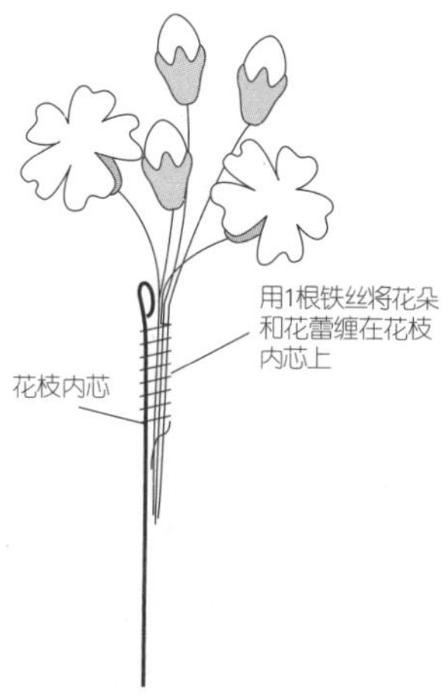

团子

粉色、白色、绿色 各3个
0号蕾丝针

► = 剪线

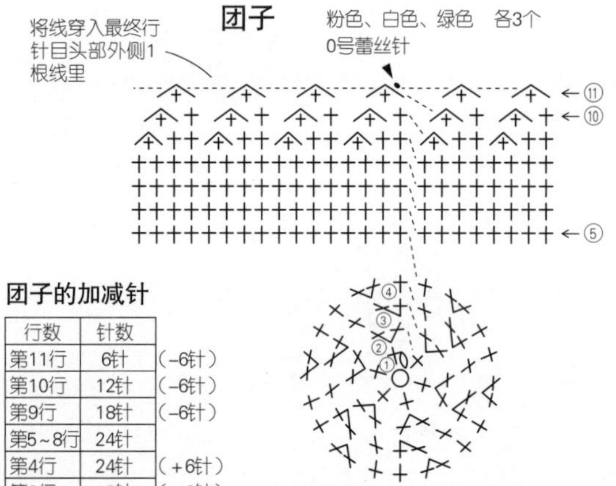

团子的加减针

行数	针数	
第11行	6针	（−6针）
第10行	12针	（−6针）
第9行	18针	（−6针）
第5~8行	24针	
第4行	24针	（+6针）
第3行	18针	（+6针）
第2行	12针	（+6针）
第1行	6针	

※取6根刺绣线钩织
※白色和绿色团子将起针线圈收紧时，要留出用来穿过竹签的孔洞

组合方法

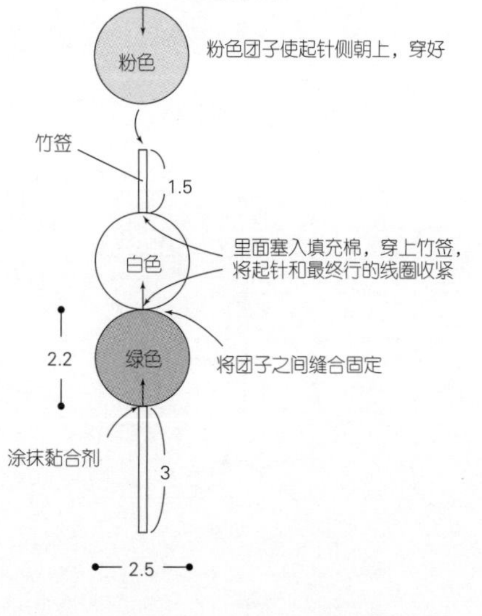

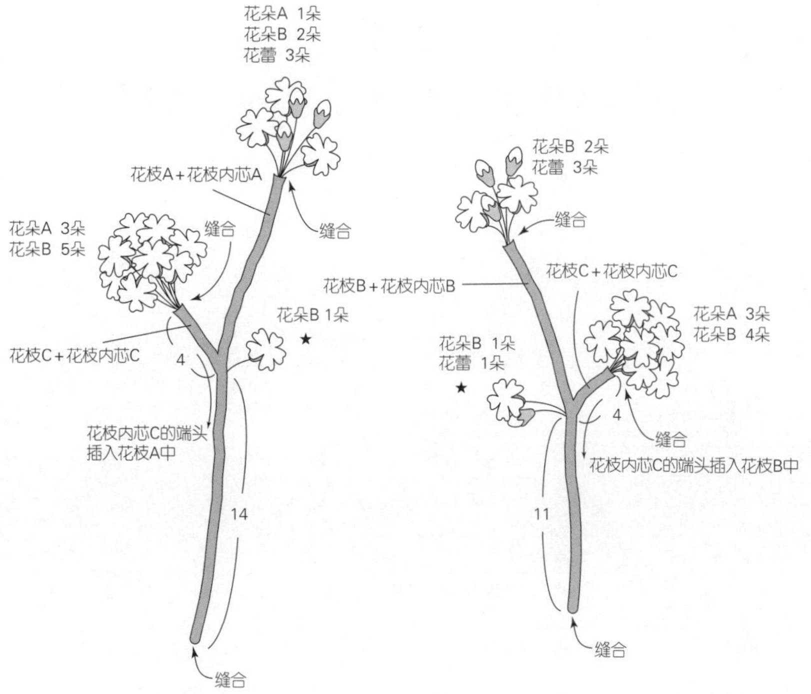

④在花枝内芯上卷上花枝，盖住将花朵和花蕾缠在一起的铁丝，在花枝起针和最终行卷针缝缝合
⑤将★处的花朵和花蕾插入花枝，缝合
⑥将花枝内芯稍微弯曲，整理形状

黄鹂

※全部使用0号蕾丝针钩织
※除指定以外，刺绣线均取6根线钩织

鸟爪的制作方法 2只

①按照图示折弯铁丝
②将稀释2倍的黏合剂涂抹在4只爪趾上，缠绕刺绣线（2根金褐色线）
③爪子底部一起缠绕3mm刺绣线（2根金褐色线），然后继续缠绕2cm
④爪子底部和趾尖用钳子夹弯，1根短趾弯向后面

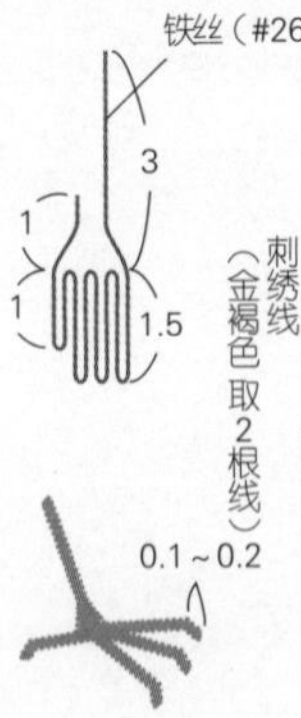

尾巴 橄榄绿色

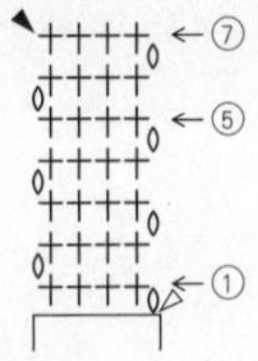

※主体内塞上填充棉，编织终点将2片重叠在一起挑针

翅膀 橄榄绿色

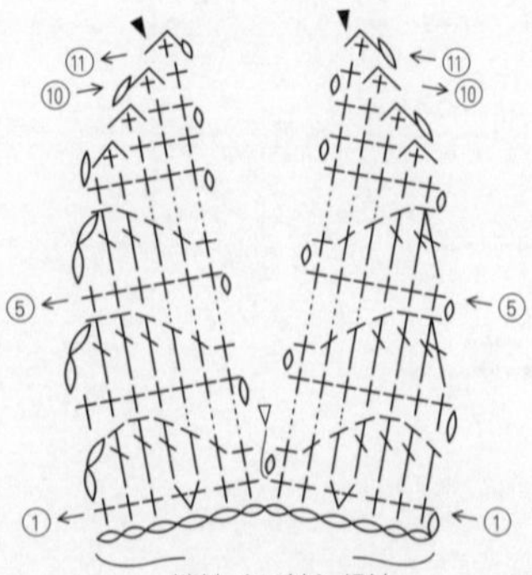

主体

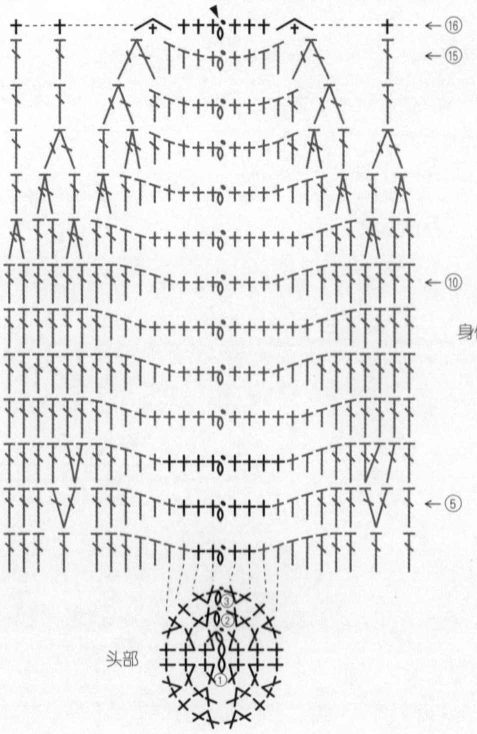

组合方法

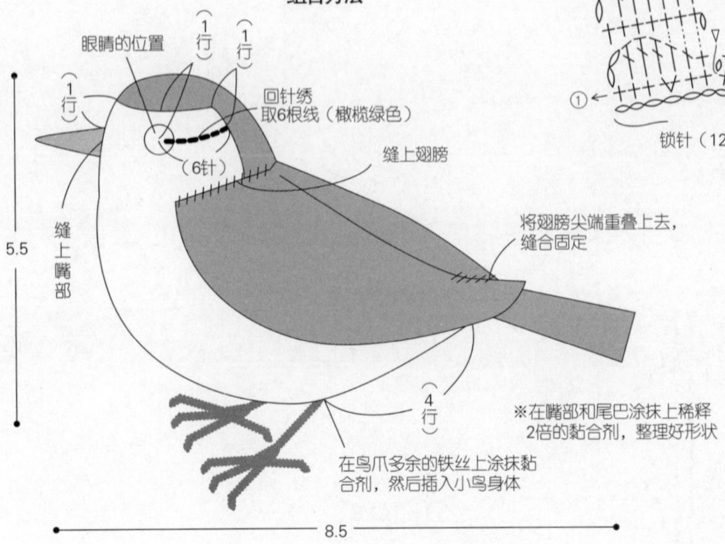

嘴部 金褐色

配色 { ── = 橄榄绿色
── = 米色 }

▷ = 加线
▶ = 剪线

长针的正拉针

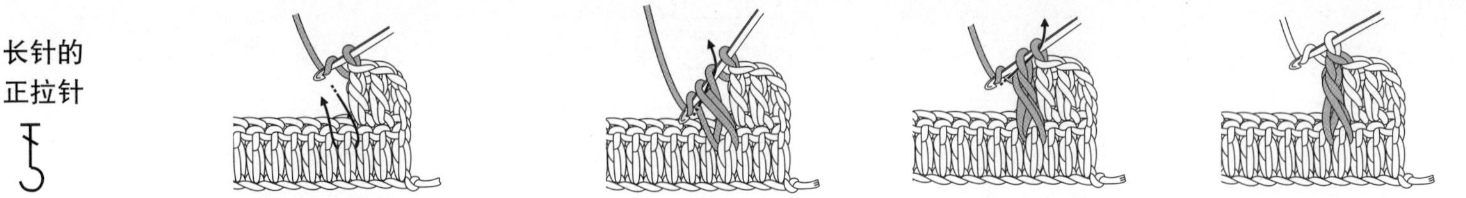

1 钩针上挂线，如箭头所示将钩针从前面插入前一行长针的足部，将线拉出。

2 挂线，从钩针上的 2 个线圈中引拔。

3 再次挂线，从钩针上的 2 个线圈中引拔。

4 1 针长针的正拉针钩织好了。

长针的反拉针

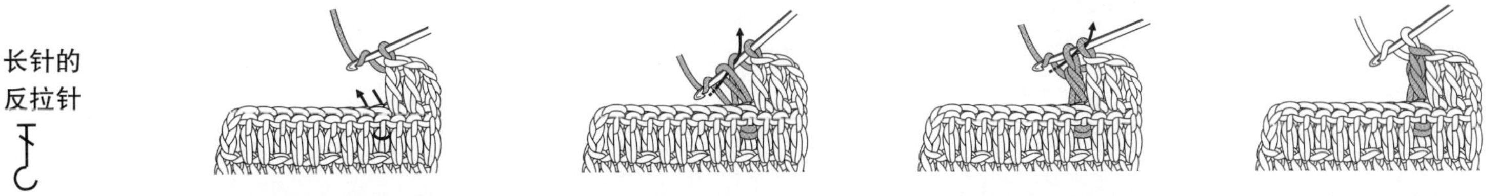

1 钩针上挂线，如箭头所示将钩针从后面插入前一行长针的足部，将线拉出。

2 挂线，从钩针上的 2 个线圈中引拔。

3 再次挂线，从钩针上的 2 个线圈中引拔。

4 1 针长针的反拉针钩织好了。

材料

钻石线 Dia Cielo 米色（103）185g/7团，浅蓝色（113）100g/4团，浅紫色（114）45g/2团

工具

钩针5/0号、4/0号

成品尺寸

胸围90cm，衣长54cm，连肩袖长39cm

编织密度

花片边长7.5cm

编织要点

●用连接花片的方法钩织。从第2片花片开始，一边钩织，一边在最终行和相邻花片连接。下摆、袖口挑取指定数量的针目，环形钩织短针条纹。领口做环形编织。

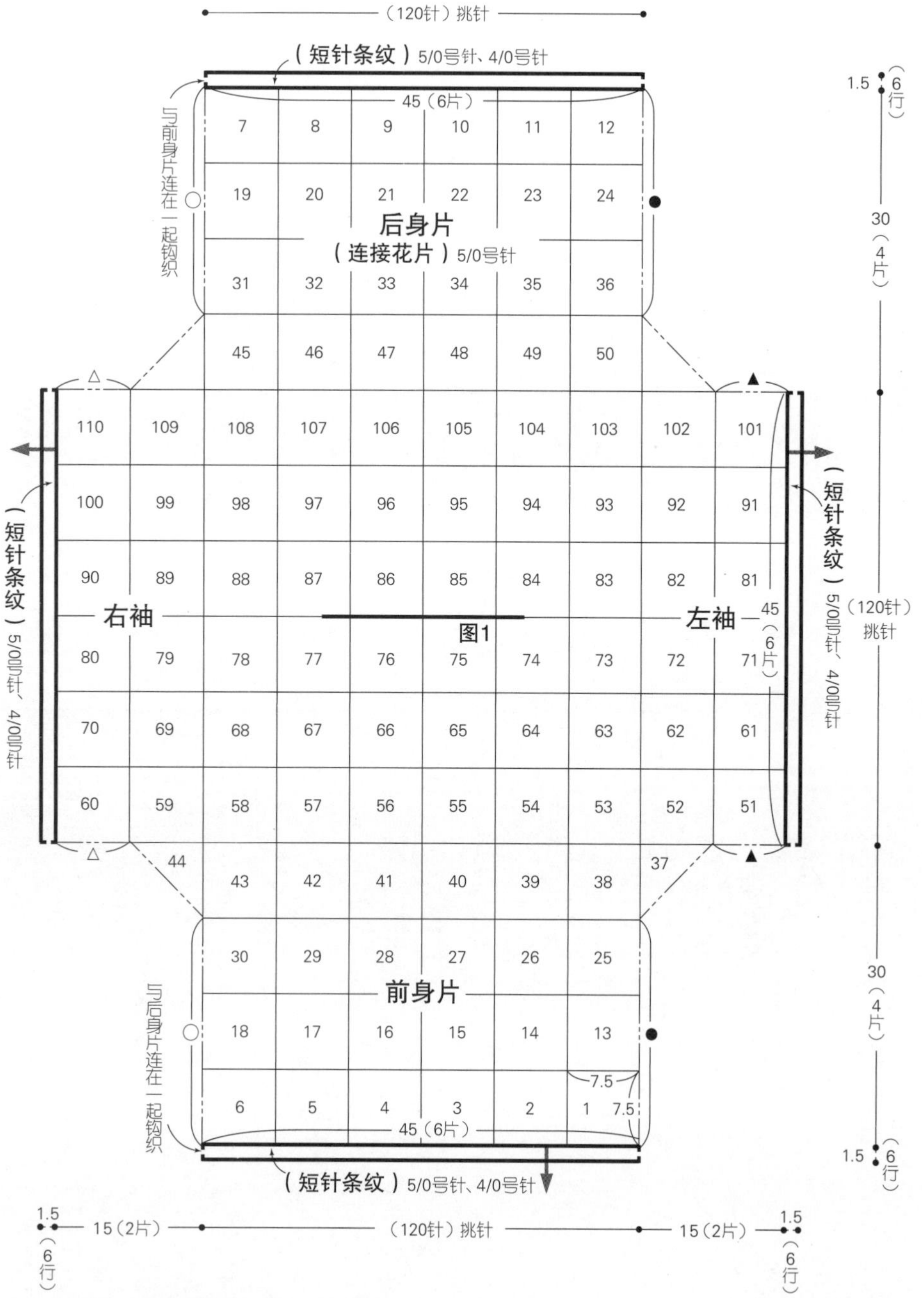

※ 花片内的数字表示连接顺序
※ 相同标记处连在一起钩织

花片 110片

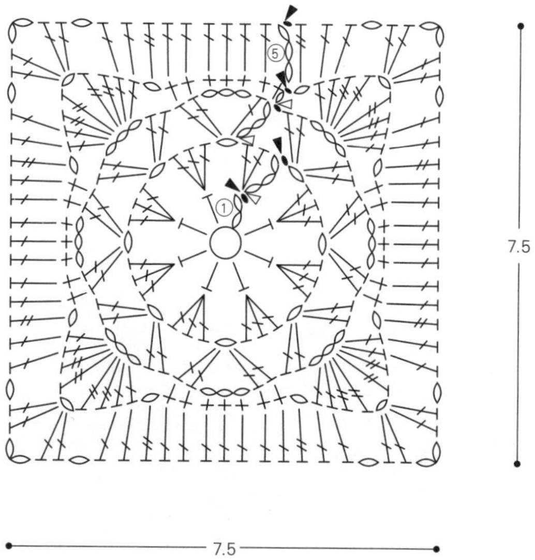

花片的配色

第1行	浅蓝色
第2行	浅紫色
第3行	米色
第4行	浅蓝色
第5行	米色

▷ = 加线
▶ = 剪线

领口（边缘编织）

5/0号针 米色

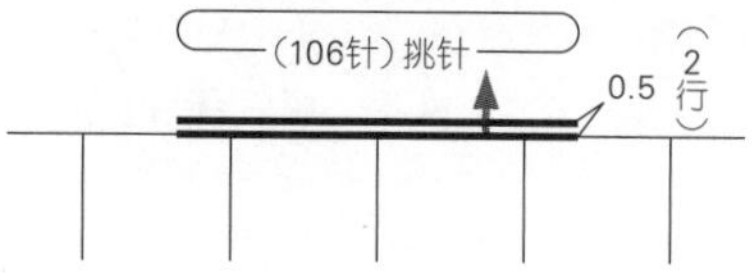

边缘编织

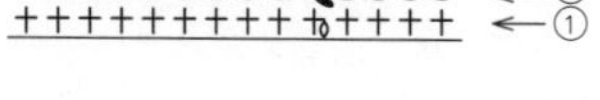

短针条纹

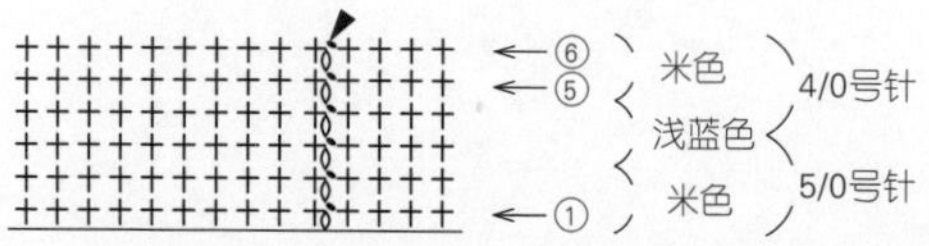

花片的连接方法

钩织长针连接花片的方法

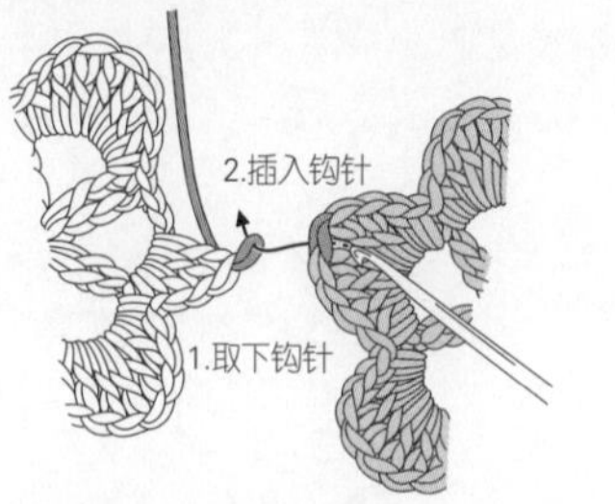

1 从第2片花片的针目上取下钩针，在第1片花片的长针头部2根线里插入钩针。

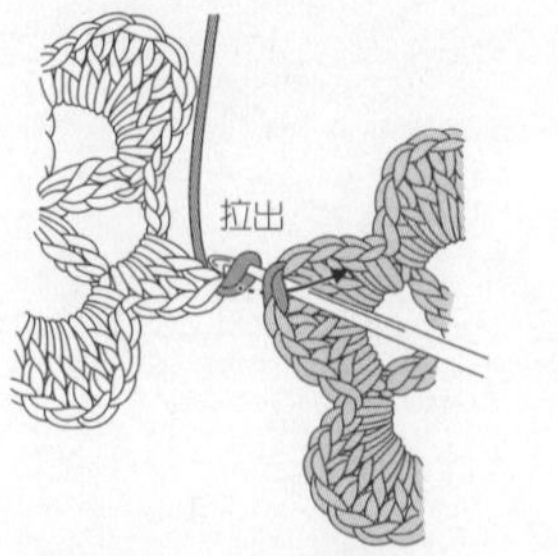

2 在第2片花片的针目里重新插入钩针，穿过第1片花片的针目，拉出。

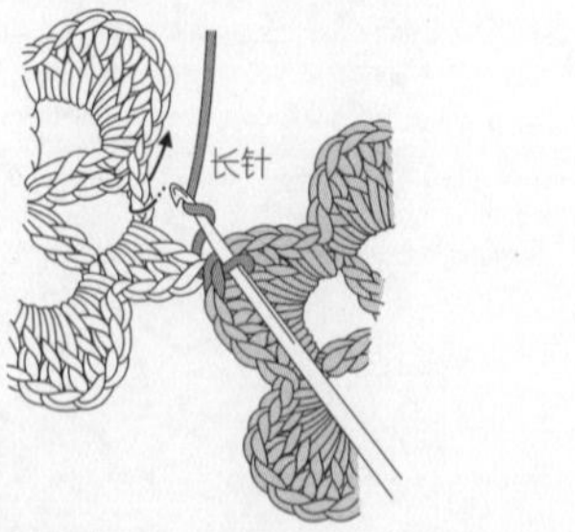

3 在钩针上挂线，在第2片花片上整段挑针钩织长针。

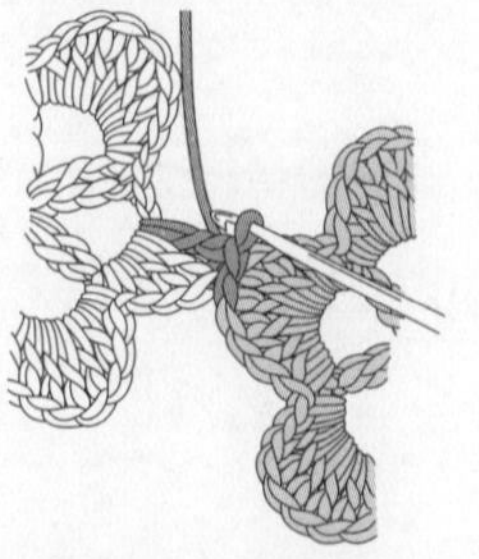

4 长针完成后的状态。2片花片在长针的头部连接在一起。

▷ = 加线

图1 领口

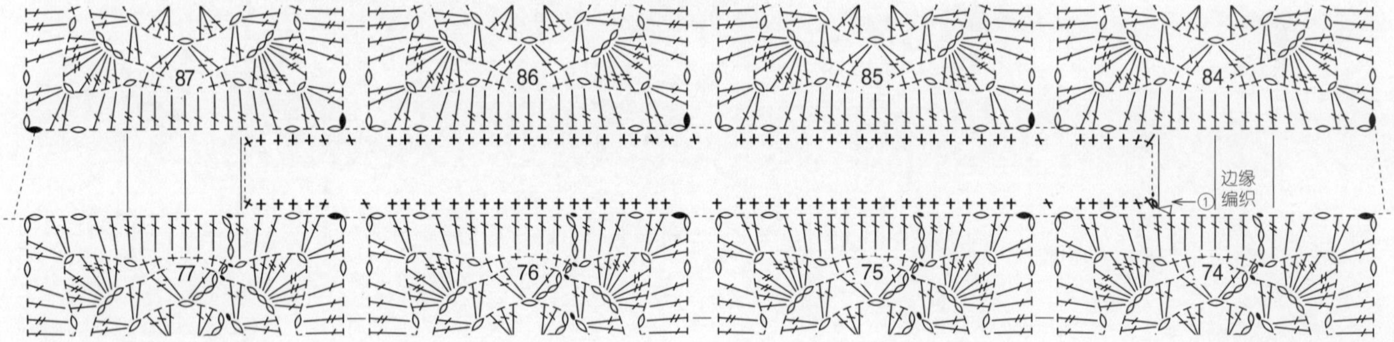

材料

[M号] Hobbyra Hobbyre Cotton Shelly 原白色(10) 30g/1团，蓝色(14) 20g/1团

[S号] Hobbyra Hobbyre Cotton Shelly 原白色(10)、浅蓝色(15)各20g/各1团

工具

钩针4/0号

成品尺寸

[M号] 宽11cm，深20cm

[S号] 宽11cm，深16.5cm

编织密度

花片的大小请参照图示

编织要点

●底部环形起针后，参照图示开始钩织短针。接着钩织连接花片以及条纹边缘。最后钩织细绳和小圆球，参照组合方法进行组合。

38 页的作品 ★★

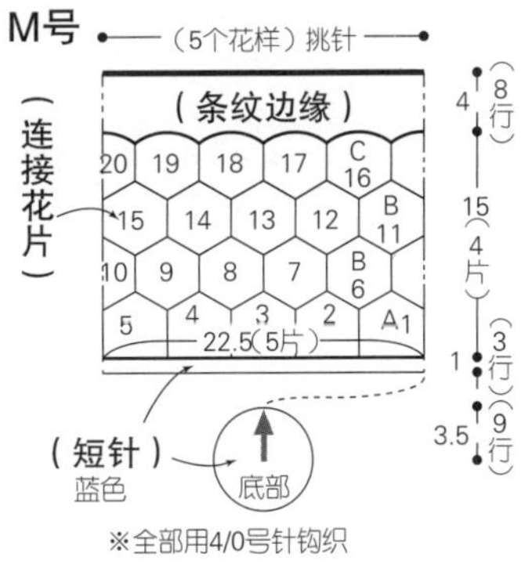

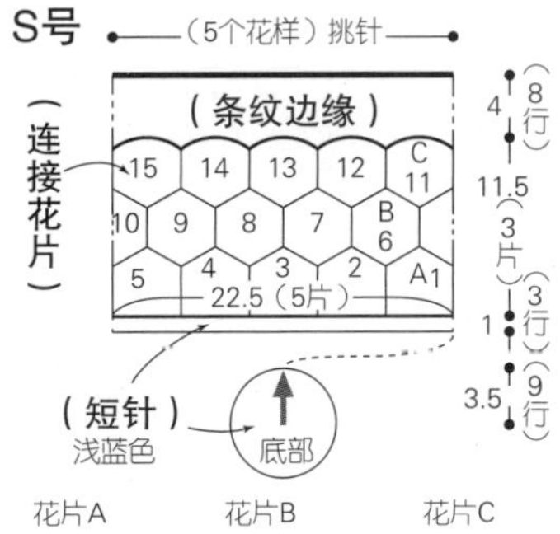

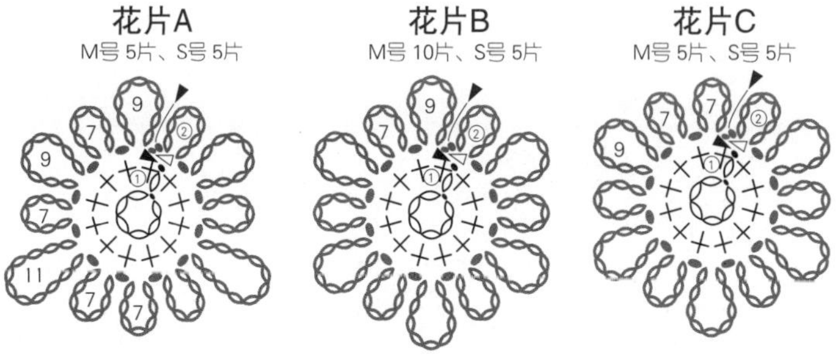

▷ = 加线

► = 剪线

配色 { —— = M号 蓝色，S号 浅蓝色 / —— = 原白色 }

小圆球

M号 蓝色、S号 浅蓝色 各2个

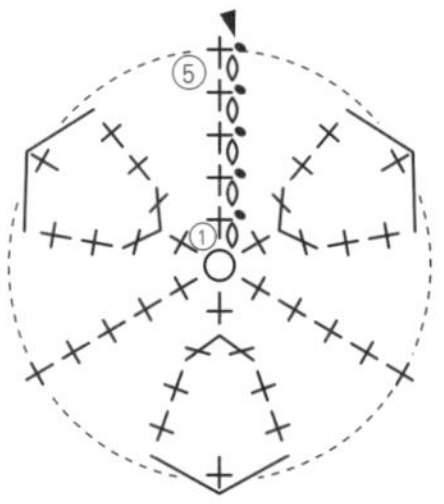

小圆球的加减针

行数	针数	
第5行	6针	（-3针）
第3、4行	9针	
第2行	9针	（+3针）
第1行	6针	

组合方法

在穿绳位置穿入细绳，
将小圆球缝在细绳的两端

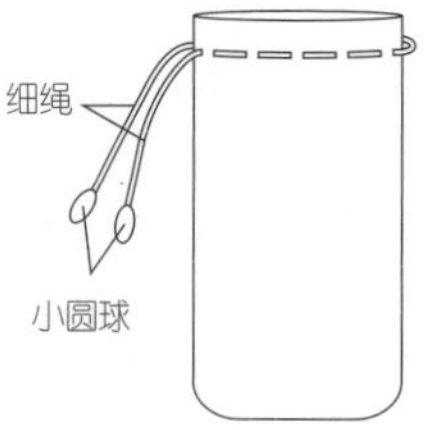

细绳 各1条

（罗纹绳）

原白色

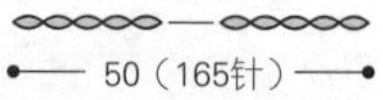

花片的连接方法（M号）

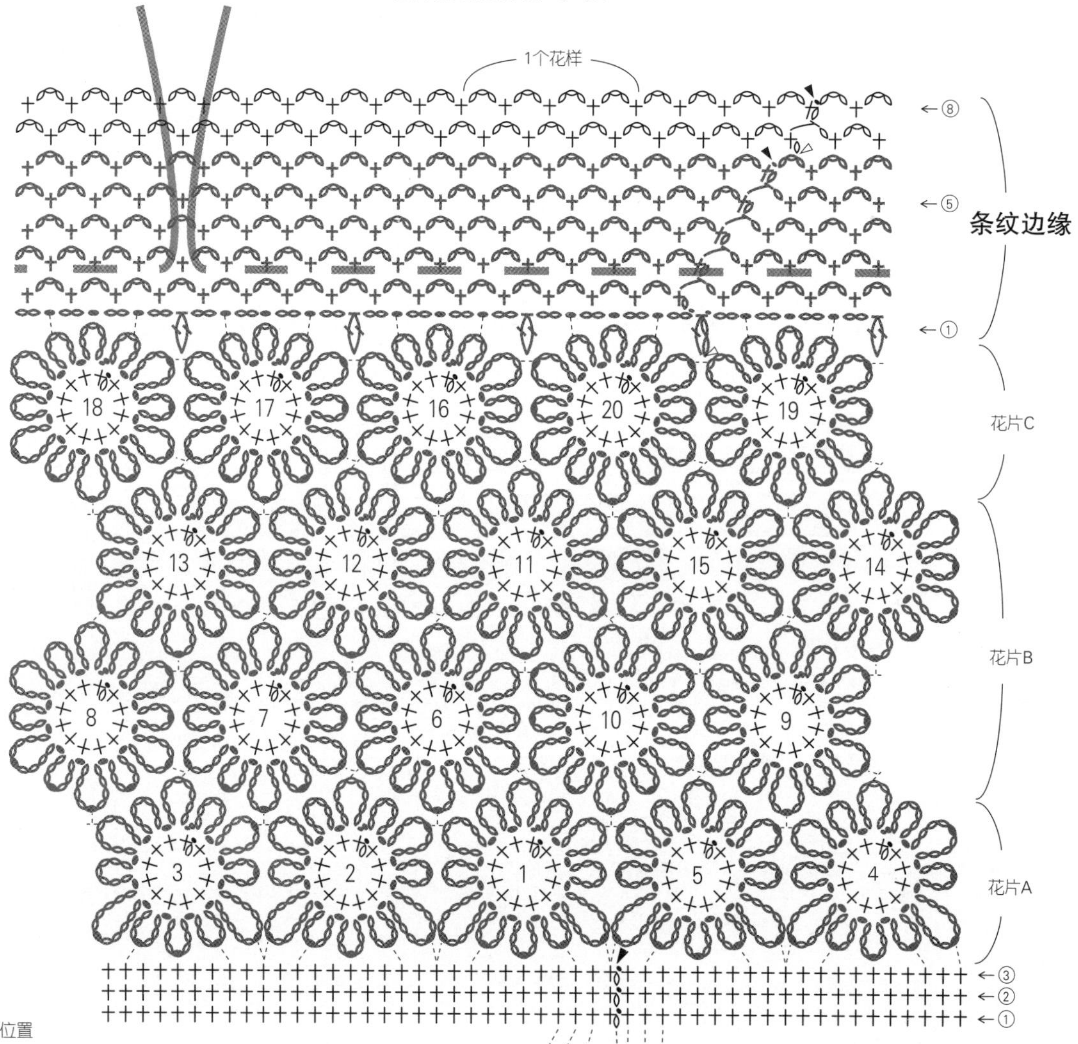

▬ = 穿绳位置

配色 { —— = M号 蓝色，S号 浅蓝色 / —— = 原白色

※S号中花片B的片数不同

▷ = 加线

▶ = 剪线

短针

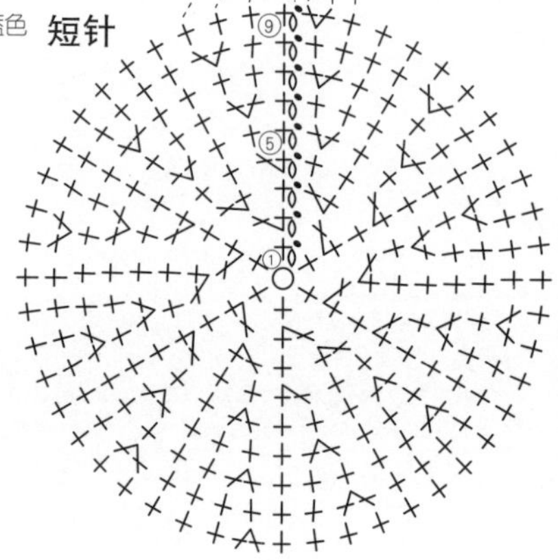

底部的加针

行数	针数	
第9行	50针	（+2针）
第8行	48针	（+6针）
第7行	42针	（+6针）
第6行	36针	（+6针）
第5行	30针	（+6针）
第4行	24针	（+6针）
第3行	18针	（+6针）
第2行	12针	（+6针）
第1行	6针	

罗纹绳

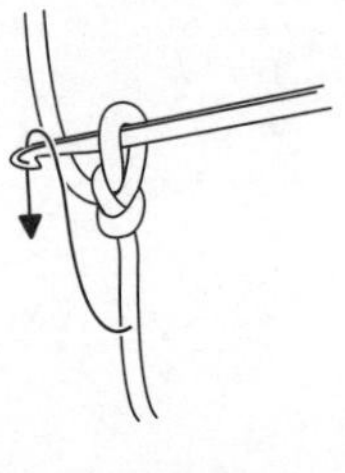

1 留出3倍于想要编织长度的线头，先起1针。将线头从前往后挂在钩针上。

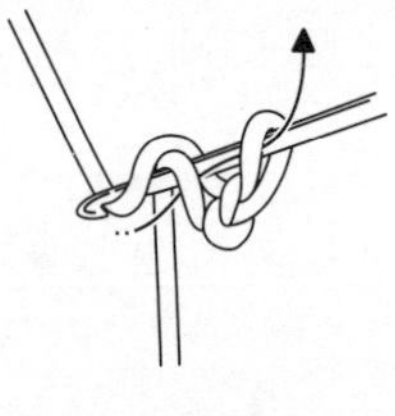

2 挂线，引拔穿过针上的线头和1个线圈。

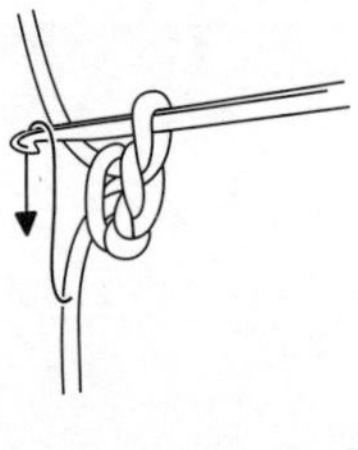

3 将线头从前往后挂在钩针上。

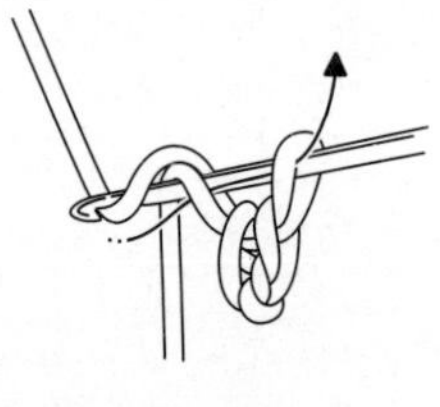

4 挂线引拔，穿过针上的线头和1个线圈。

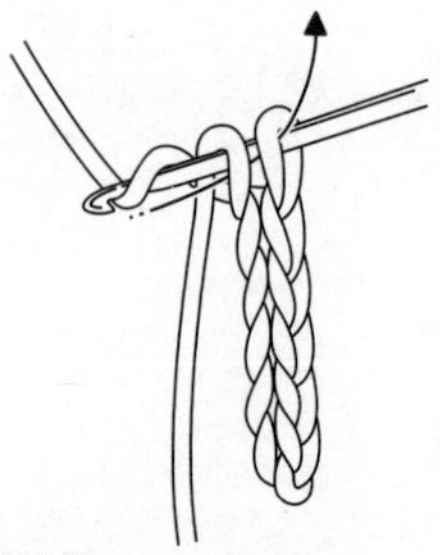

5 重复步骤3、4，最后从针目里引拔拉出。

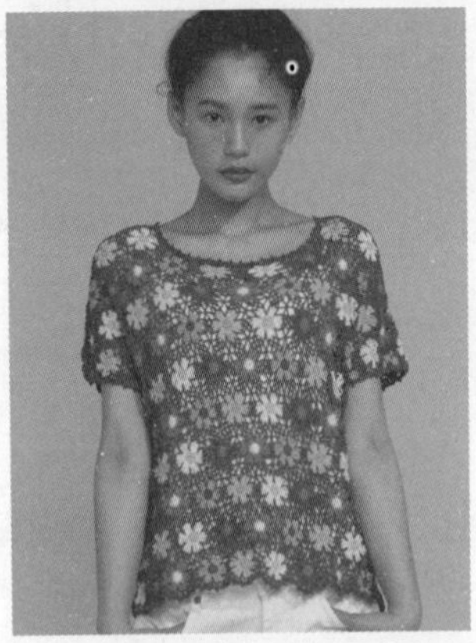

材料

Hobbyra Hobbyre Crochet Cotton 藏青色（46）110g/3团，紫色（45）、蓝色（47）、黄色（48）、绿色（49）、灰色（50）各30g/各1团

工具

钩针2/0号

成品尺寸

胸围104cm，衣长49cm，连肩袖长32cm

编织密度

花片的大小请参照图示

编织要点

●钩织并连接花片。从第2片花片开始，一边钩织，一边在最后一行与相邻花片做引拔连接。下摆和袖口按边缘编织A环形钩织，领口按边缘编织B环形钩织。

套头衫
（连接花片）

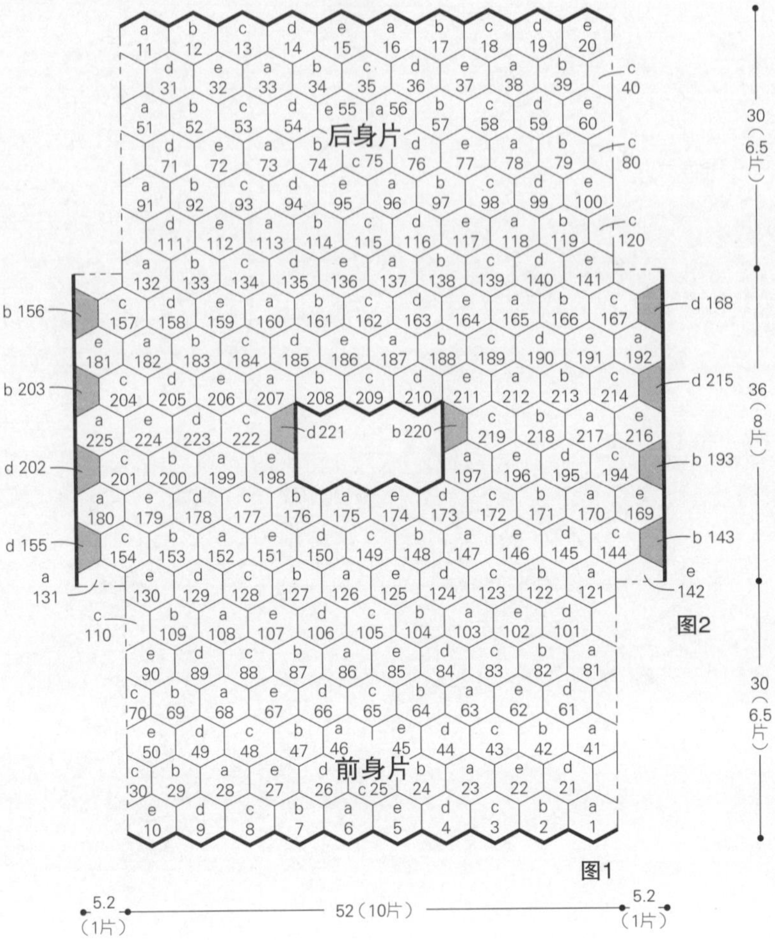

花片A

花片的配色和片数

	第1行	第2行	第3、4行	A的片数	B的片数
a	绿色	灰色	藏青色	45片	
b	紫色	绿色	藏青色	40片	5片
c	黄色	蓝色	藏青色	45片	
d	蓝色	紫色	藏青色	40片	5片
e	灰色	黄色	藏青色	45片	

花片B

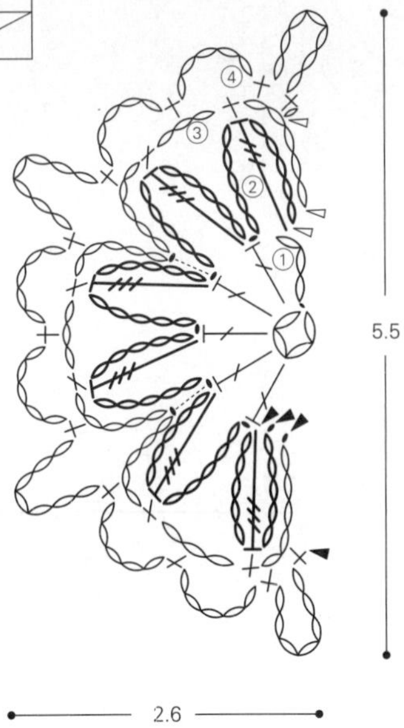

▷ = 加线
▶ = 剪线

※全部用2/0号针钩织
※花片内的数字表示钩织顺序

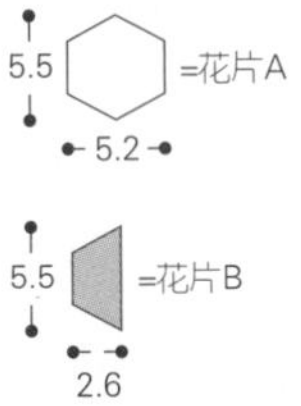

下摆、袖口（边缘编织A）藏青色

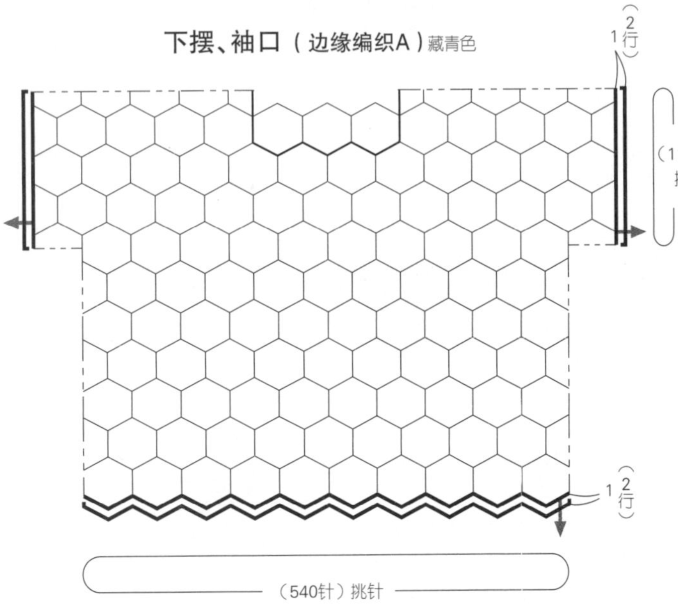

领口（边缘编织B）藏青色

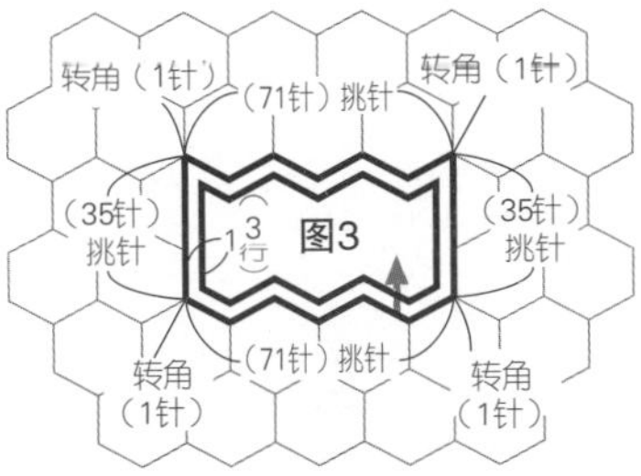

花片的连接方法

图 1 下摆

图 2 袖口

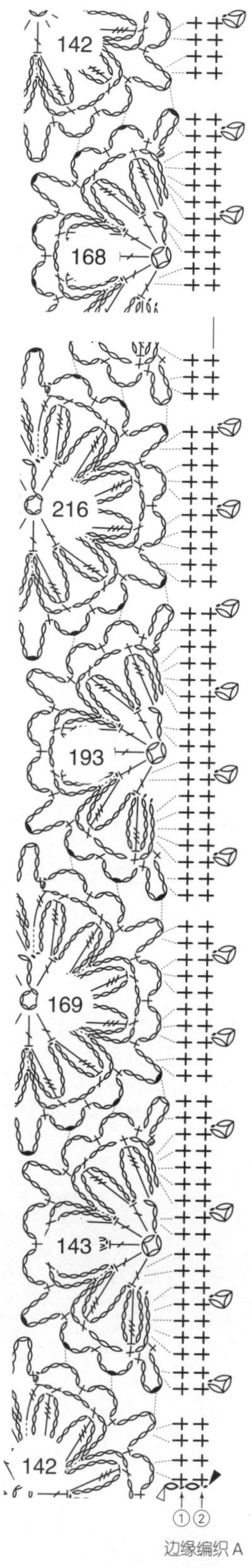

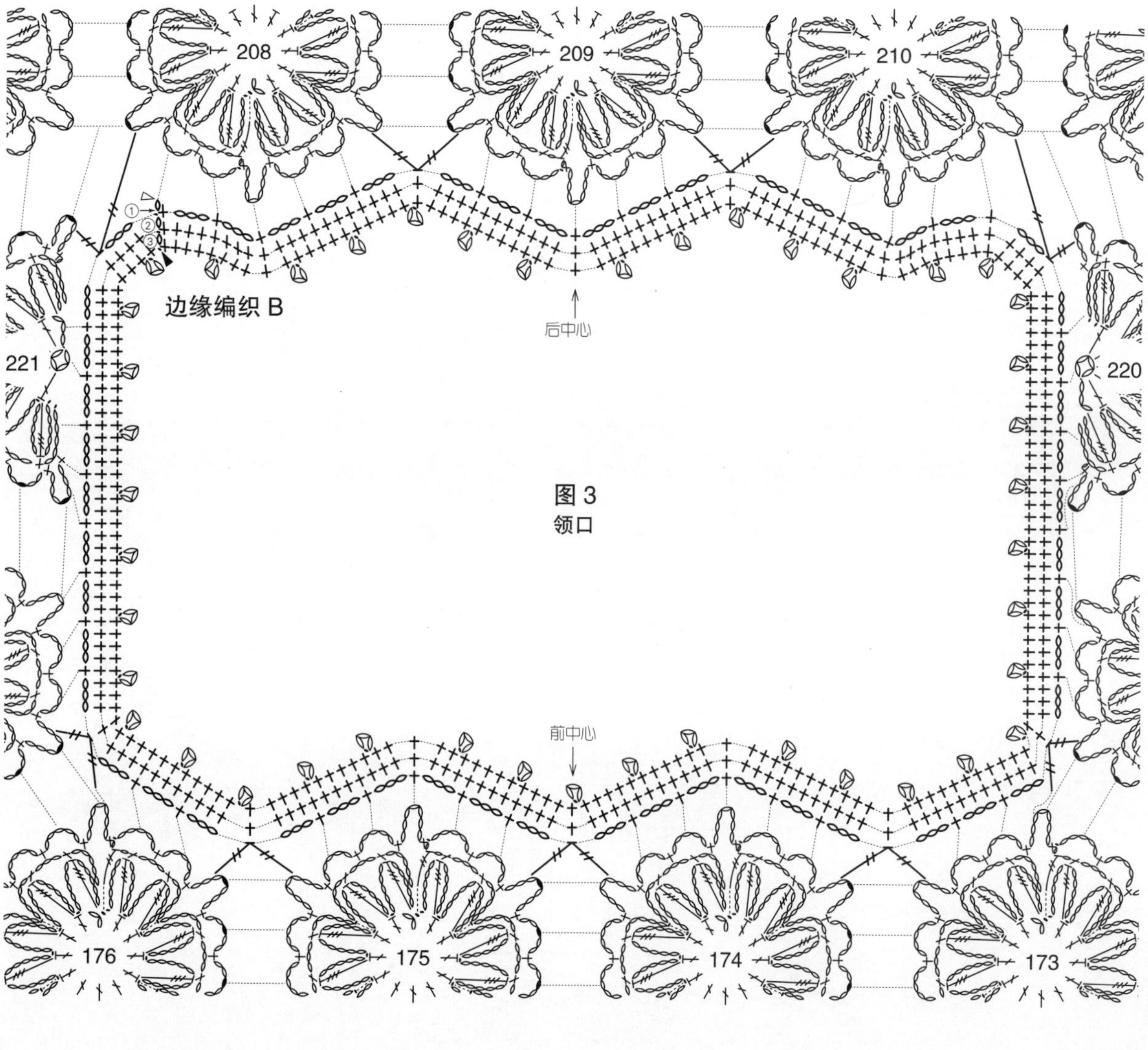

图 3
领口

▷ = 加线
▶ = 剪线

材料

Hobbyra Hobbyre Cotton Shelly 原白色(10)120g/3团，黄色(01)、黄绿色(03)、粉红色(07)、深粉色(08)、蓝色(14)、浅蓝色(15)各80g/各2团

工具

钩针5/0号

成品尺寸

长102cm，宽69cm

编织密度

花片的边长为11cm

编织要点

●钩织并连接花片。从第2片花片开始，一边钩织，一边在最后一行与相邻花片做引拔连接。最后在周围环形钩织边缘。

盖毯

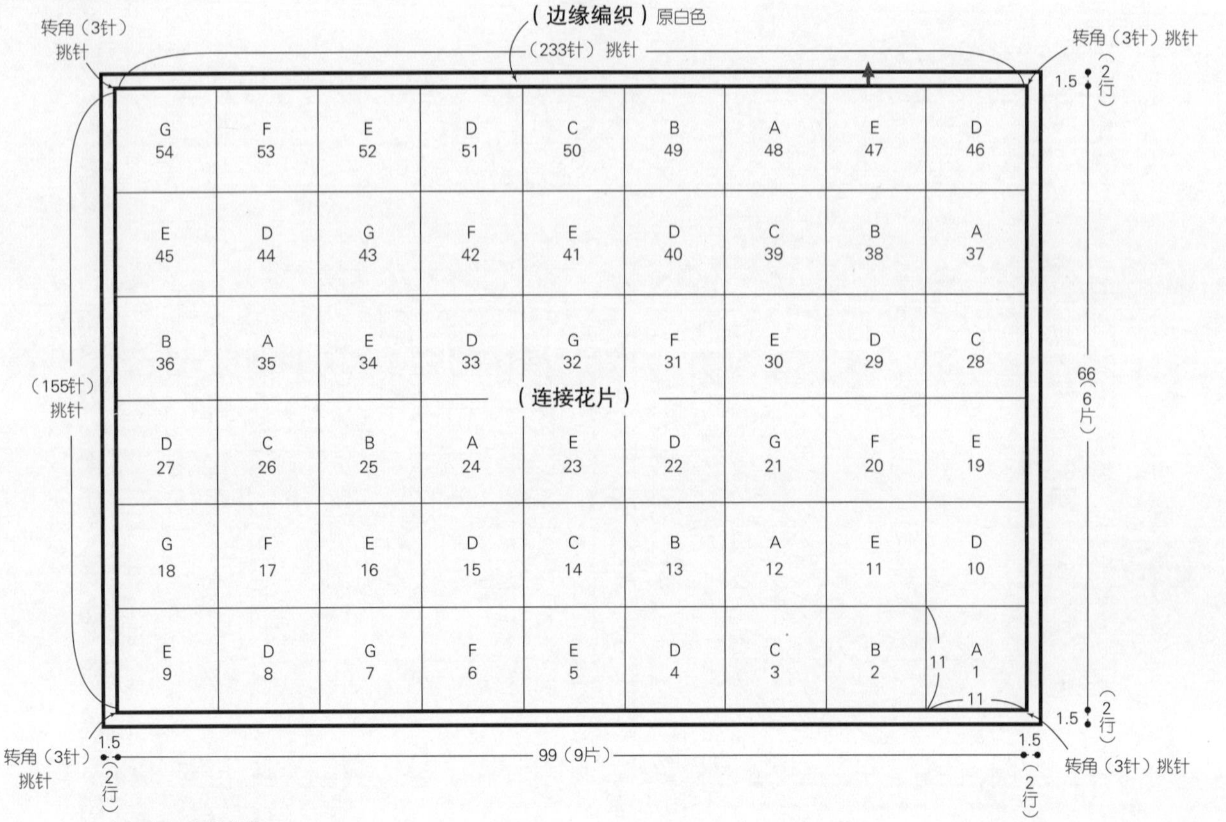

※全部用5/0号针钩织

※花片内的数字表示连接顺序

花片的配色和片数

	第1行	第2行	第3行	第4行	第5行	第6行	片数
A	蓝色	深粉色	黄绿色	原白色	黄色	浅蓝色	6片
B	黄绿色	原白色	深粉色	粉红色	蓝色	黄色	6片
C	粉红色	蓝色	黄色	深粉色	浅蓝色	原白色	6片
D	原白色	浅蓝色	粉红色	蓝色	黄绿色	深粉色	12片
E	深粉色	粉红色	浅蓝色	黄色	原白色	黄绿色	12片
F	黄色	黄绿色	蓝色	浅蓝色	原白色	粉红色	6片
G	浅蓝色	黄色	原白色	黄绿色	深粉色	蓝色	6片

花片

▷ = 加线

► = 剪线

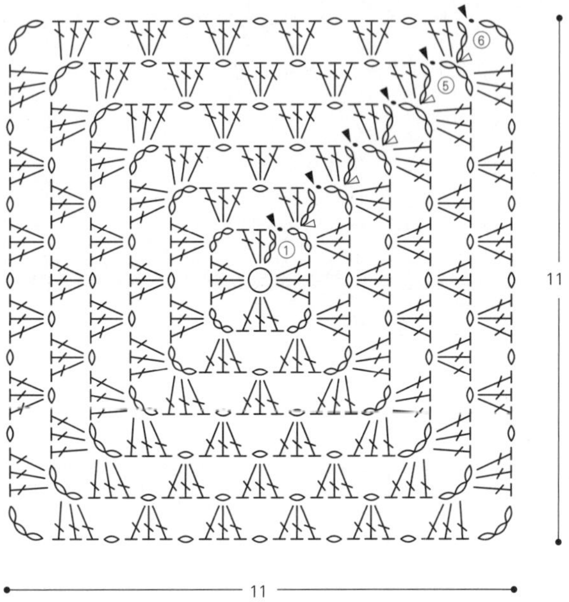

边缘编织

花片的连接方法

※花片转角的连接方法请参照117页

▷ = 加线

► = 剪线

材料

Hobbyra Hobbyre Crochet Cotton 原白色（42）60g/2团，蓝色（47）、黄色（48）、绿色（49）、灰色（50）各20g/各1团

工具

钩针2/0号

成品尺寸

宽23cm，长150cm

编织密度

花片的大小请参照图示

编织要点

●钩织并连接花片。从第2片花片开始，一边钩织，一边在最后一行与相邻花片做引拔连接。

围巾
（连接花片）

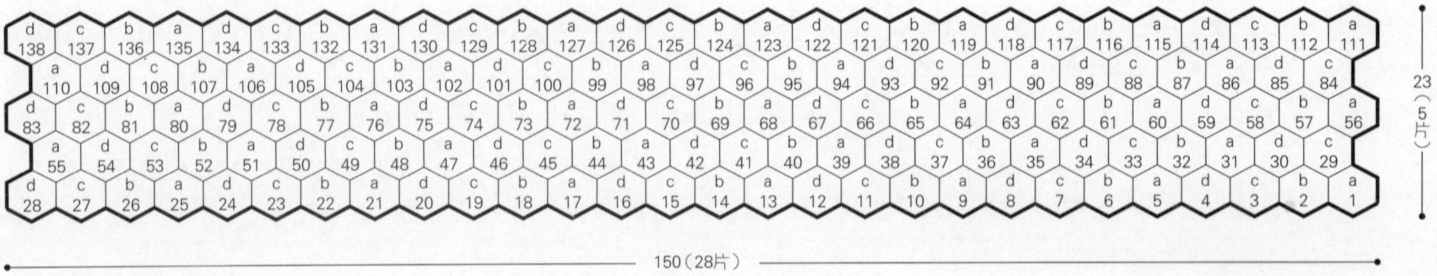

※全部用2/0号针钩织
※花片内的数字表示钩织顺序

花片

▷ = 加线
▶ = 剪线

花片的连接方法

花片的配色和片数

	第1行	第2行	第3、4行	片数
a	灰色	黄色	原白色	35片
b	黄色	蓝色	原白色	33片
c	绿色	灰色	原白色	35片
d	蓝色	绿色	原白色	35片

材料

Ski线 Ski Bell Soie 浅米色(5102)185g/10团，原白色(5101)85g/5团，浅灰色(5103)50g/3团，浅粉色(5105)45g/3团

工具

钩针2/0号

成品尺寸

胸围120cm，衣长51.5cm，连肩袖长49cm

编织密度

编织花样、条纹花样均为1个花样2.5cm，16行10cm。花片大小请参照图示

编织要点

●衣袖锁针起针，做编织花样、条纹花样。身片用连接花片的方法钩织。从第2片花片开始，一边钩织，一边在最终行和相邻花片连接。在指定位置和衣袖起针的锁针连接起来编织。袖下钩织引拔针和锁针接合。领口做边缘编织A，袖口做边缘编织A'，下摆做边缘编织B，均环形编织。

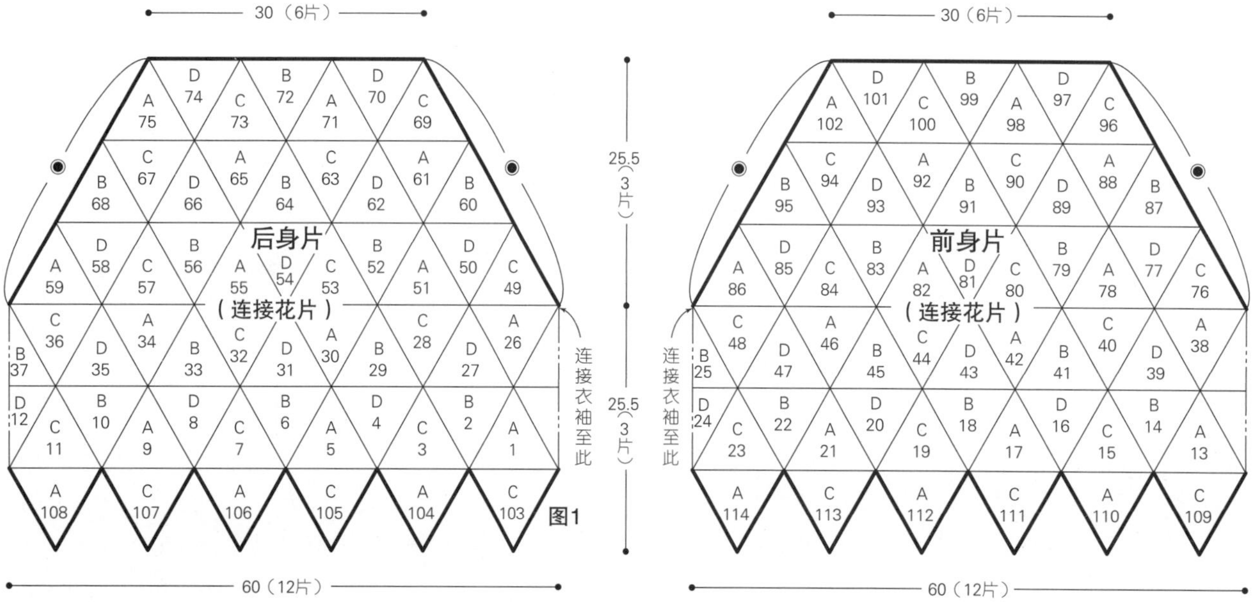

※花片内的数字表示连接顺序

※◉＝和衣袖连接着编织

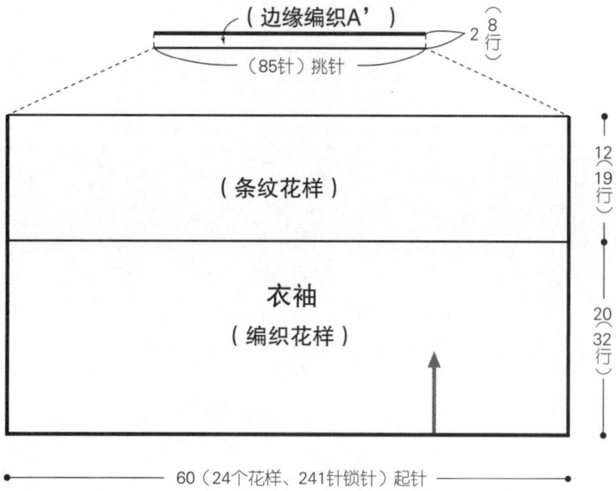

※全部使用2/0号针钩织

※除指定以外均用浅米色线钩织

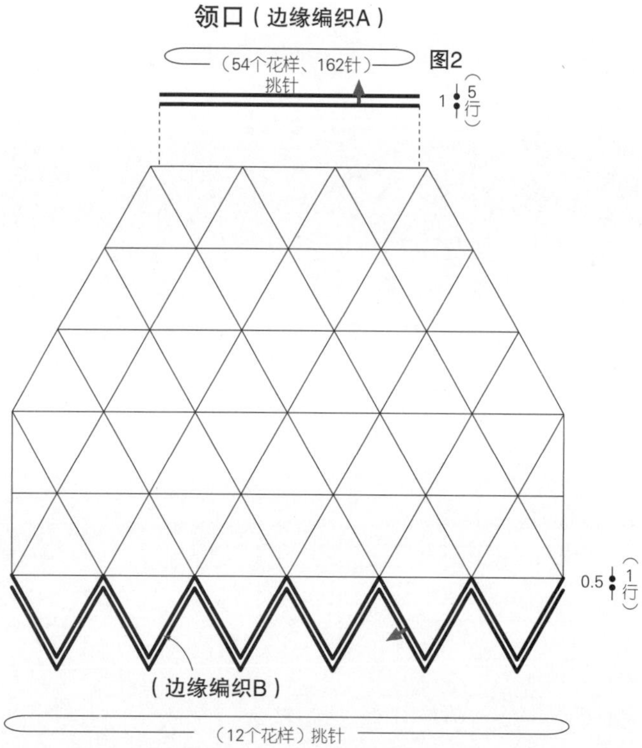

边缘编织A

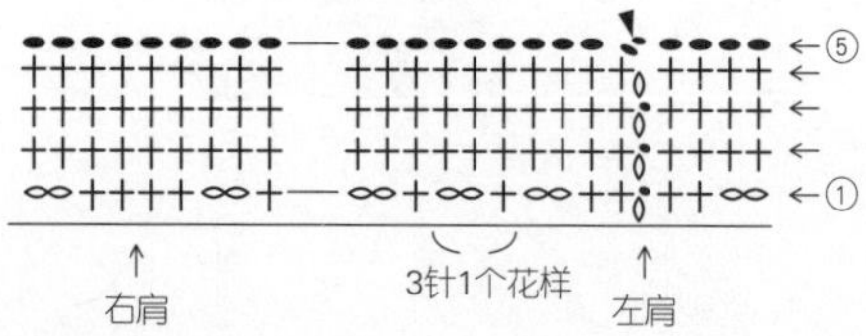

花片转角的连接方法

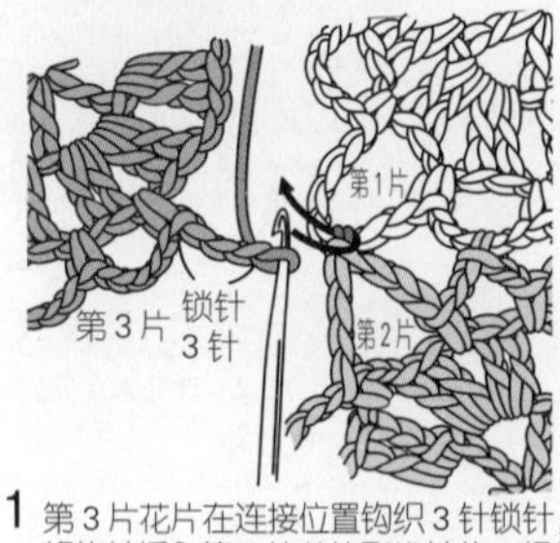

1 第3片花片在连接位置钩织3针锁针，然后将钩针插入第2片花片引拔针的2根线里。

2 挂线并引拔。第4片花片在相同位置钩织引拔针。

花片

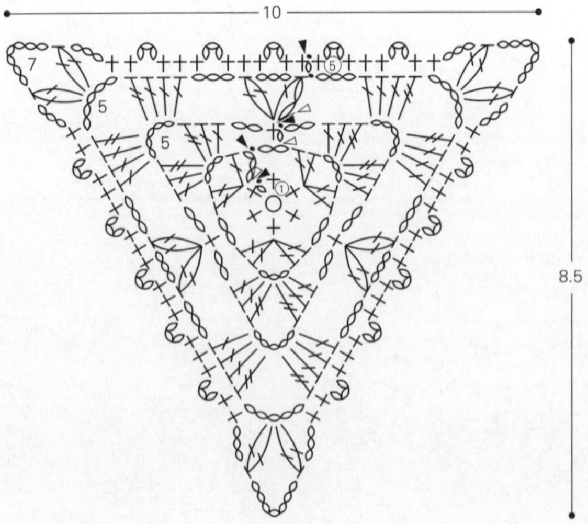

▷ = 加线
► = 剪线

花片的配色和片数

	第1行	第2行	第3行	第4、5行	片数
A	浅粉色	原白色	浅灰色	浅米色	32片
B	浅灰色	浅米色	原白色	浅粉色	24片
C	浅米色	浅灰色	浅粉色	原白色	32片
D	原白色	浅粉色	浅米色	浅灰色	26片

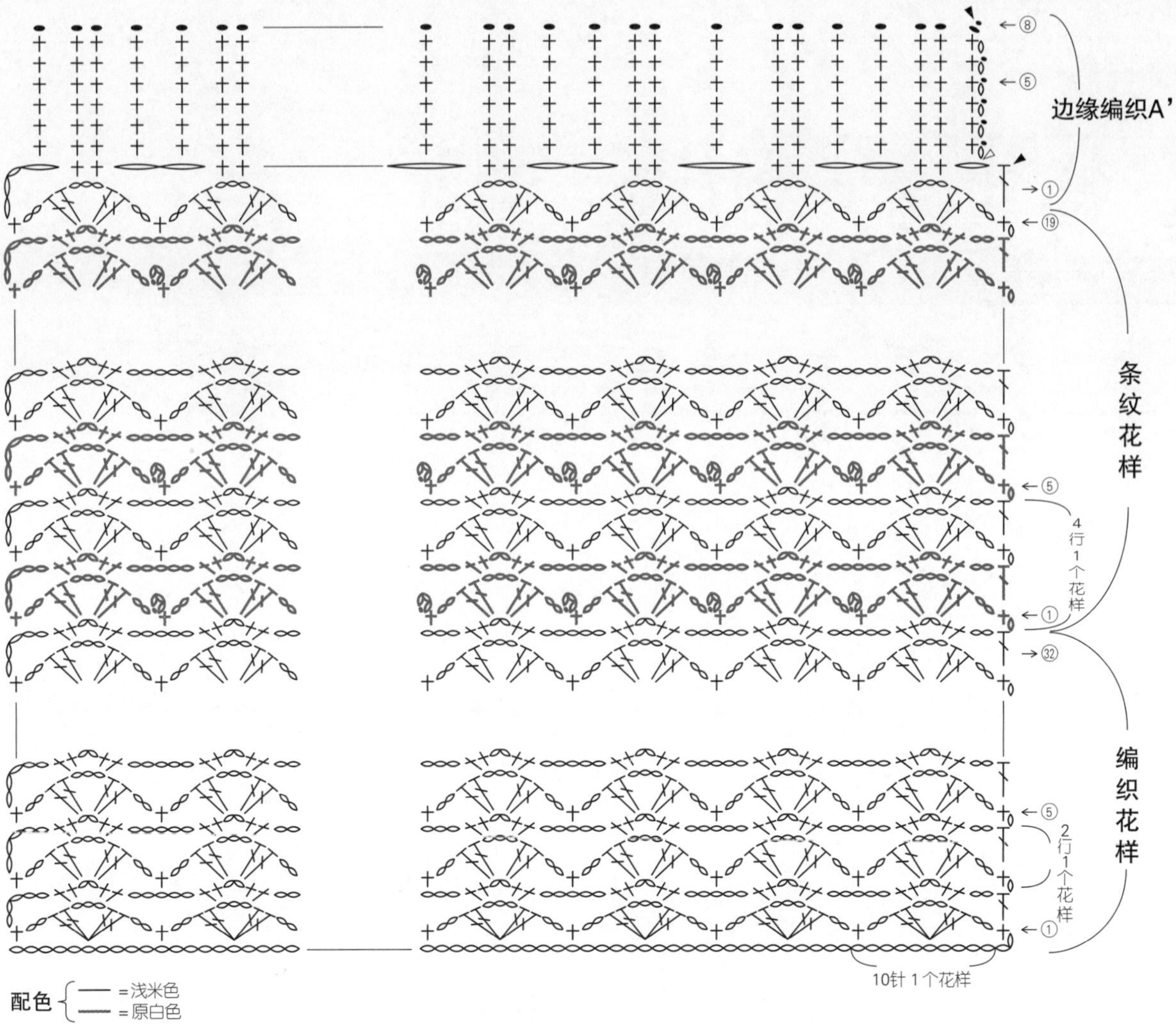

配色 { —— =浅米色
—— =原白色

花片的连接方法

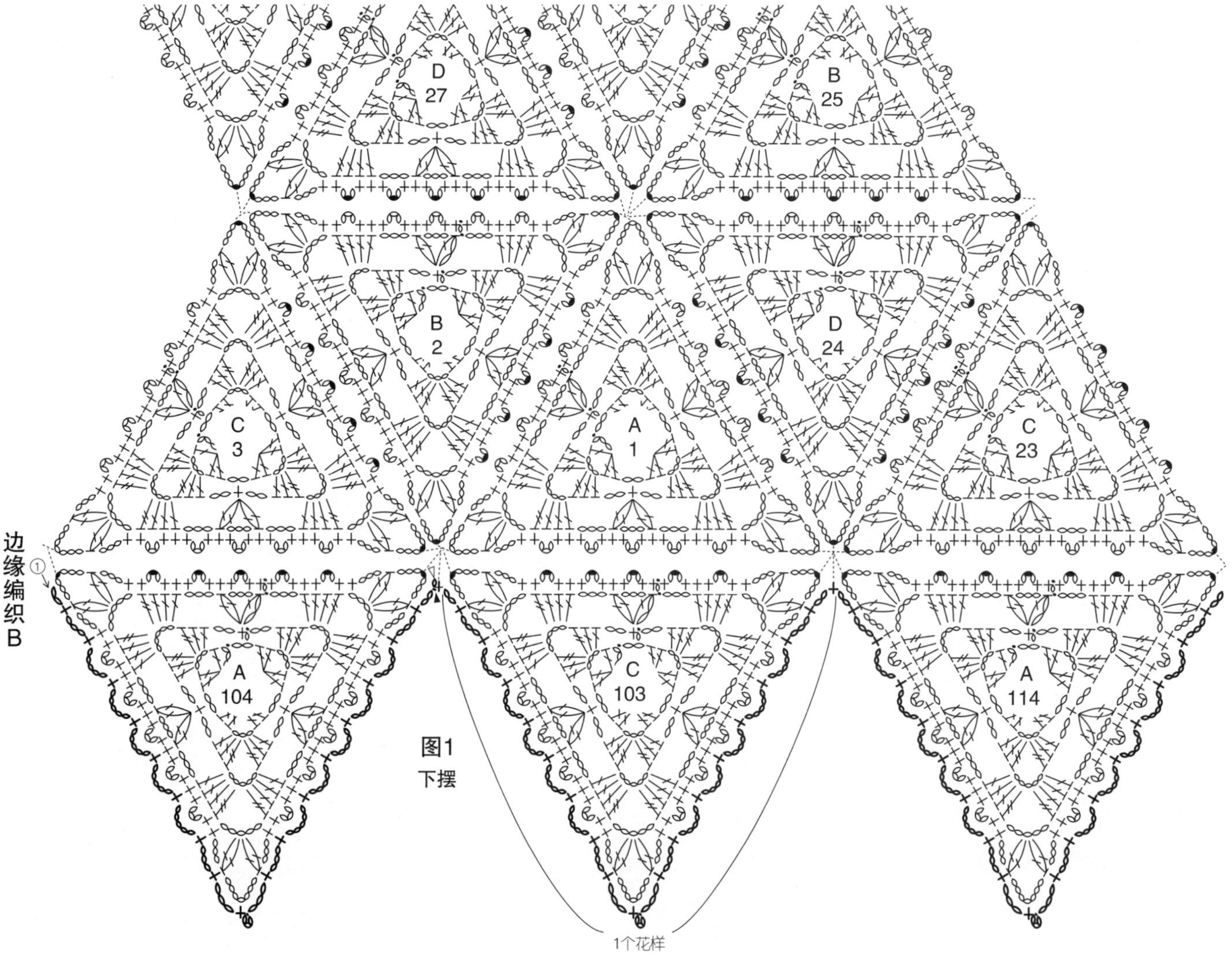
D
27
B
25
B
2
D
24
C
3
A
1
C
23
边缘编织B
①
A
104
C
103
A
114
图1
下摆
1个花样

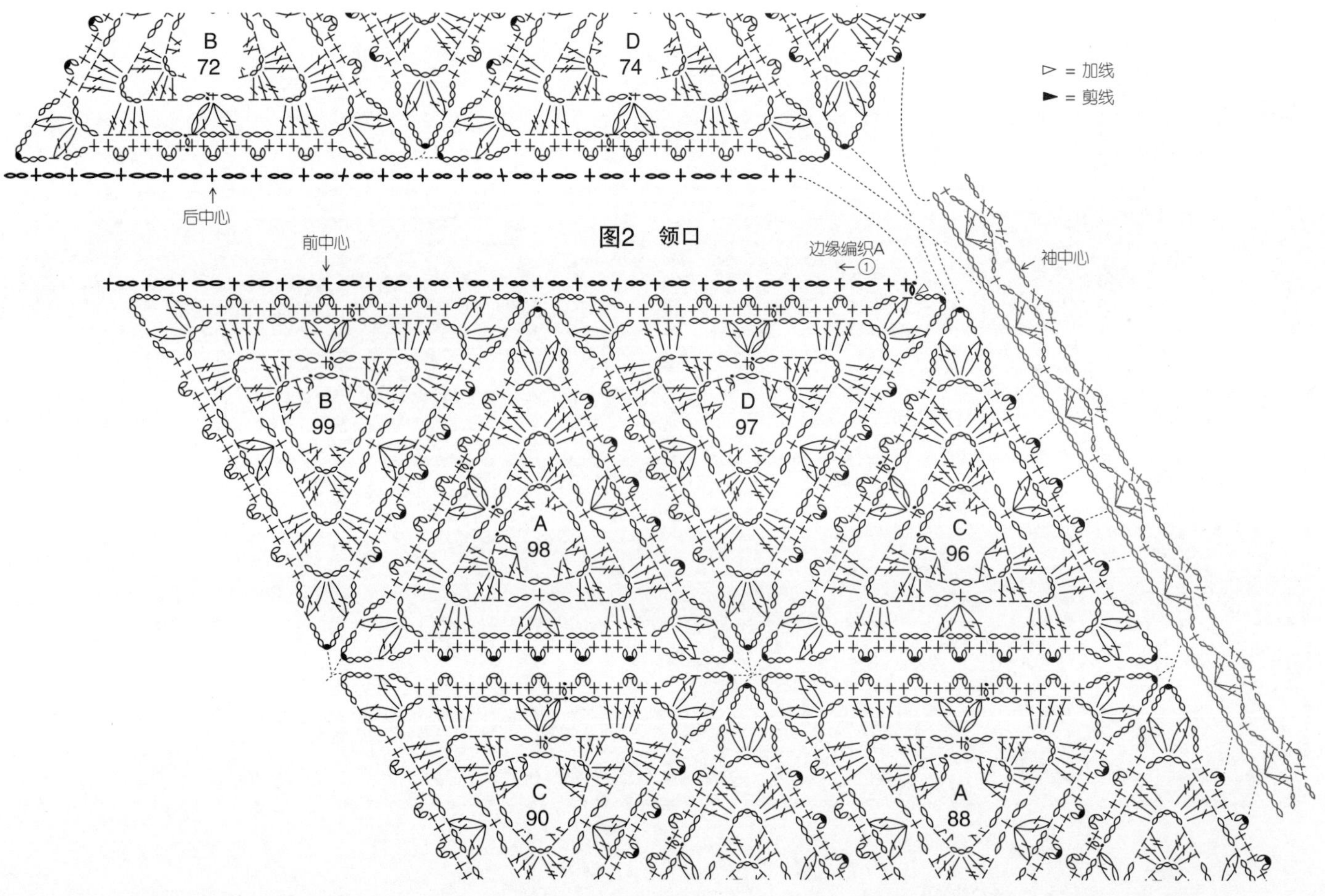
B
72
D
74
▷ = 加线
◀ = 剪线
后中心
图2 领口
前中心
边缘编织A
← ①
袖中心
B
99
D
97
A
98
C
96
C
90
A
88

材料

钻石线 Masterseed Cotton 浅灰蓝色（149）215g/8团，白色（101）100g/4团，灰青色（126）80g/3团

工具

钩针4/0号

成品尺寸

胸围102cm，衣长63.5cm，连肩袖长36.5cm

编织密度

花片大小请参照图示

编织要点

●身片用连接花片的方法钩织。从第2片花片开始，一边钩织，一边在最终行和相邻花片连接。花片全部连接之后，从后身片指定位置挑针，开始做编织花样。编织花样和花片用毛线缝针做挑针缝合。领口做边缘编织A、B。边缘编织B的胁部和边缘编织A缝合在一起。下摆环形做边缘编织C。衣袖从指定位置挑针，钩织条纹花样。袖下使用毛线缝针做挑针缝合，袖口环形做边缘编织D。

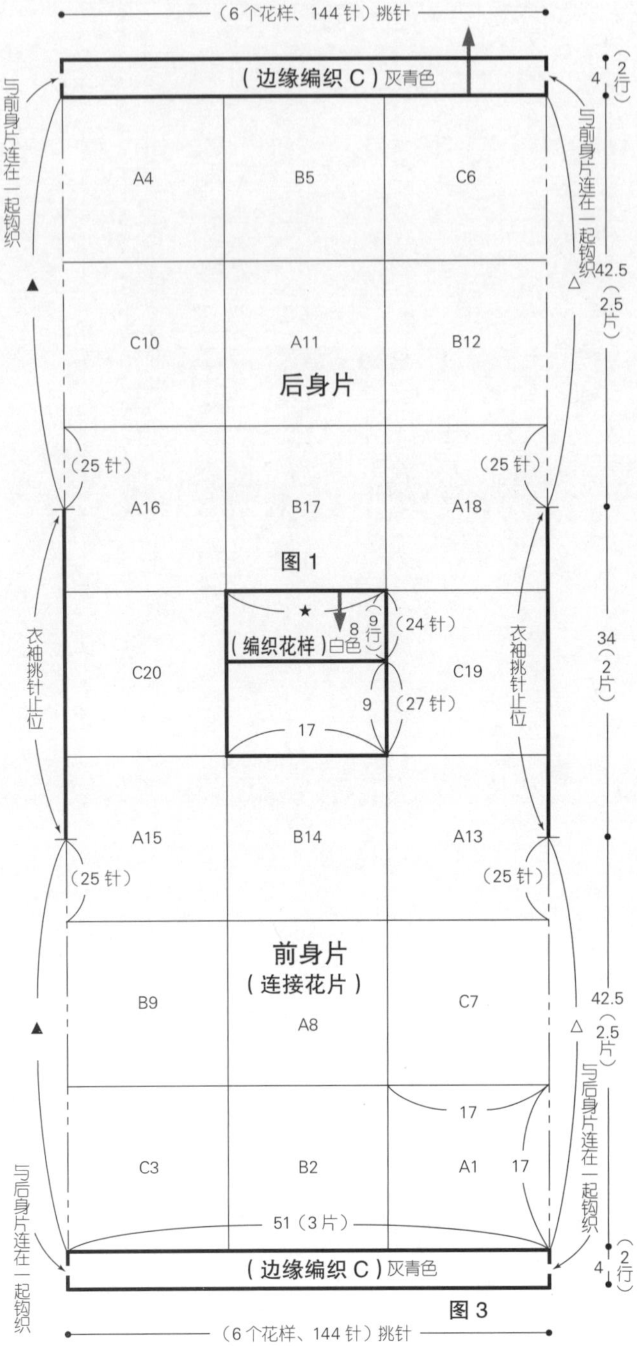

图3

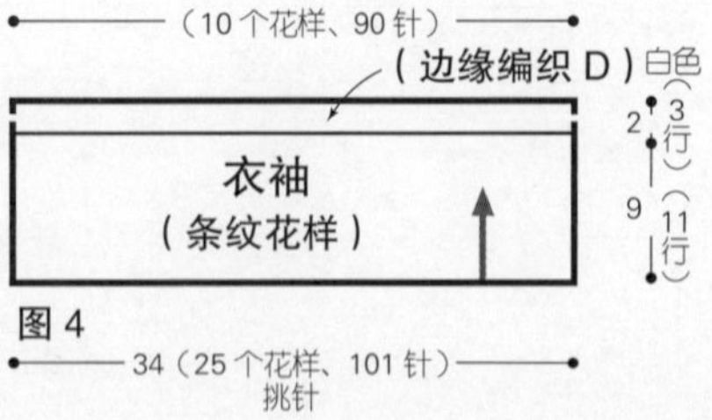

领口

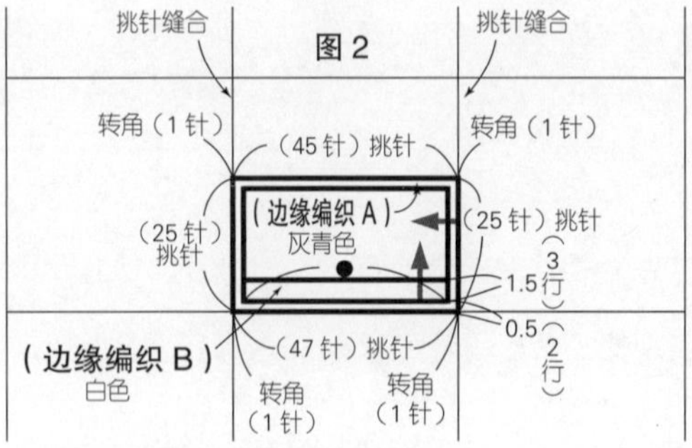

※●=（6个花样、43针）挑针

边缘编织C

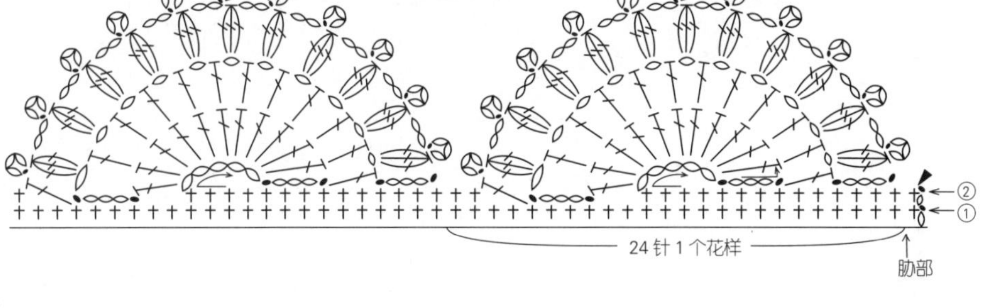

▷ = 加线

► = 剪线

图1

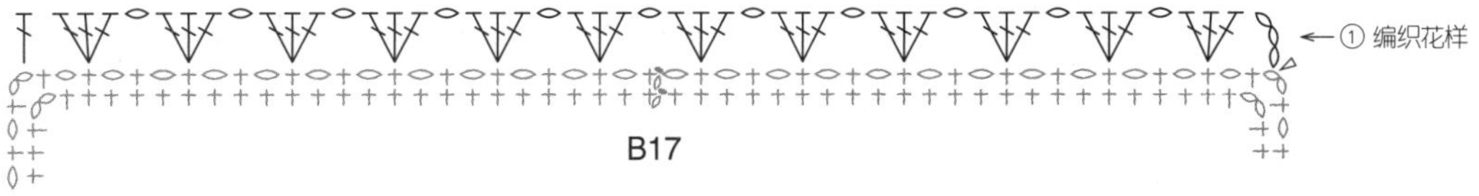

※ 全部使用4/0号针钩织

※ 花片内的数字表示连接顺序

※ 相同标记处连在一起钩织

※ ★=（12个花样、49针）挑针

编织花样、条纹花样

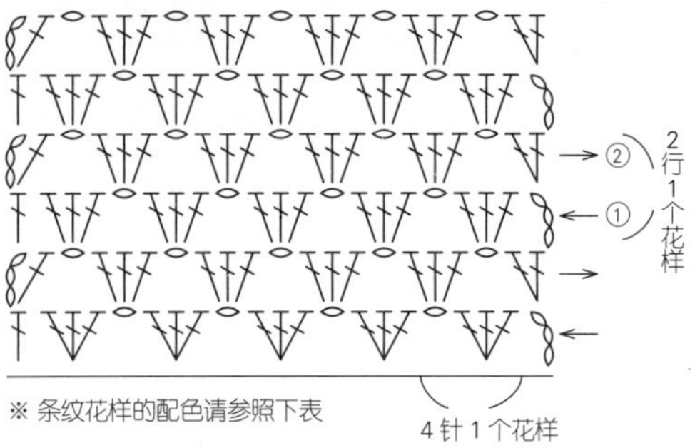

※ 条纹花样的配色请参照下表

条纹花样的配色

第9~11行	浅灰蓝色
第8行	白色
第5~7行	浅灰蓝色
第4行	白色
第1~3行	浅灰蓝色

花片 A 8片

配色 { 第9~12行 灰青色
第1~8行 白色

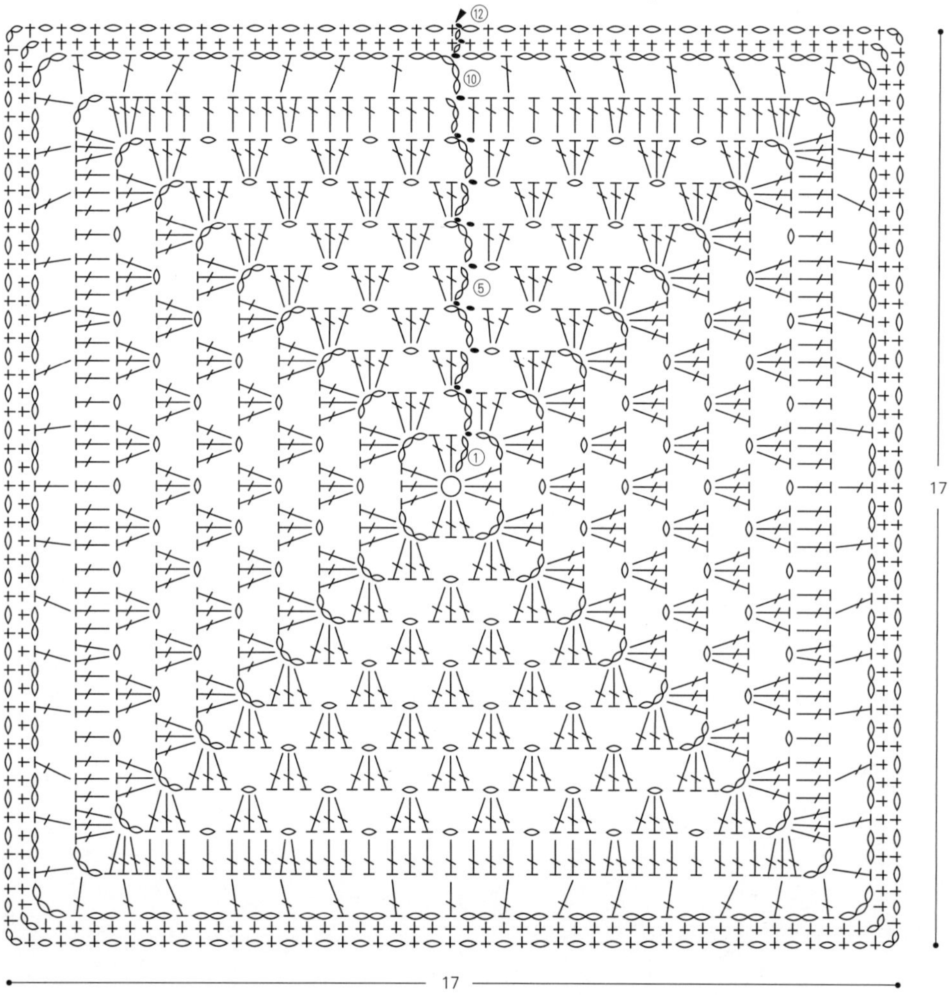

边缘编织 A

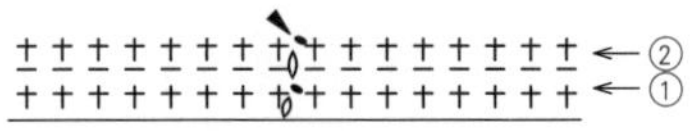

± = 短针的条纹针
※编织方法请参照 166 页

边缘编织 B（领口）

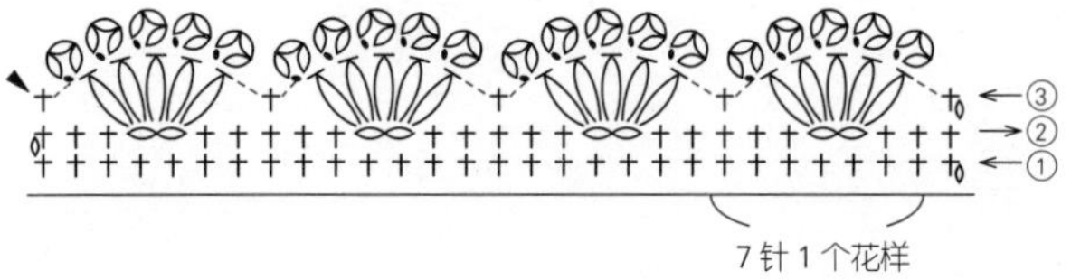

▷ = 加线
► = 剪线

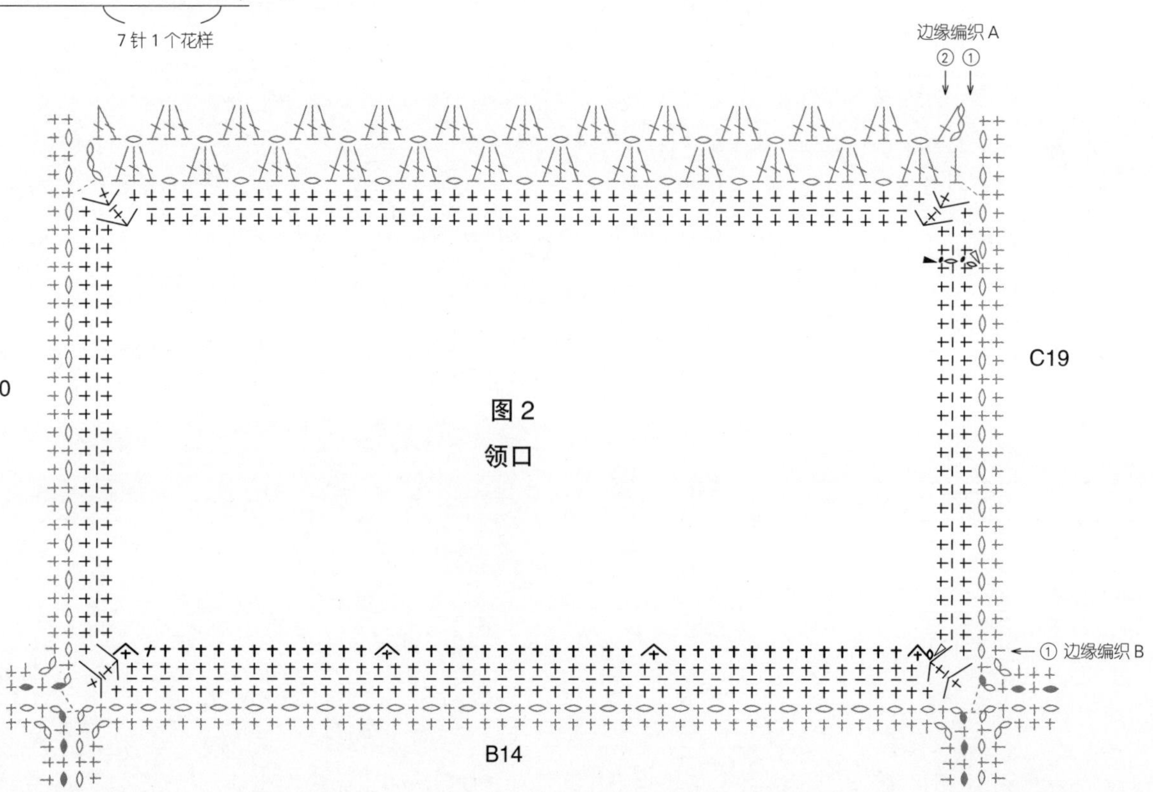

花片 B 6片 浅灰蓝色

▶ =剪线

花片 C 6片 浅灰蓝色

花片的连接方法

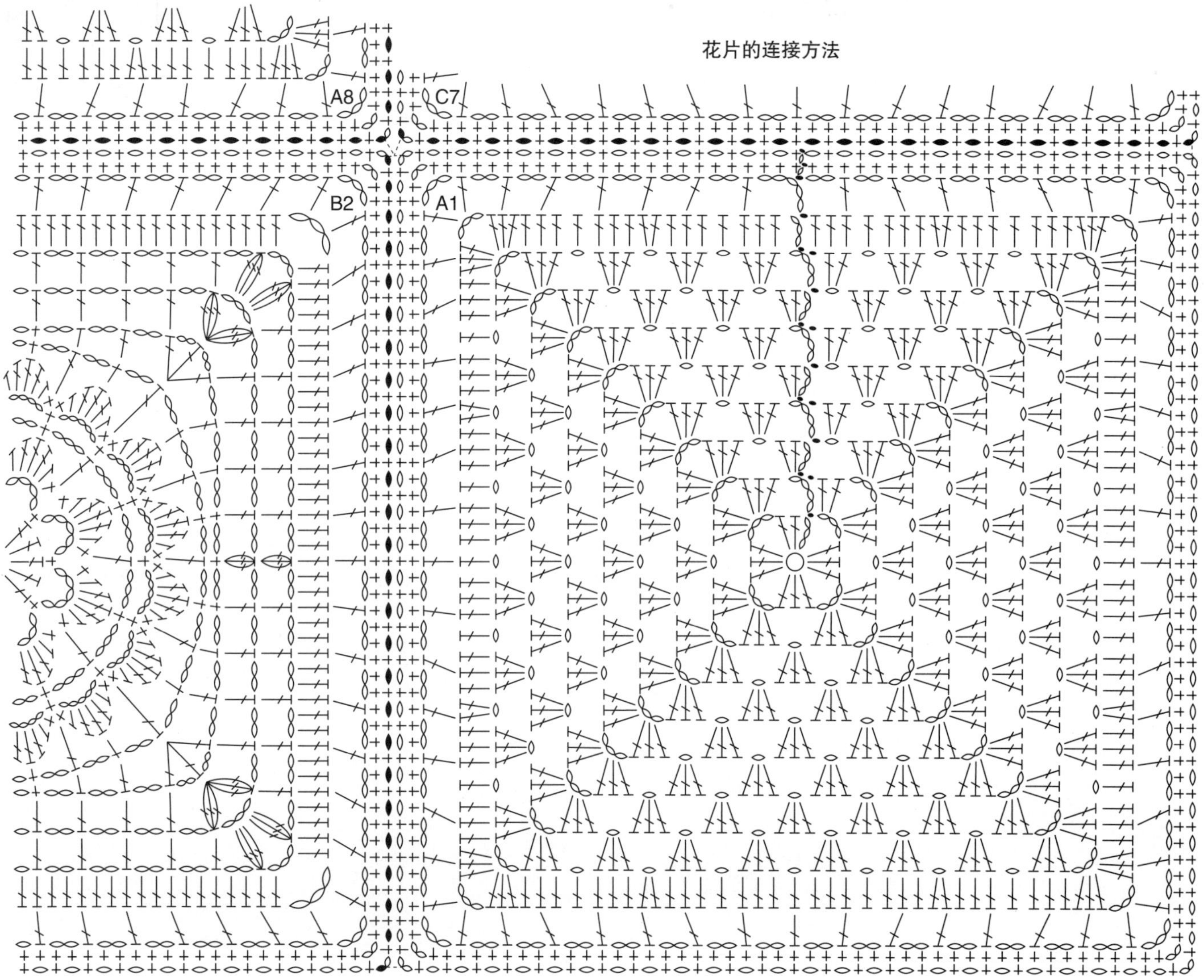

图 3 下摆

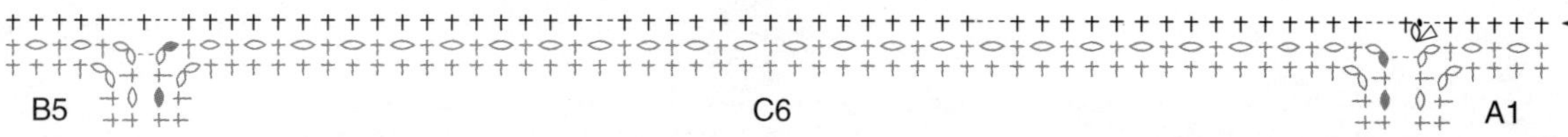

边缘编织 D（袖口）

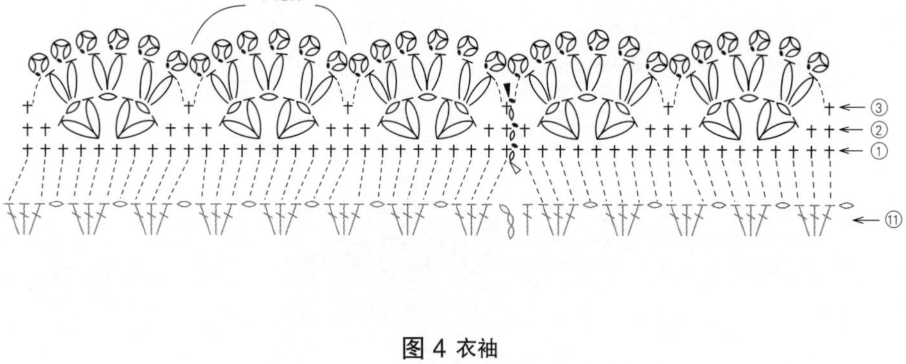

图 4 衣袖

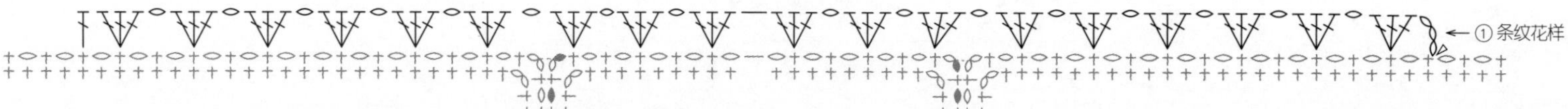

材料

Ski线 Ski Meilong 金色、米色、浅蓝色系段染（1529）240g/8团，Ski Bell Soie 藏青色（5110）85g/5团，Ski Supima Cotton 黄色（5010）55g/2团

工具

钩针4/0号

成品尺寸

胸围96cm，衣长42.5cm，连肩袖长29cm

编织密度

花片大小请参照图示

编织要点

●用连接花片的方法钩织。从第2片花片开始，一边钩织，一边在最终行和相邻花片连接。下摆、领口、袖口环形钩织短针。

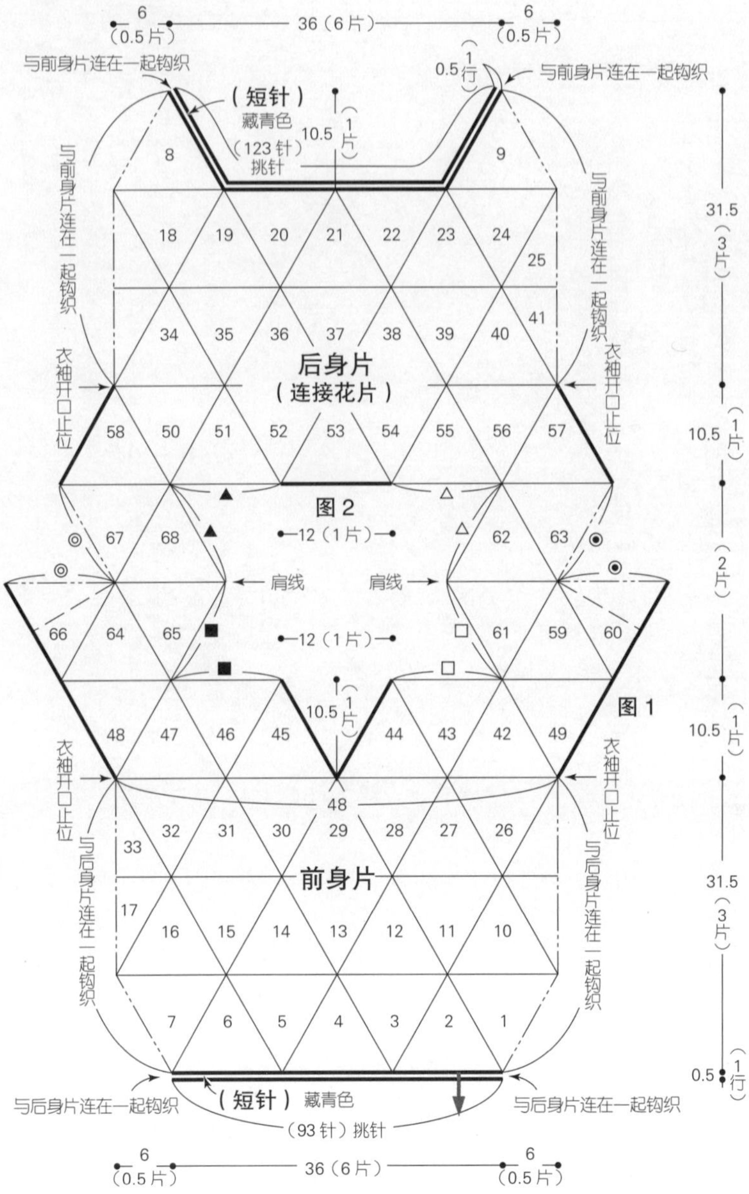

※ 全部使用4/0号针钩织
※ 花片内的数字表示连接顺序
※ 相同标记处连在一起钩织

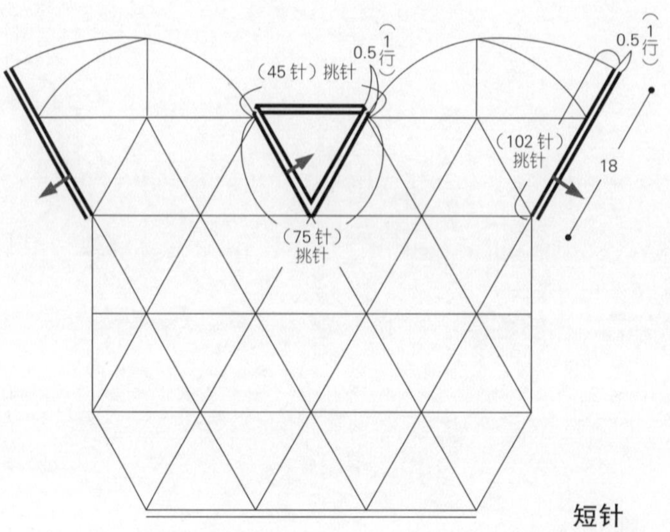

短针（下摆、领口、袖口）

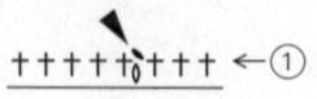

花片 68片

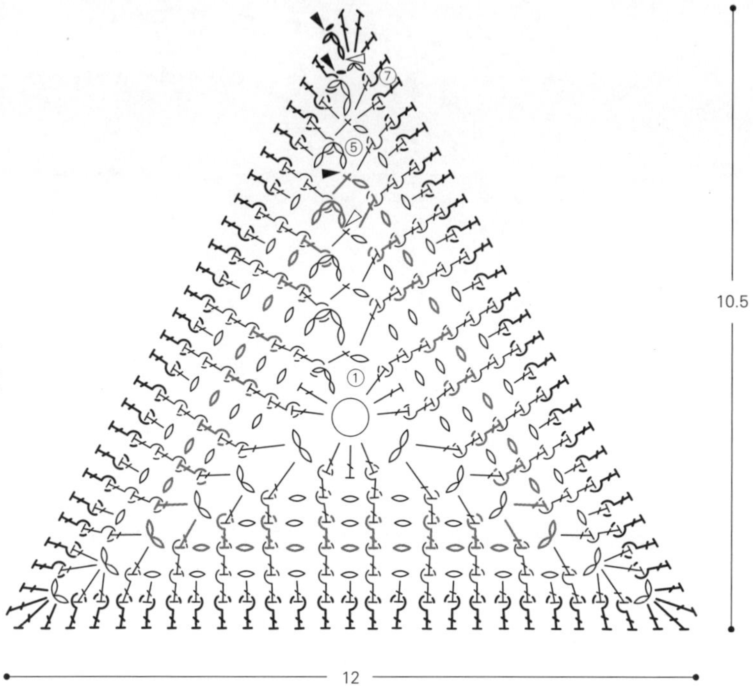

配色
- ＝段染
- ＝黄色
- ＝藏青色

= 长针的正拉针

= 长针的反拉针

▷ = 加线
► = 剪线

※ 编织方法请参照107页

图 1
袖口

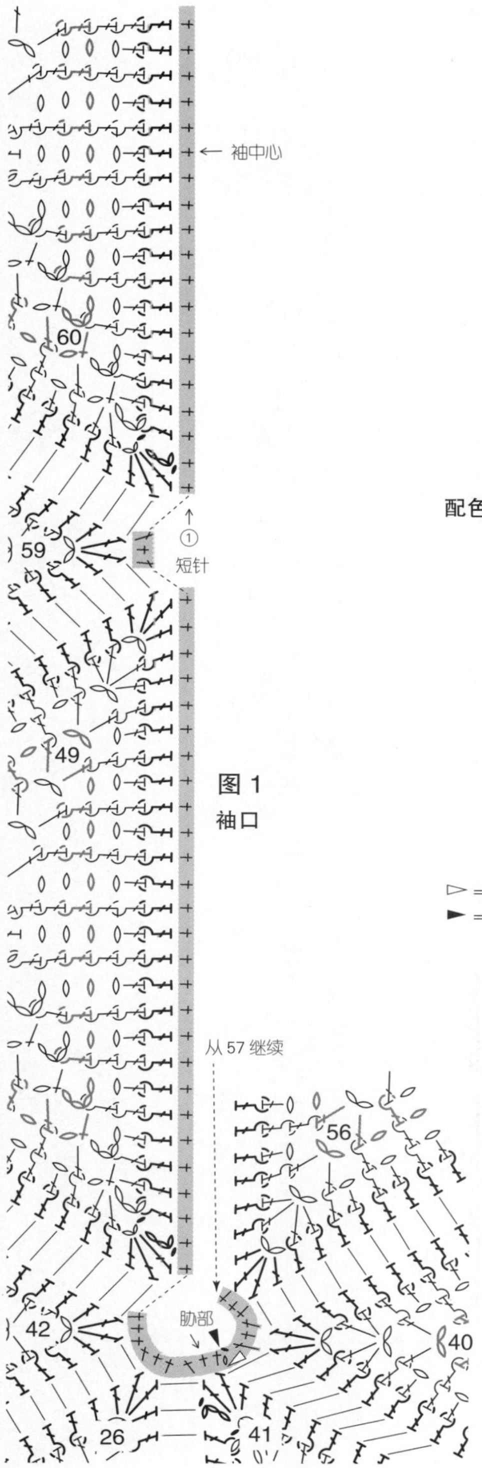

配色 { — =段染　— =黄色　— 、▬ =藏青色 }

▷ =加线
▶ =剪线

花片的连接方法

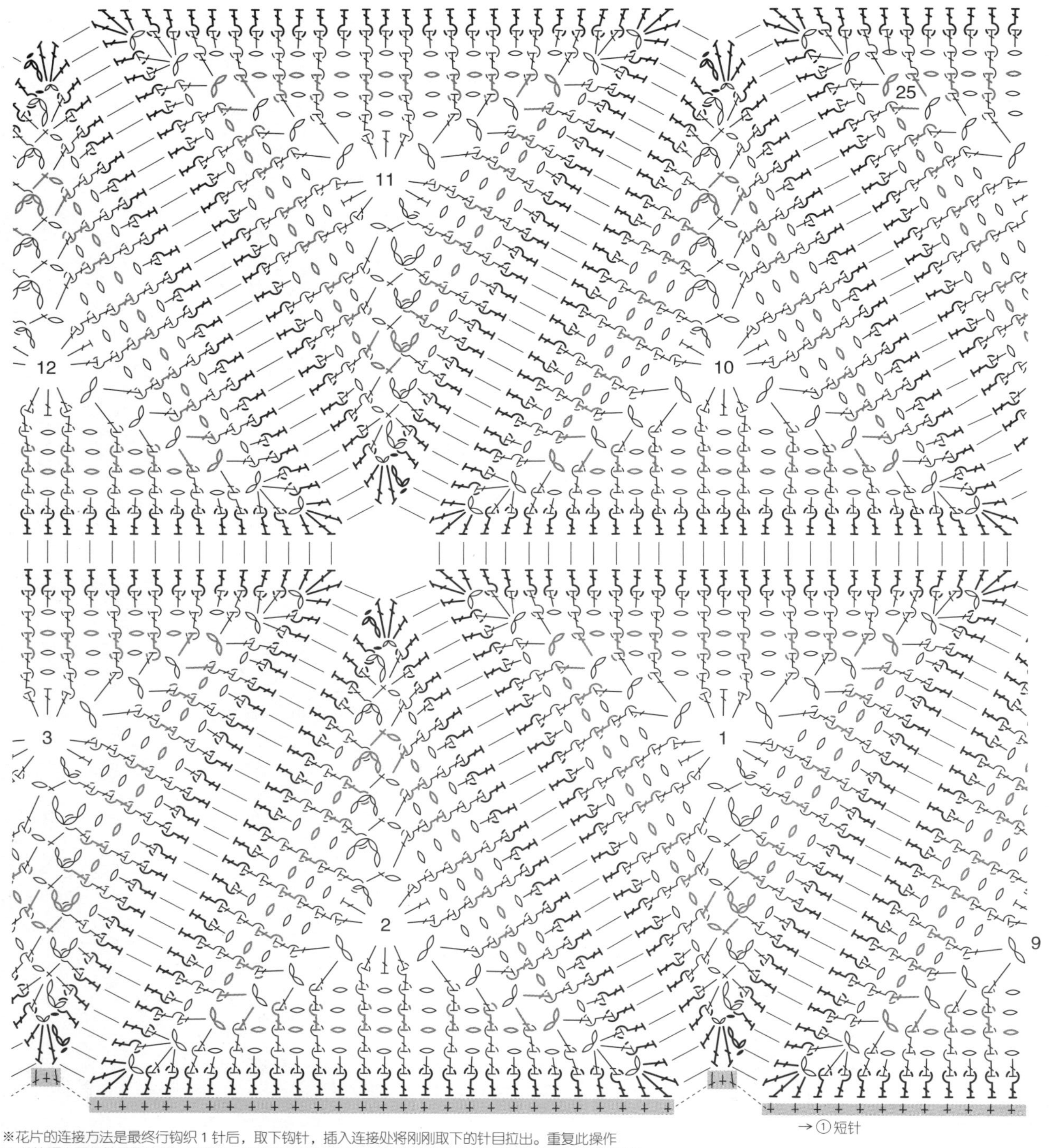

※花片的连接方法是最终行钩织 1 针后，取下钩针，插入连接处将刚刚取下的针目拉出。重复此操作
※ 花片顶点聚集处需要使用毛线缝针，用藏青色线每 2 针逐针挑起长针的头部收紧（挑起短针部分除外）

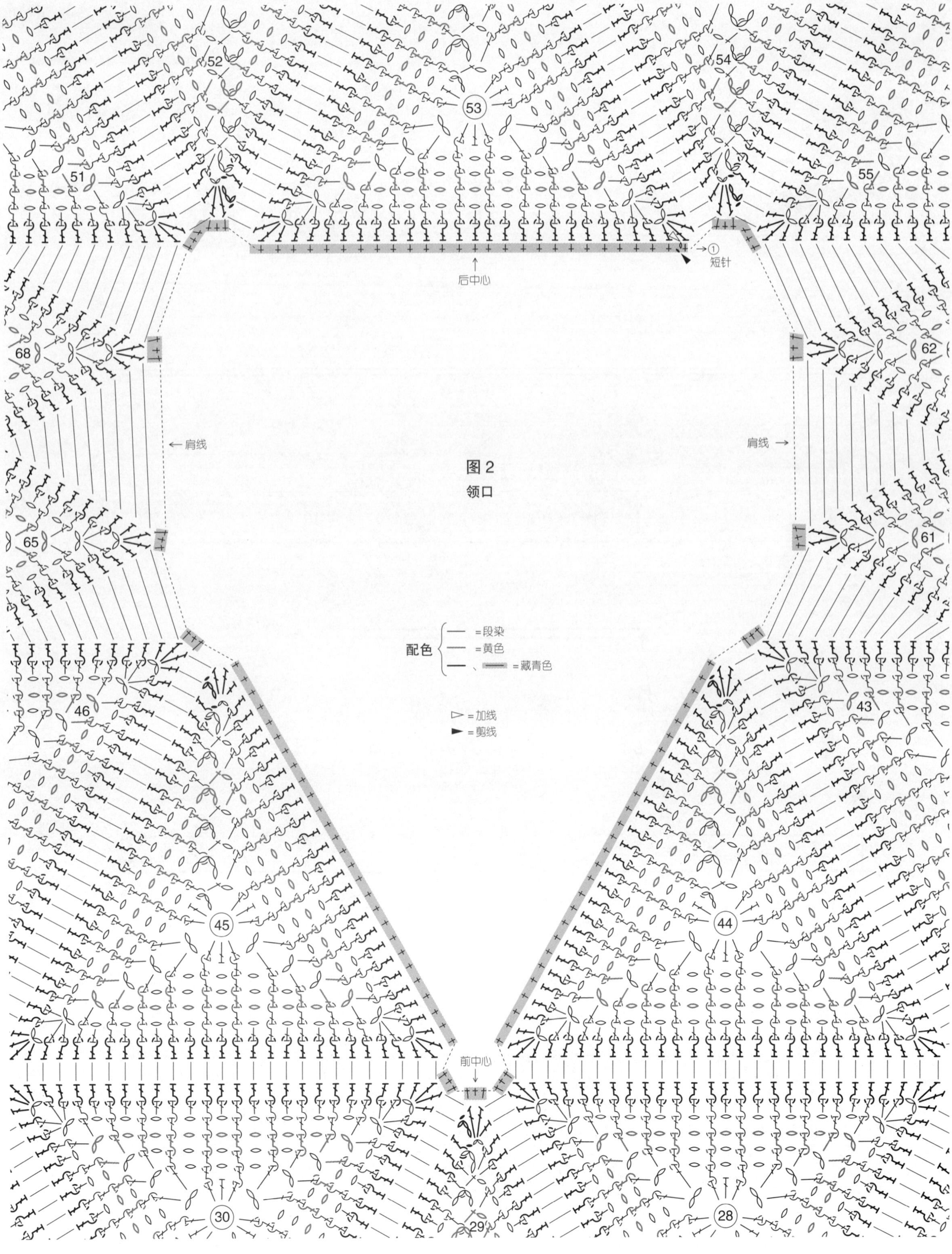
52
53
54
51
55
①短针
后中心
68
62
←肩线
肩线→
图 2
领口
65
61
配色
=段染
=黄色
、 =藏青色
=加线
=剪线
46
43
45
44
前中心
30
29
28

材料

奥林巴斯 Allure 绿色系段染（5）195g/8团，Cotton Cuore 褐色（16）55g/2 团

工具

钩针4/0号

成品尺寸

衣长65.5cm

编织密度

花片大小请参照图示。10cm×10cm 面积内：条纹花样A 29.5针，12.5行

编织要点

●后身片<上>、前端参照图示按照连编花片的方法编织。然后钩织1行边缘编织A、A'，调整边缘。左前身片、后身片<下>、右前身片从边缘编织A'挑针，编织条纹花样A。参照图示减针。胁部对齐相同标记处，钩织引拔针和锁针接合。衣袖挑取指定数量的针目，环形编织条纹花样B。参照图示做边缘编织B、C。

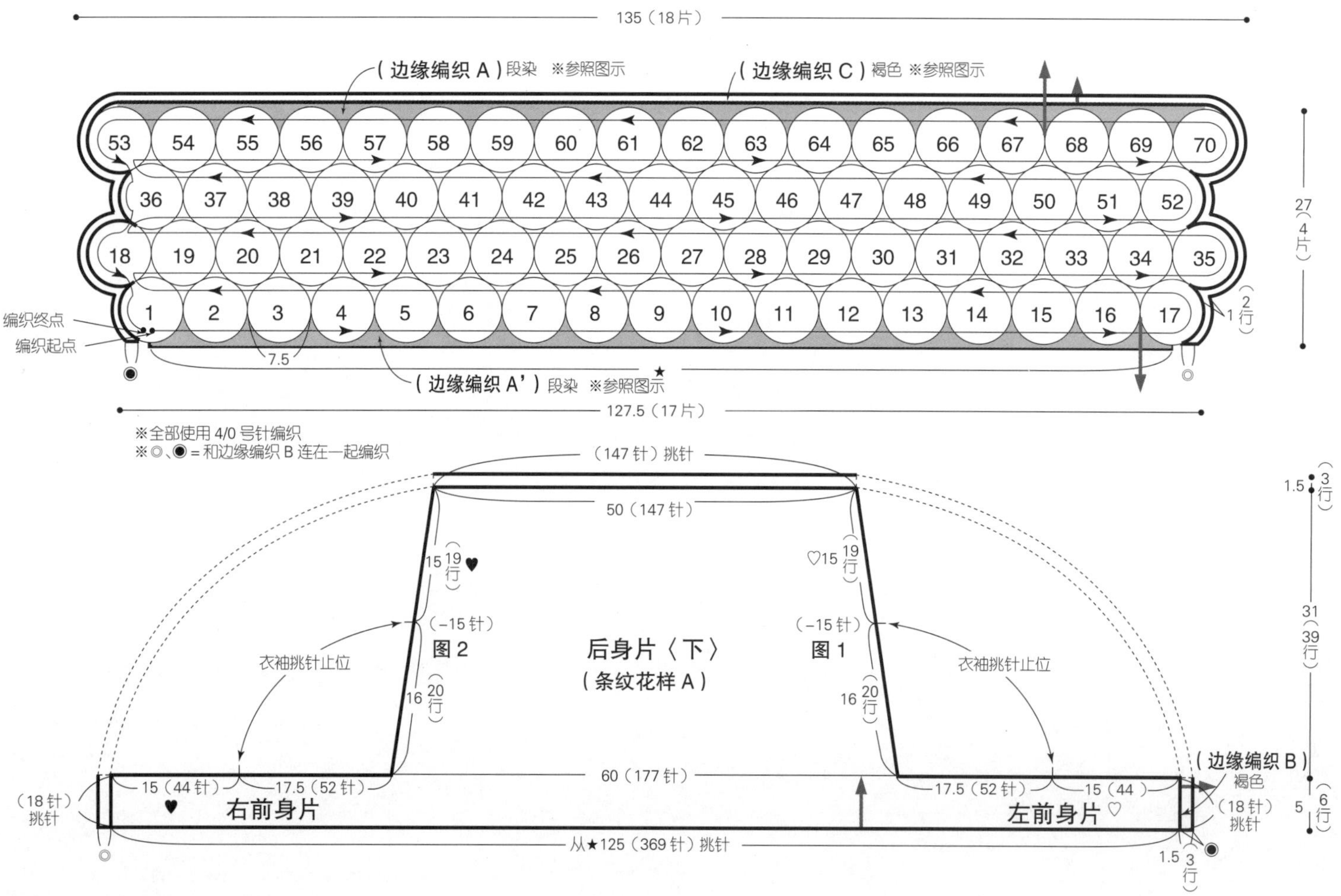

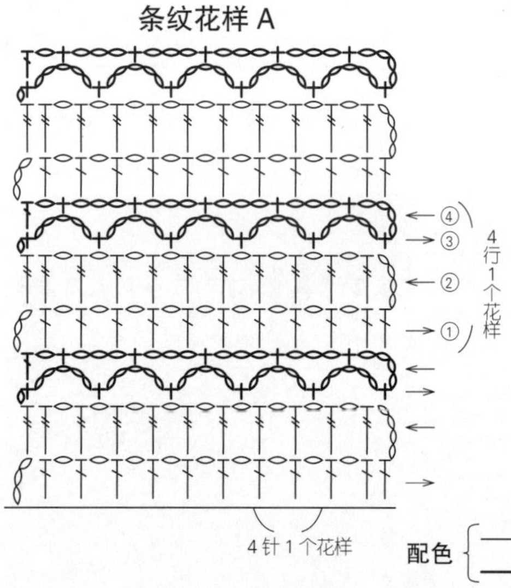

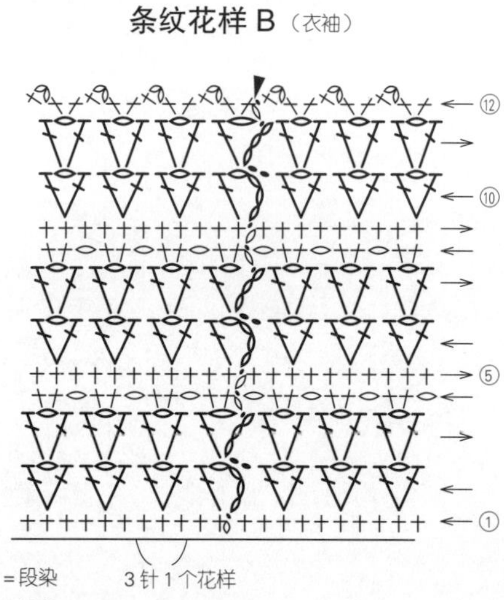

配色 ——＝段染 ——＝褐色

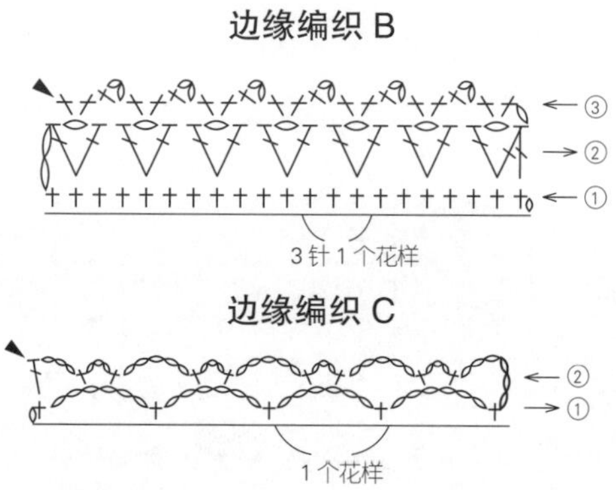

►＝剪线

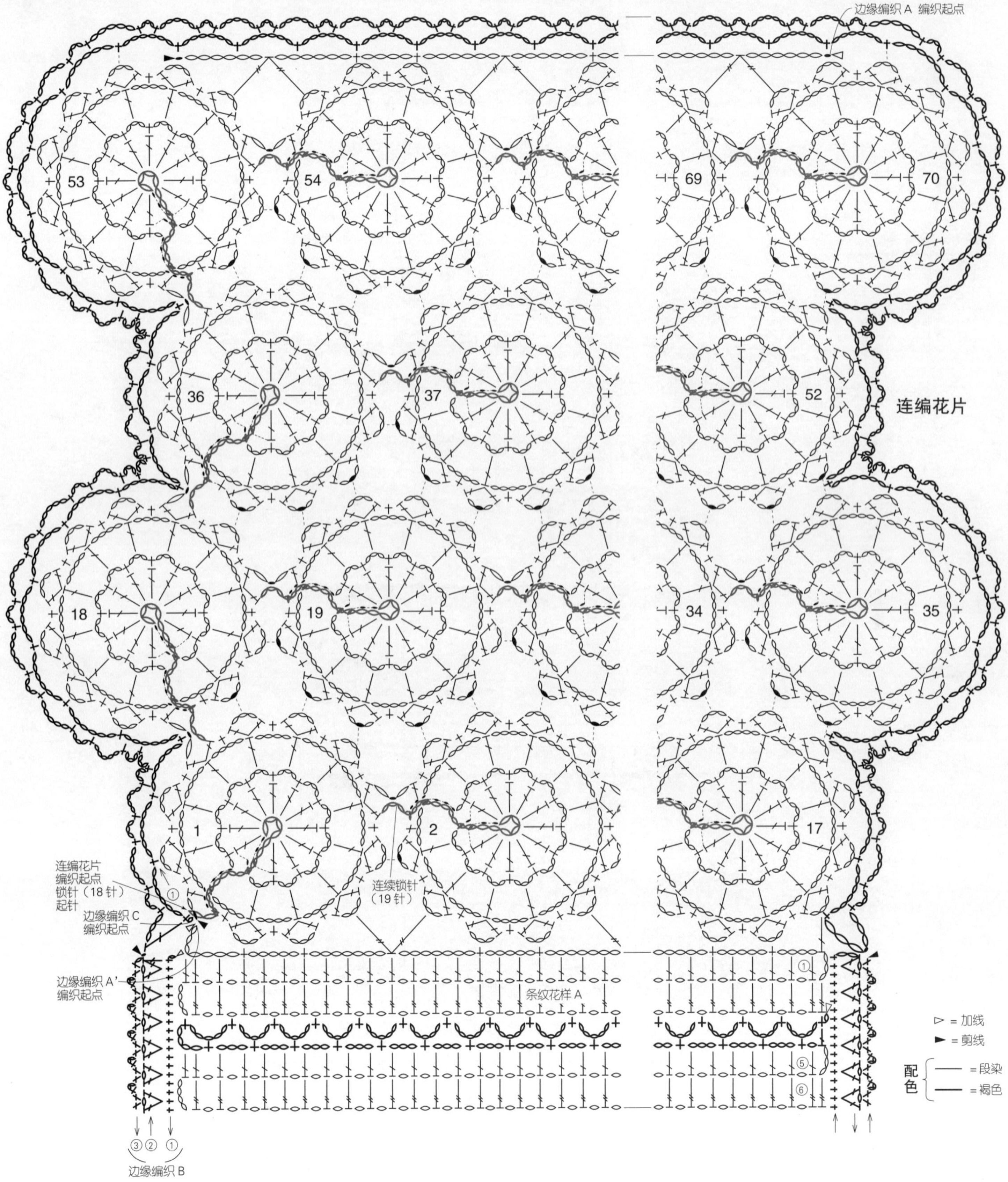

● 的编织方法

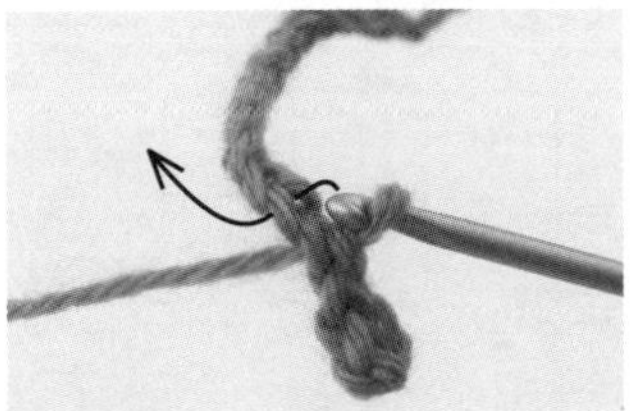

1 将线渡到锁针下面，插入下一针锁针。

2 挂线并引拔。

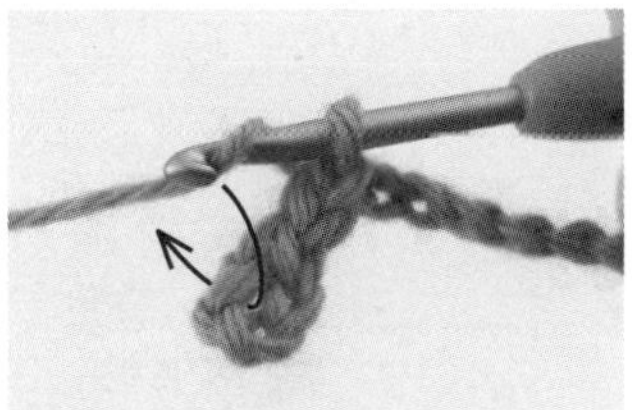

3 线移到了锁针左侧，继续钩织第 1 行。

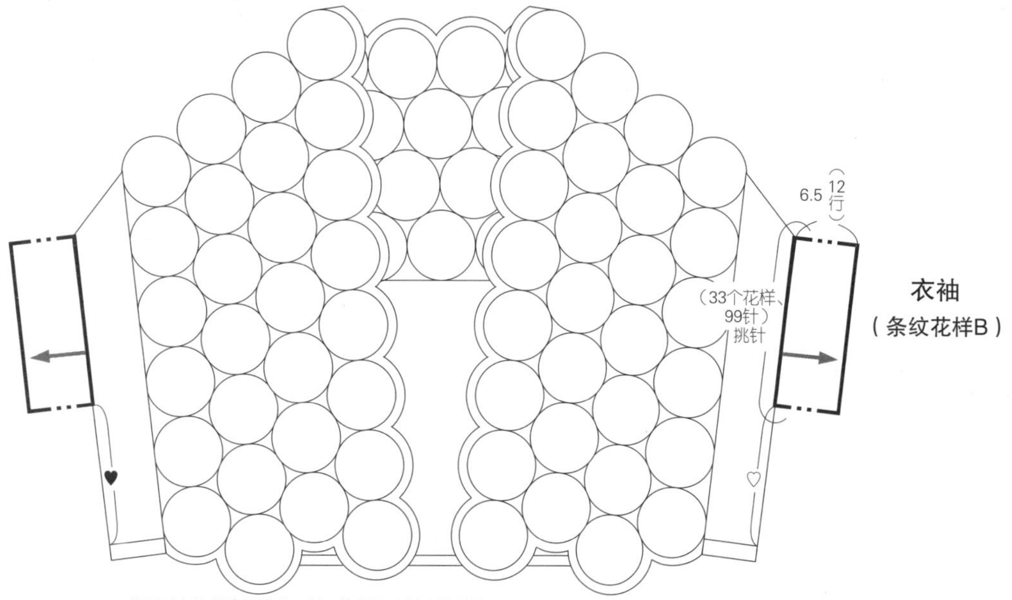

※分别对齐胁部的标记♥、♡，钩织引拔针和锁针接合

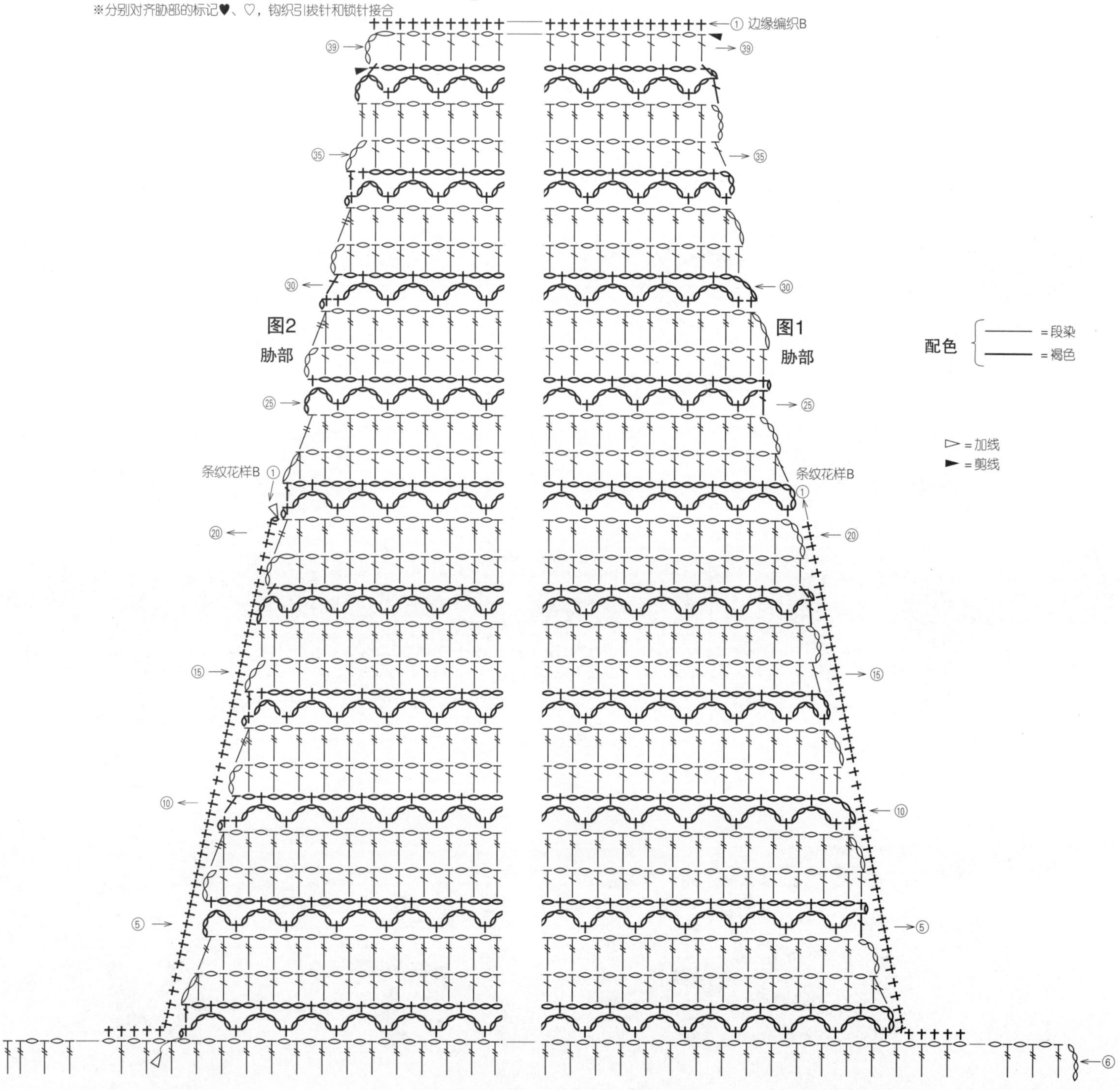

材料

奥林巴斯 Chapeautte 浅蓝色(6) 65g/2团，朱红色(9)55g/2团，芥末黄色(7)50g/2团，橙色(8) 35g/1团

工具

钩针6/0号、5/0号

成品尺寸

宽43cm，深26cm

编织密度

花片的边长为8.5cm

编织要点

●钩织并连接花片。从第2片花片开始，一边钩织一边与相邻花片做连接。包口、侧边和提手钩织短针和引拔针。

手提包（连接花片）

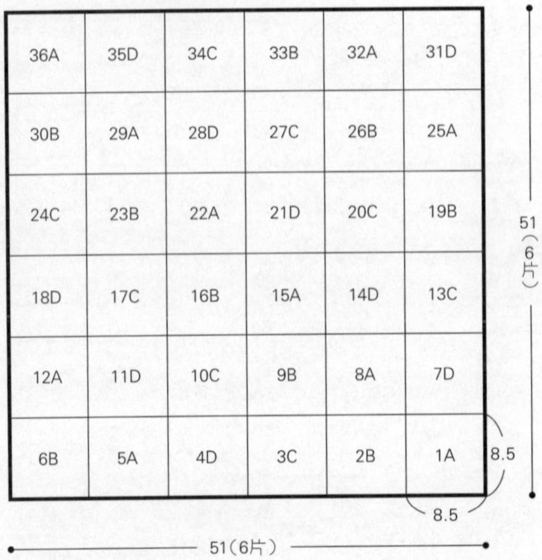

※ 除指定以外均用6/0号针钩织

※ 花片内的数字表示连接顺序

包口、侧边和提手 5/0号针 浅蓝色

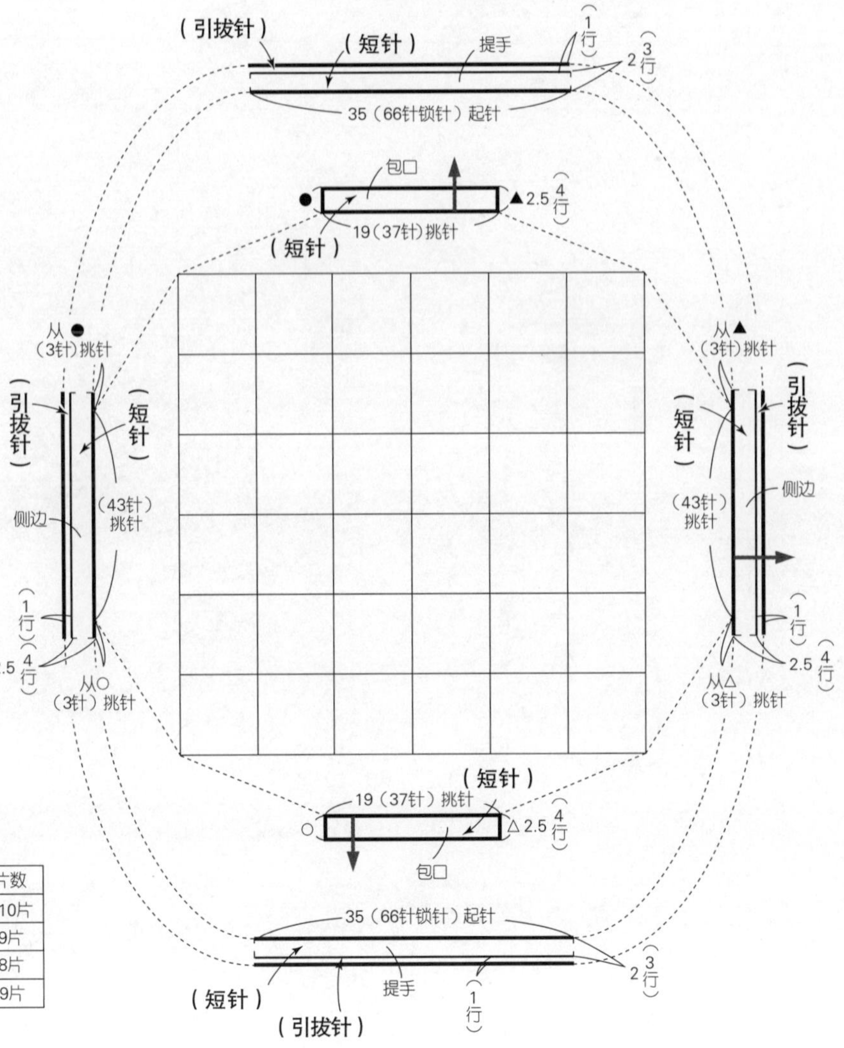

花片

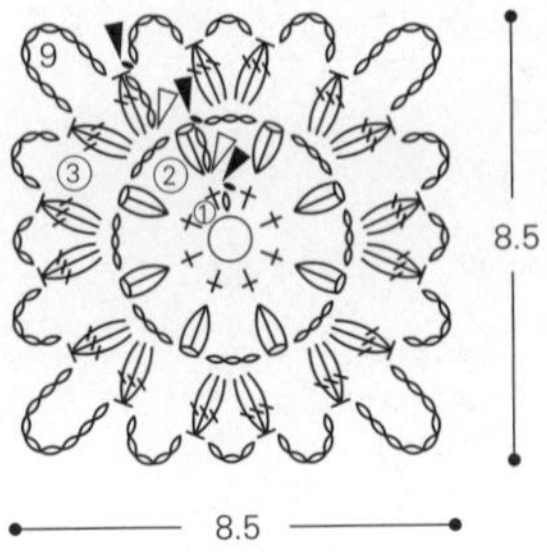

▷=加线

►=剪线

=3针中长针的爆米花针

※ 钩织方法请参照81页

花片的配色和片数

	第1行	第2行	第3行	片数
A	芥末黄色	朱红色	橙色	10片
B	朱红色	芥末黄色	浅蓝色	9片
C	橙色	朱红色	芥末黄色	8片
D	浅蓝色	芥末黄色	朱红色	9片

花片的连接方法

包口、侧边和提手的编织方法

1.包口部分从花片上挑针，往返钩织4行短针

2.侧边从花片和包口挑针，接着钩织提手部分的锁针起针，将侧边和提手连起来环形钩织短针和引拔针

3.接着在包口和提手的内侧环形钩织1行引拔针

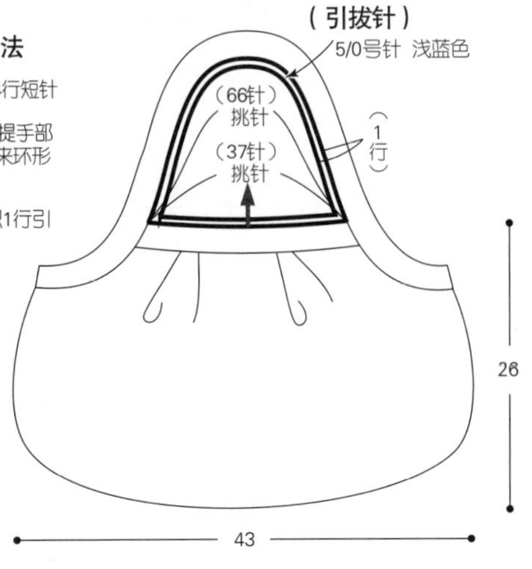

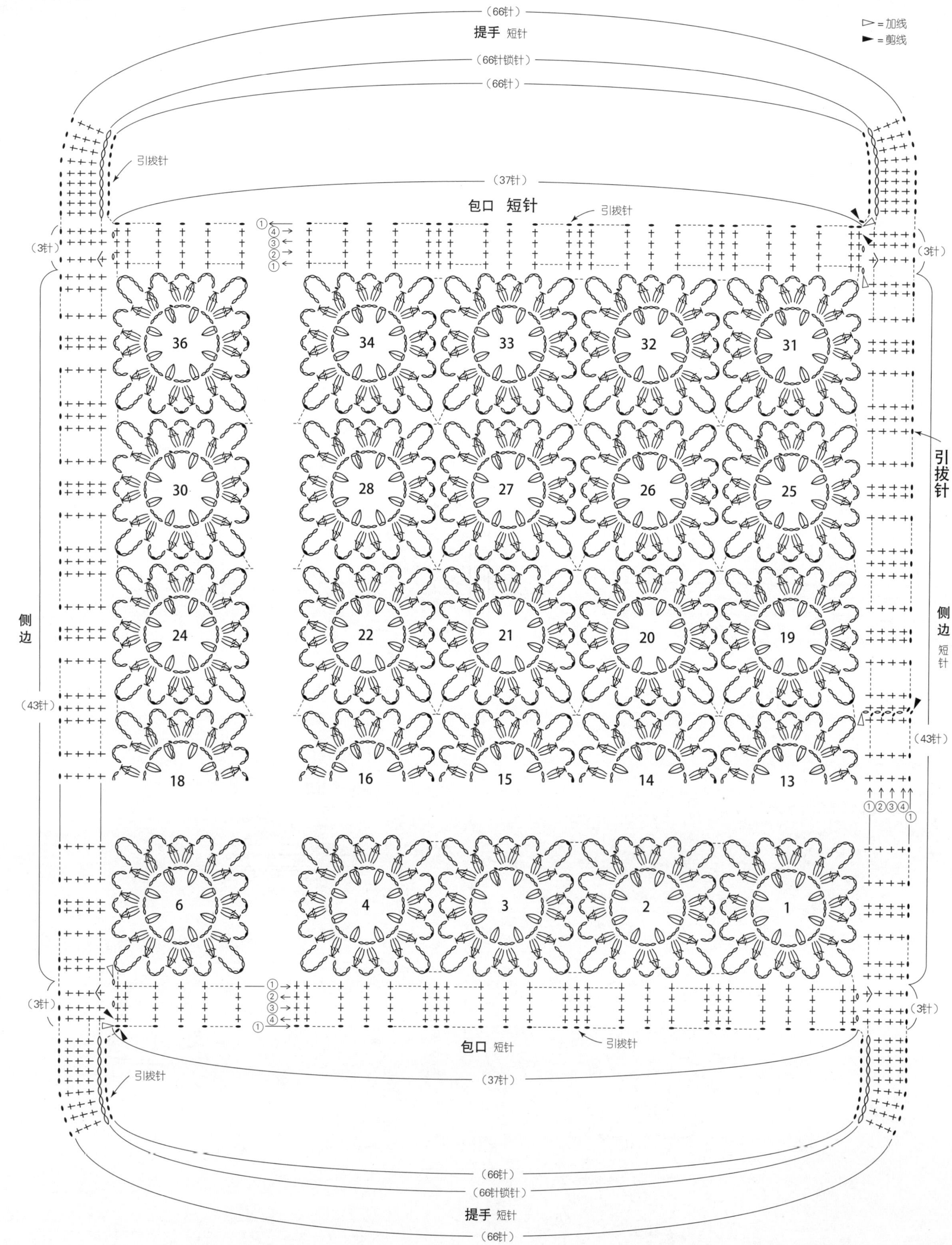

▷ = 加线
▶ = 剪线
（66针）
提手 短针
（66针锁针）
（66针）
引拔针
（37针）
包口 短针
引拔针
（3针）
（3针）
引拔针
侧边
侧边 短针
（43针）
（43针）
36
34
33
32
31
30
28
27
26
25
24
22
21
20
19
18
16
15
14
13
6
4
3
2
1
（3针）
（3针）
包口 短针
引拔针
引拔针
（37针）
（66针）
（66针锁针）
提手 短针
（66针）

材料

芭贝 Caterina 藏青色(911) 155g/4团，炭灰色(910) 35g/1团；Serein 浅蓝色(2133) 85g/2团

工具

阿富汗针10号，钩针7/0号、6/0号

成品尺寸

长35cm

编织密度

10cm×10cm面积内：条纹花样17.5针，11.5行

编织要点

●用藏青色线钩锁针起针后，按条纹花样编织。注意最后2行的花样有变化。编织结束时做引拔收针。肩部做挑针缝合。领口、四周边缘挑取指定针数后，分别环形钩织指定行数的短针。

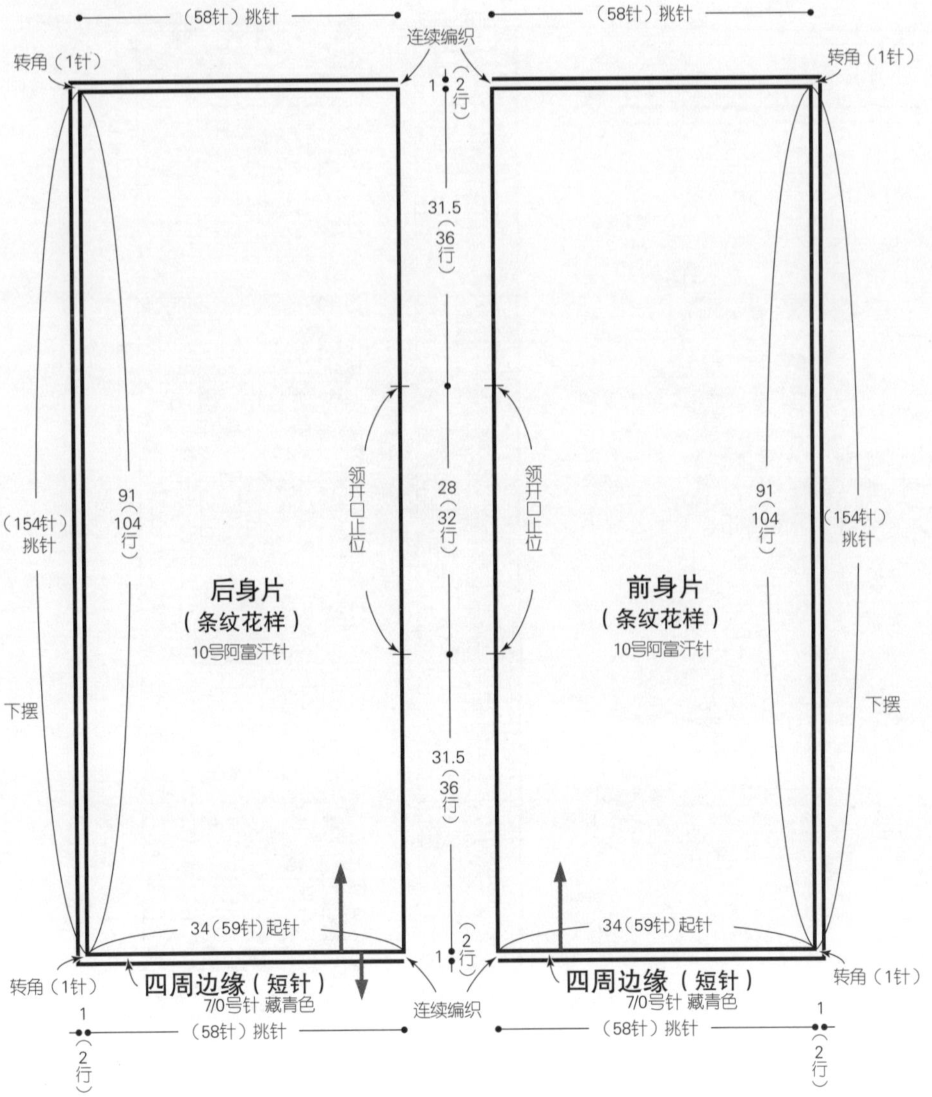

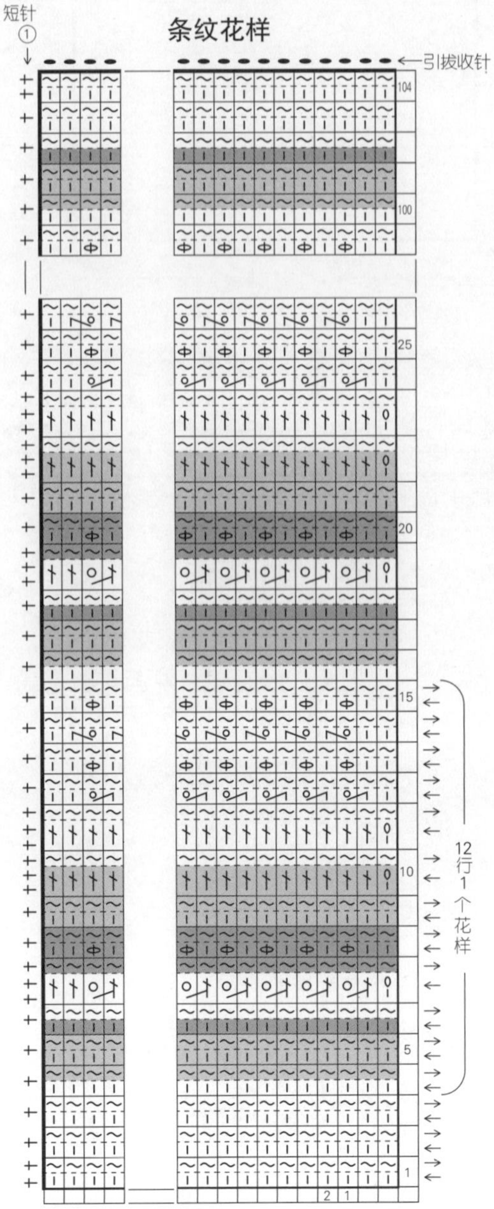

配色：□=藏青色 ▨=浅蓝色 ■=炭灰色

- 锁针花(1针下针，1针锁针)
- =2针长针并1针，挂针 ※2针长针并1针的编织方法请参照77页
- =长针 ※编织方法请参照154页
- =整段挑起后退针的锁针
- =2针并1针，挂针
- =挂针，2针并1针

转角的钩织方法(四周边缘)

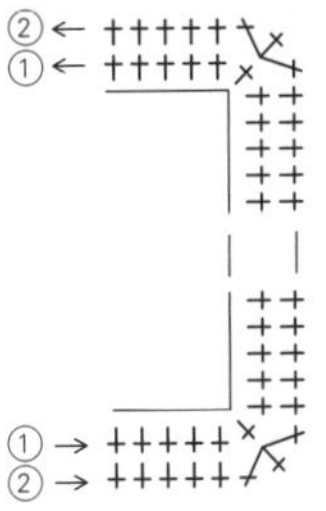

领口

(短针) 6/0号针 藏青色

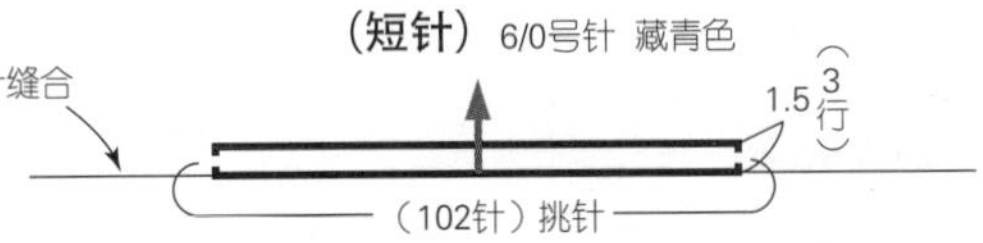

短针

► =加线

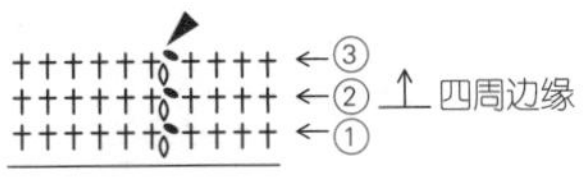

材料

芭贝 Nuvola 米色(402) 70g/2团，黄色(413) 35g/1团；Leafy 原白色(751) 55g/2团

工具

阿富汗针10号

成品尺寸

宽32cm，深44.5cm

编织密度

10cm×10cm面积内：条纹花样18针，14行

编织要点

●主体用米色线钩锁针起针后，按条纹花样编织，结束时做引拔收针。底部做挑针缝合，侧边做半针的卷针缝。包口挑取指定针数后环形编织边缘。提手与主体一样起针后开始编织，按“基本阿富汗针编织条纹花样”编织2条。将提手正面朝外对齐相同标记后做半针的卷针缝，参照组合方法将主体夹在中间缝合。

43页的作品★★

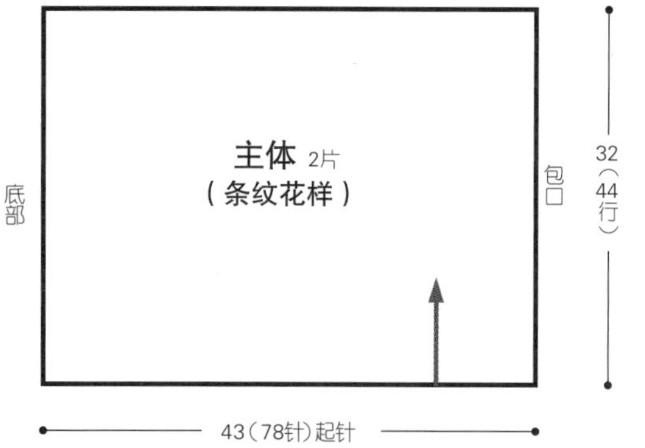

※ 全部用10号阿富汗针编织

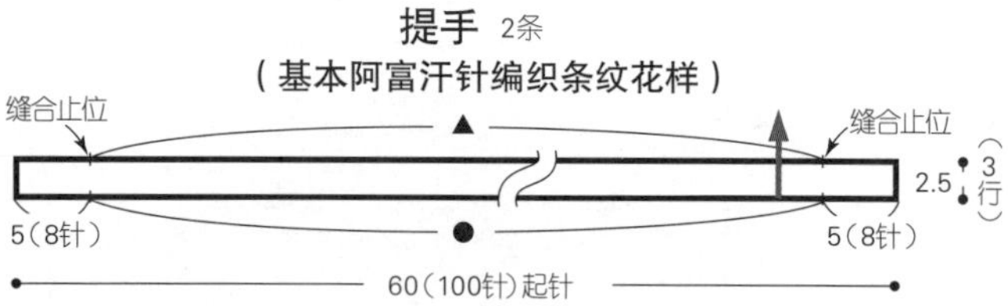

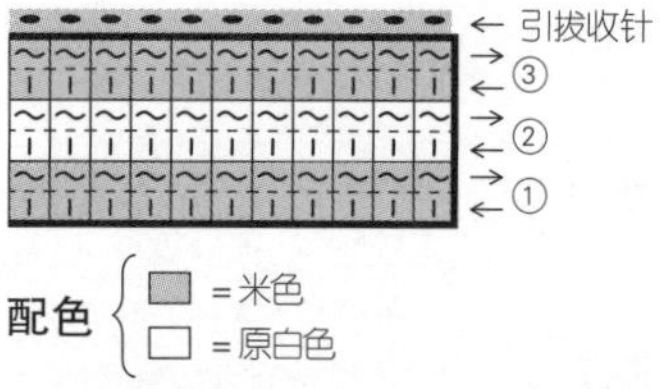

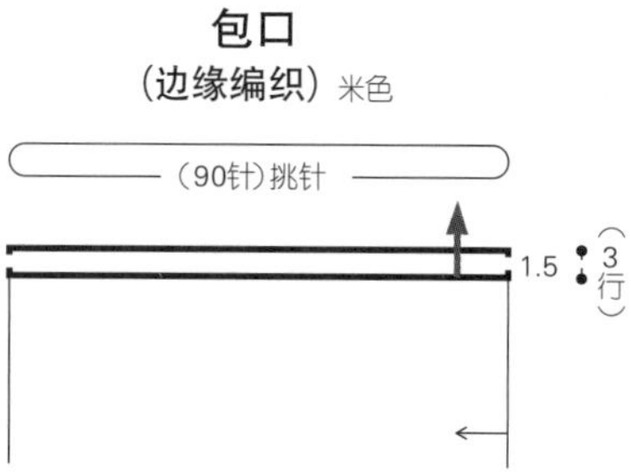

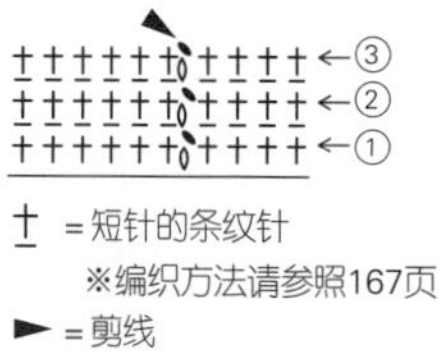

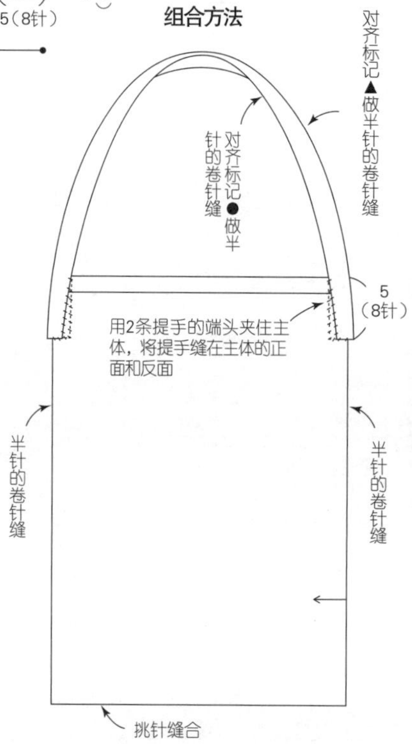

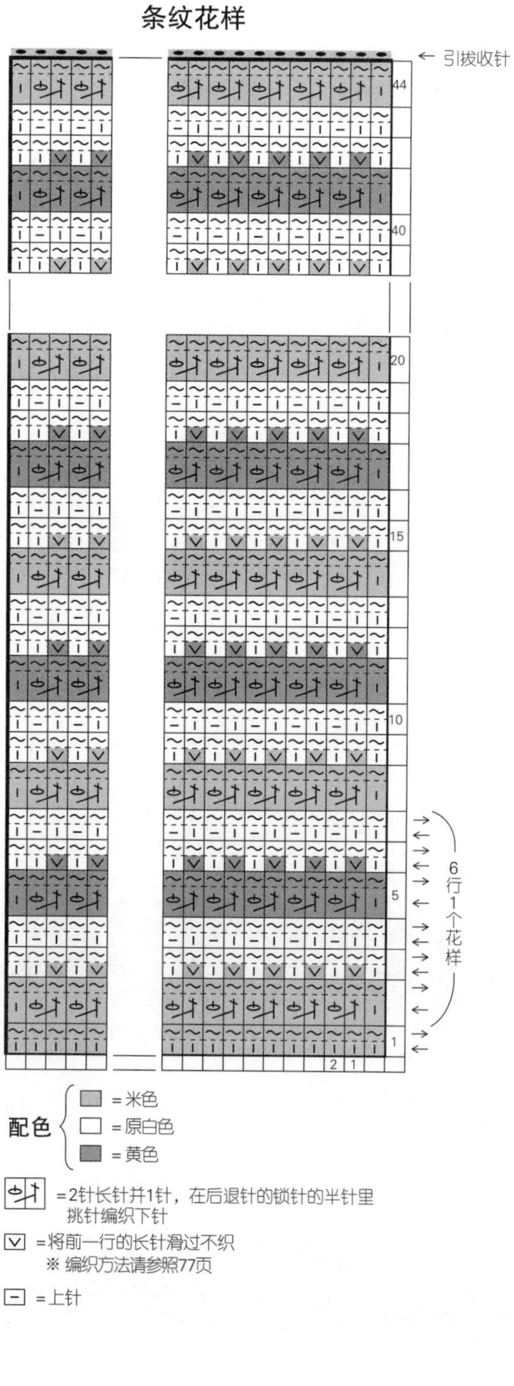

上针

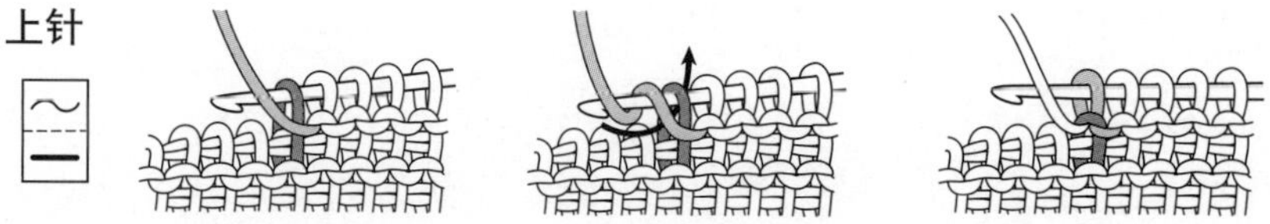

1 将线放到前面，将针插入前一行的竖针。

2 从前往后挂线，如箭头所示向后拉出。

3 上针完成。

材料

Rich More 东京 深棕色(8) 225g/8团，江户红褐色和黄色系段染(6) 135g/5团；直径25mm的包扣坯3颗

工具

双头阿富汗针12号，钩针7/0号、6/0号

成品尺寸

胸围100cm，肩宽42cm，衣长48cm，袖长47.5cm

编织密度

10cm×10cm面积内：条纹花样17.5针，12.5行

编织要点

●身片、衣袖…用深棕色线钩锁针起针后，按条纹花样编织。前领窝的加针请参照图示编织。身片在胁部和肩部钩织短针，衣袖在袖下钩织短针。

●组合…肩部、胁部、袖下做引拔接合。下摆钩织边缘。后身片中心钩织短针，然后做引拔接合至开衩止位。在开衩部位钩织短针的反拉针调整形状。领口、前门襟挑取指定针数后钩织边缘。在右前门襟钩织纽襻。袖口的边缘做环状的往返编织。衣袖与身片之间做引拔接合。包扣环形起针后开始钩织，中途将包扣坯包在里面。最后缝上包扣。

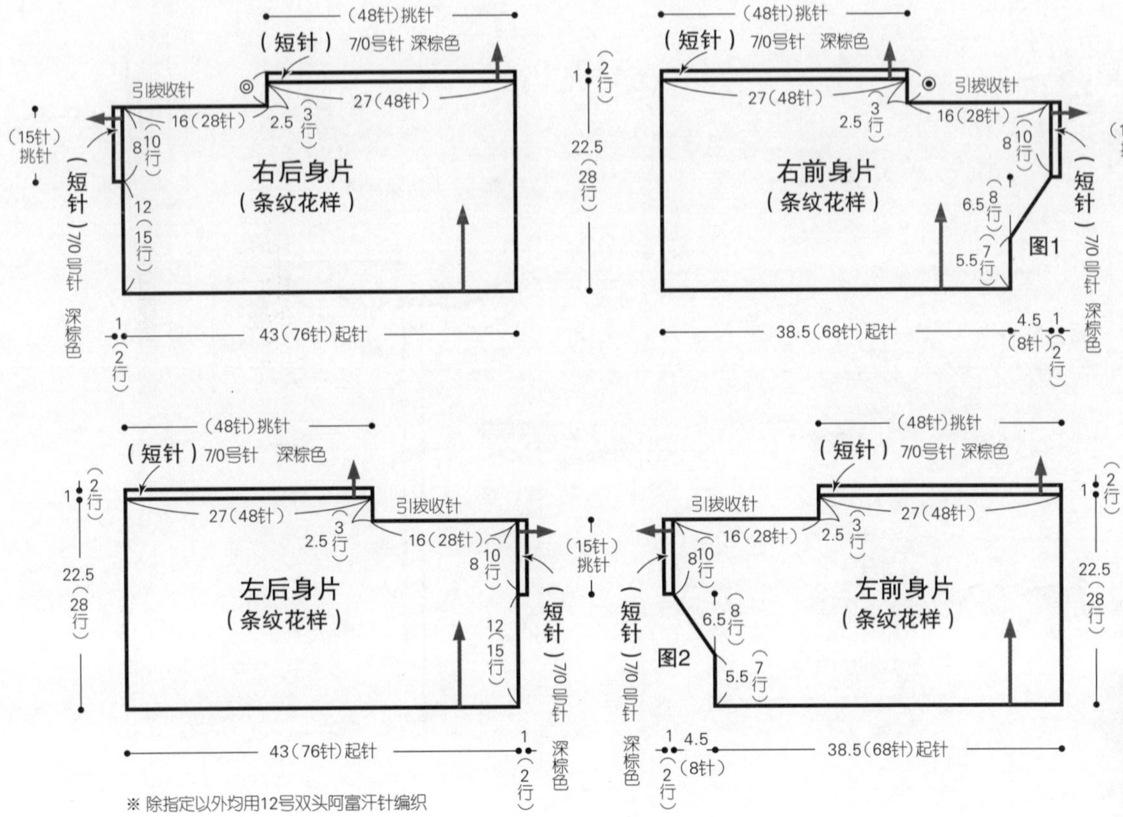

※ 除指定以外均用12号双头阿富汗针编织

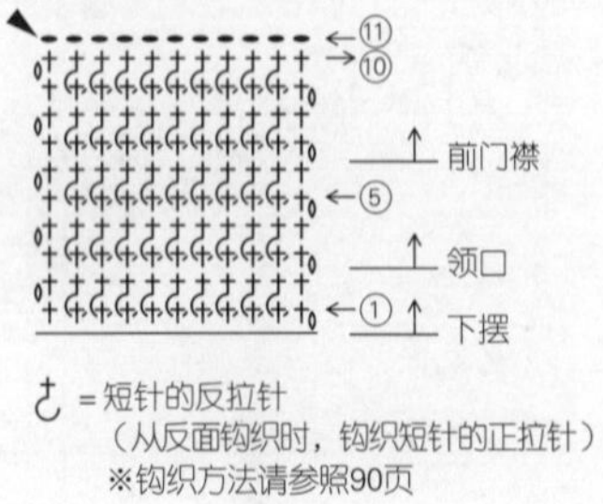

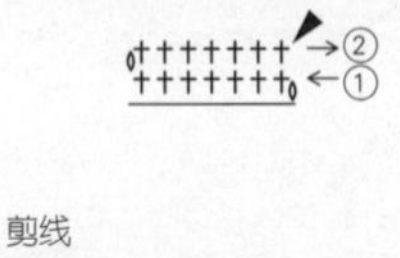

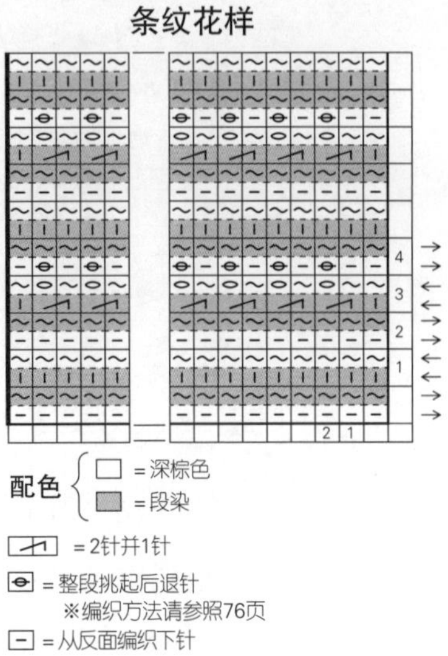

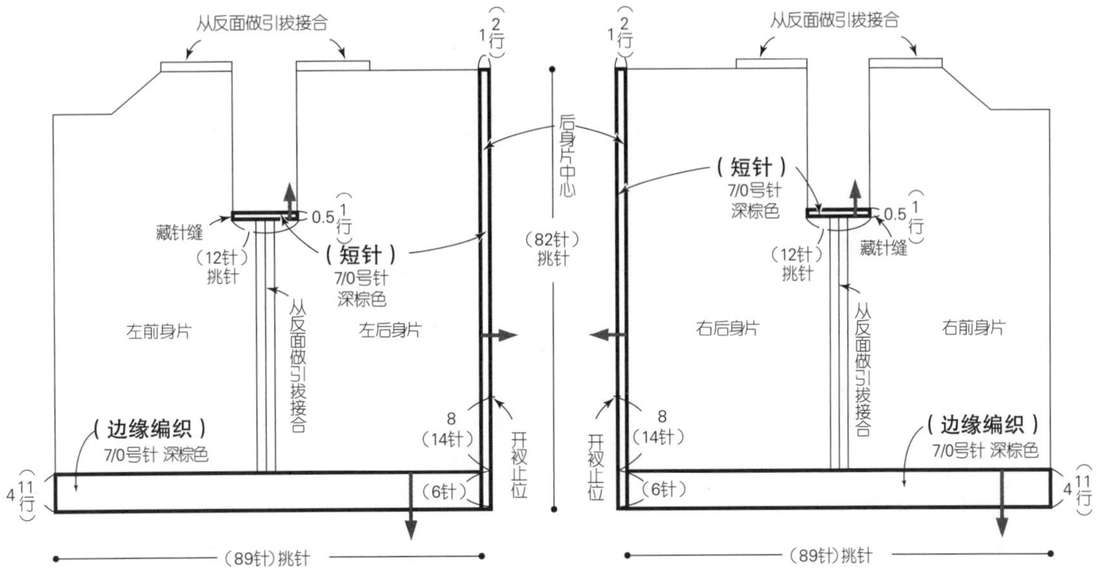

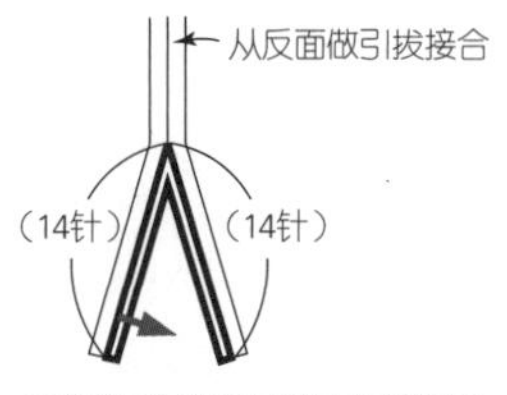

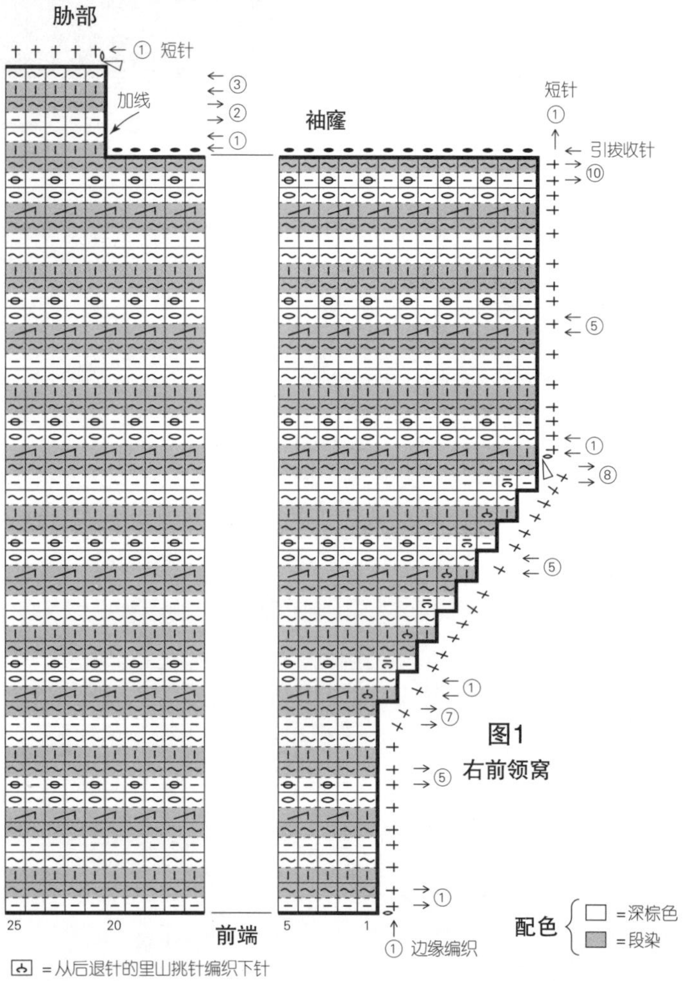

= 从后退针的里山挑针编织下针

= 从反面编织

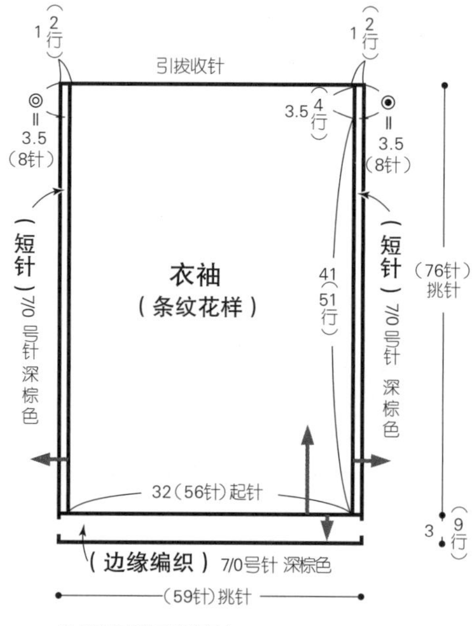

※ 对齐标记适用于右袖

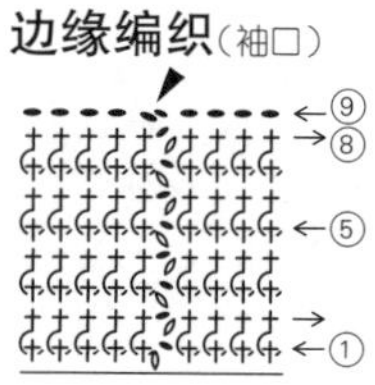

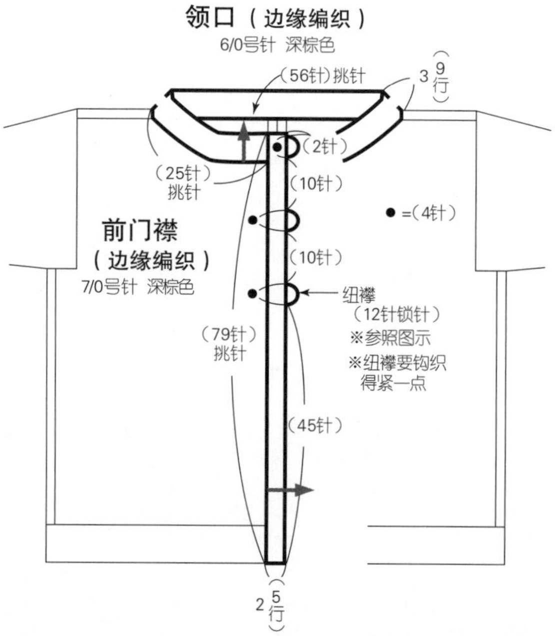

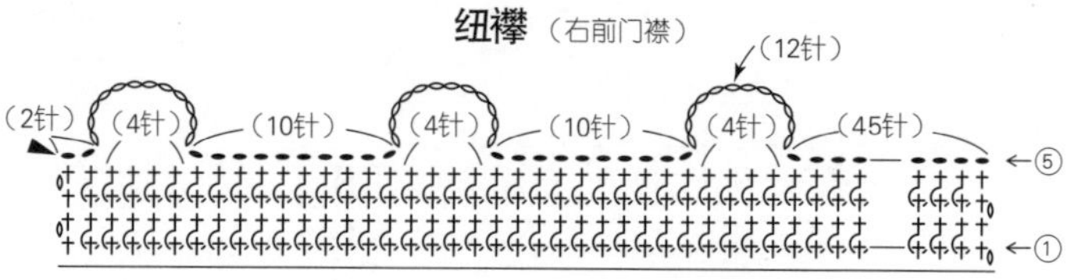

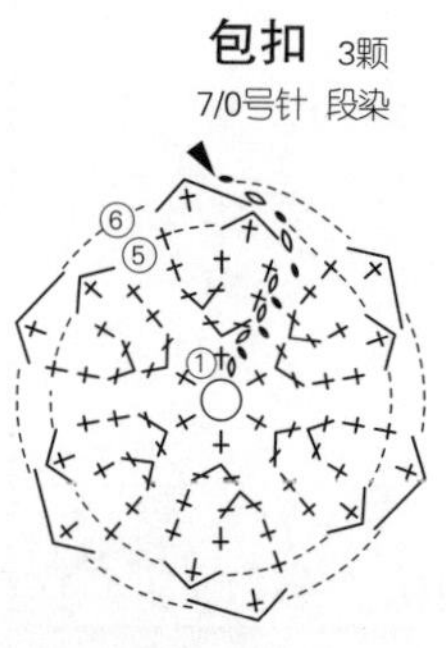

※ 将反面用作正面

※ 钩织至第4行后放入包扣坯，接着钩织剩下的2行。在最后一行的针目头部穿线后收紧

▷ = 加线

▶ = 剪线

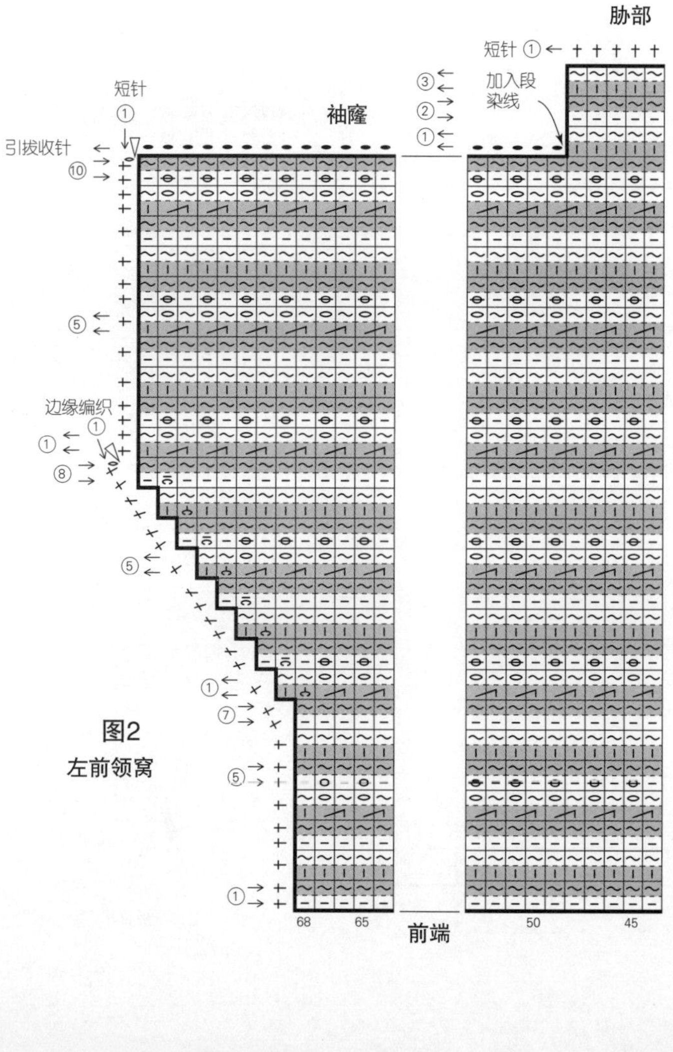

材料

达摩手编线 Ladder Tape 浅灰色+钴蓝色(6)170g/4团；Cotton & Linen Large 藏青色(9)30g/1团，白色(1)25g/1团

工具

阿富汗针15号

成品尺寸

宽59cm，长195cm

编织密度

10cm×10cm面积内：条纹花样13.5针，8行

编织要点

●用浅灰色+钴蓝色的线钩锁针起针后，按条纹花样编织。减针请参照图示编织。编织结束时，在最后一行的针目里穿入白色线收紧。

45页的作品 ★★

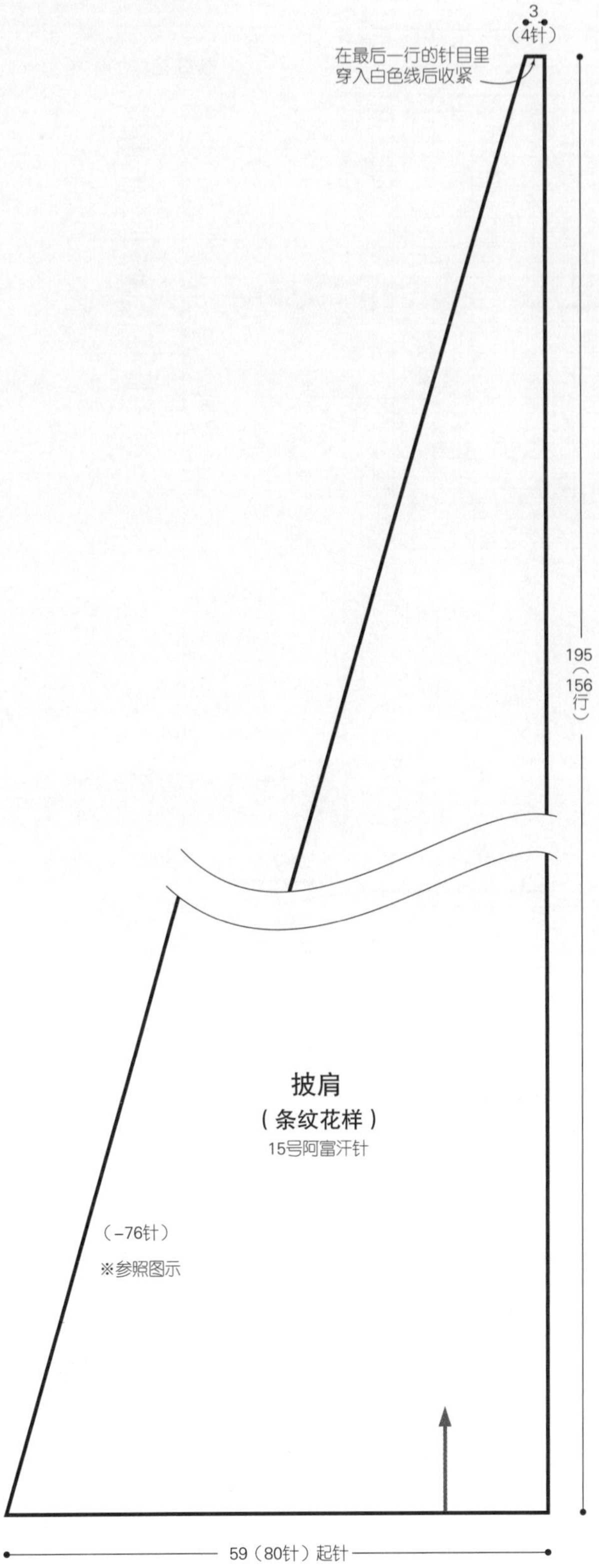

条纹花样

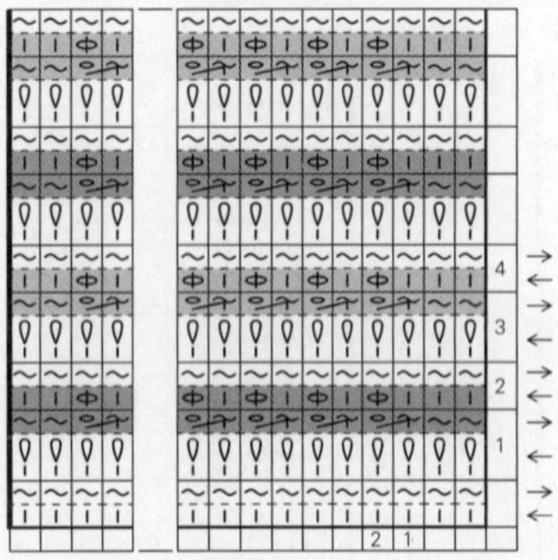

配色
□=浅灰色+钴蓝色
■=藏青色
■=白色

=锁针花
※编织方法请参照154页

=1针锁针，后退针的2针并1针

=整段挑起后退针的锁针

减针的编织方法

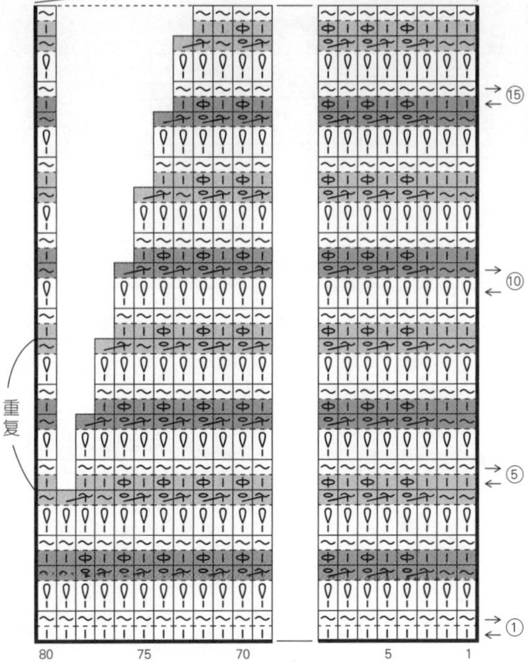

配色
□=浅灰色+钴蓝色
■=藏青色
■=白色

材料
Keito cashmere 白色(00) 80g/2团，绿色(M02) 40g/1团
工具
棒针8号、11号
成品尺寸
宽36cm，长142cm

编织密度
10cm×10cm面积内：条纹花样17.5针，26行
编织要点
●手指挂线起针后，按双罗纹针和条纹花样编织。编织结束时，做下针织下针、上针织上针的伏针收针。

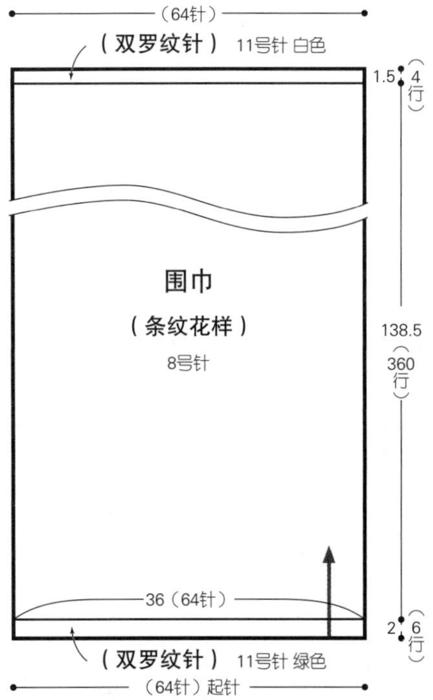

条纹花样

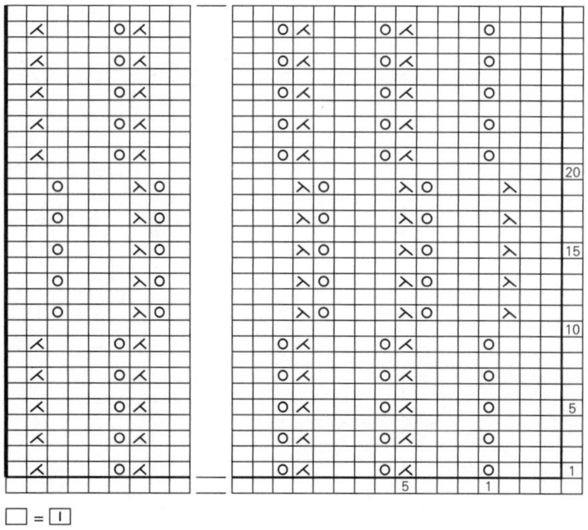

条纹花样的配色

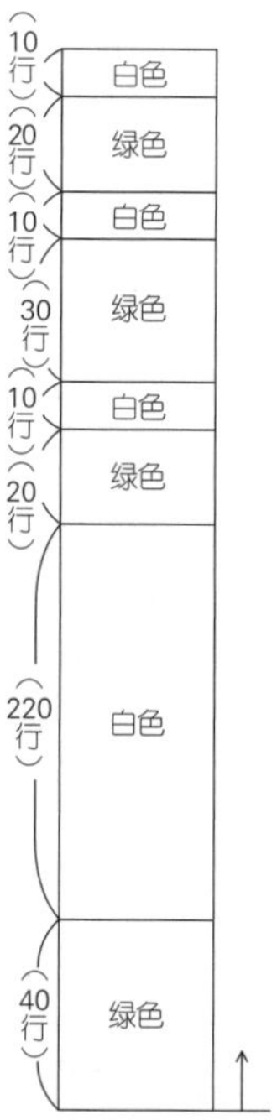

双罗纹针 (编织起点侧)

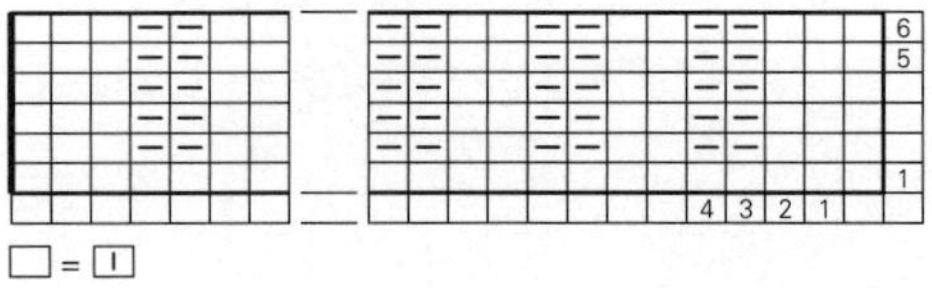

双罗纹针 (编织终点侧)

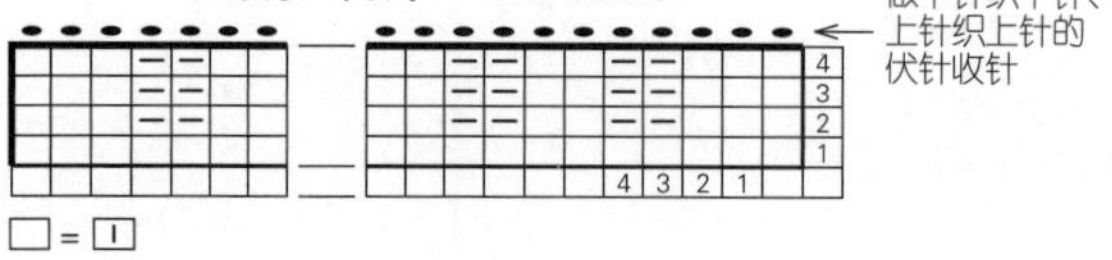

穿过左针的盖针

(3针的情况)

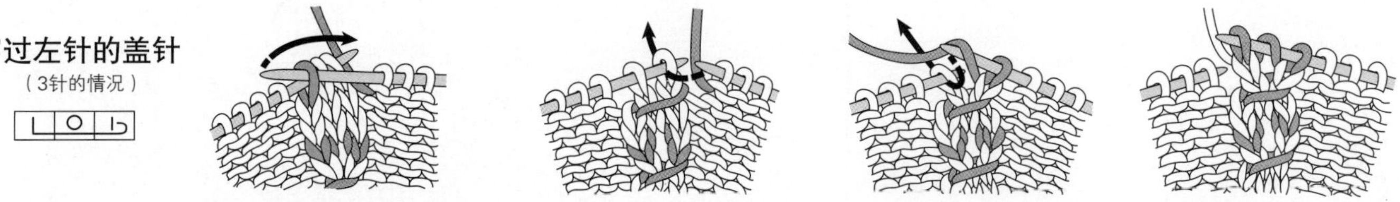

1 在左棒针的第3针里插入右棒针，如箭头所示将其覆盖在右边的2针上。

2 在右边的针目里入针编织下针。

3 接着挂针，再在左边的针目里入针编织下针。

4 穿过左针的盖针(3针的情况)完成。

材料

Keito cashmere 黄色（M01）270g/6团，直径18mm的纽扣8颗

工具

棒针6号、5号、4号

成品尺寸

胸围99.5cm，衣长56.5cm，连肩袖长69.5cm

编织密度

10cm×10cm面积内：下针编织22针，31行；编织花样B、B'均为1个花样5针2.5cm，10cm31行

编织要点

●身片、衣袖…手指挂线起针后，做下针编织和编织花样A。接下来，后身片和衣袖做下针编织，前身片做编织花样B（B'）和下针编织。胁部和领窝减2针及以上时做伏针减针（边针仅在第1次需要编织），减1针时立起侧边1针减针（即2针并1针）。插肩线的减针是边上第3针和第4针编织2针并1针。袖下的加针是在1针内侧做扭针加针。

●组合…插肩线、胁部、袖下做挑针缝合，腋下的针目做下针无缝缝合。领口、前门襟挑取指定针数后编织边缘，在右前门襟留出扣眼。编织结束时，做伏针收针。最后缝上纽扣。

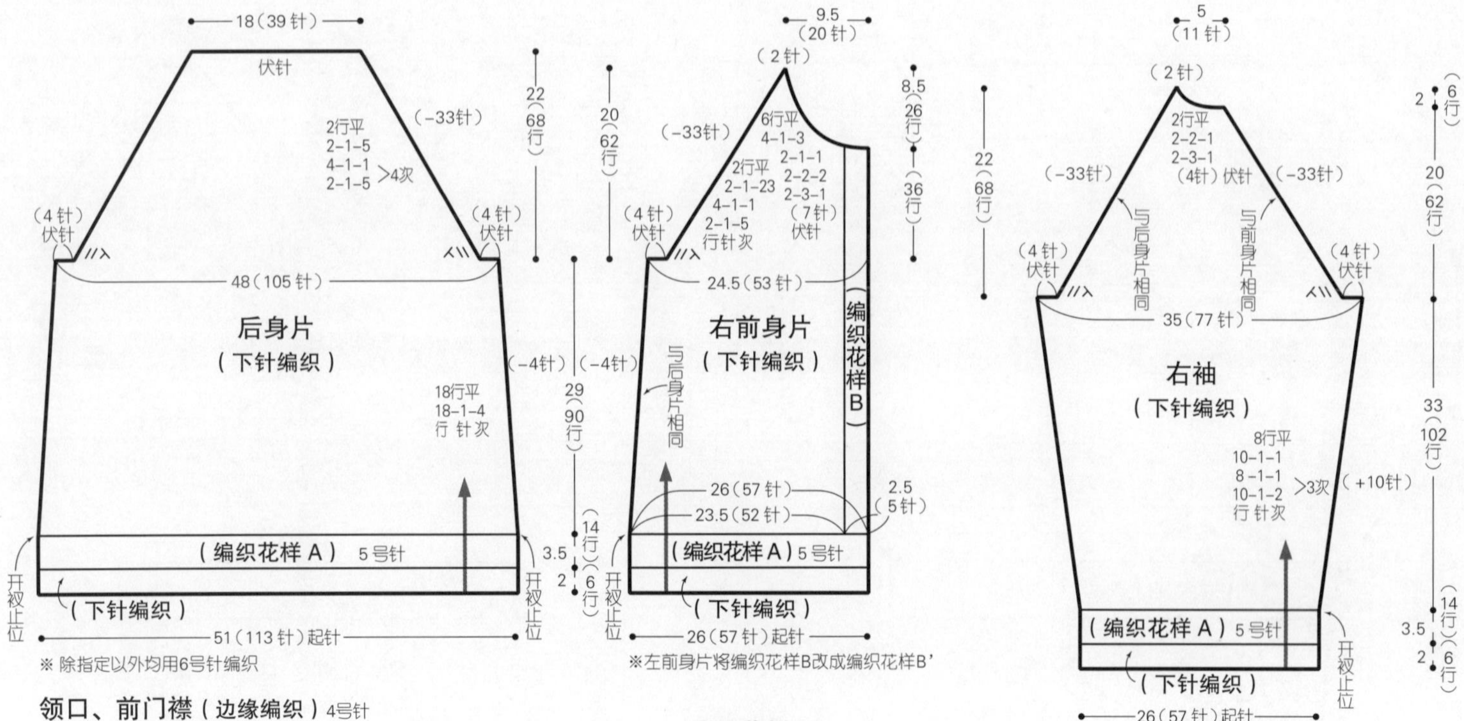

领口、前门襟（边缘编织） 4号针

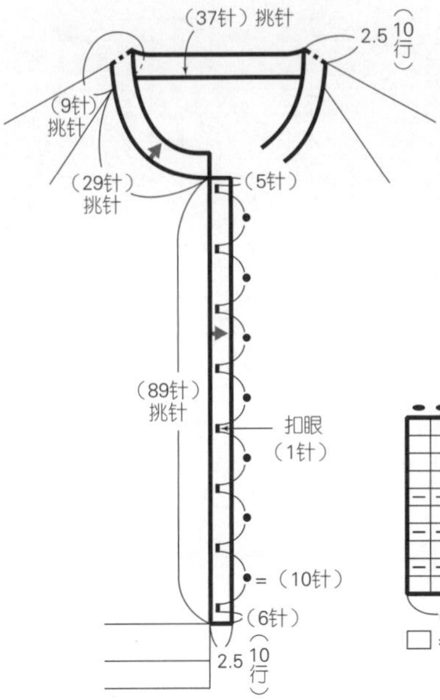

编织花样A

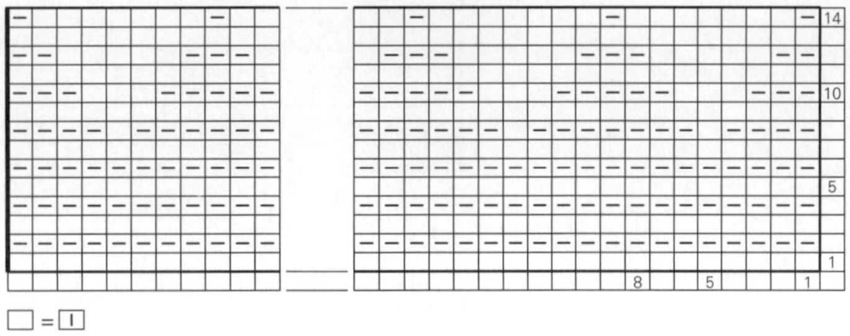

扣眼（右前门襟）

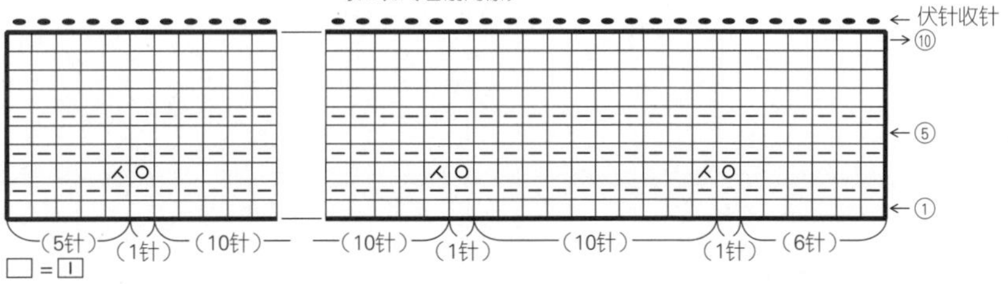

编织花样B　编织花样B'

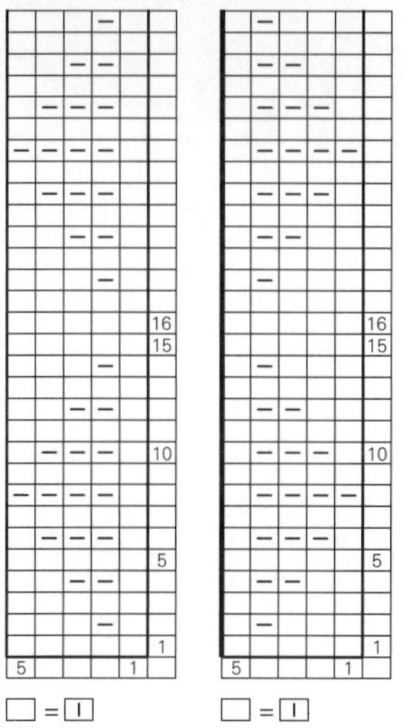

边缘编织

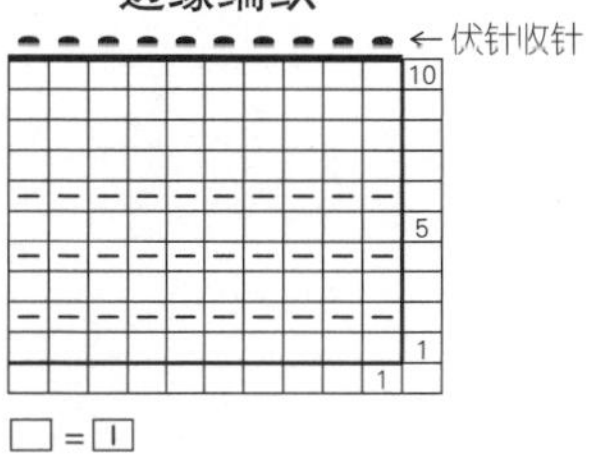

材料

Hobbyra Hobbyre Cotton Shelly

[S号] 浅米色(16) 380g/10团，蓝色(14) 15g/1团

[M号] 浅米色(16) 410g/11团，蓝色(14) 20g/1团

[L号] 浅米色(16) 490g/13团，蓝色(14) 20g/1团

[XL号] 浅米色(16) 525g/14团，蓝色(14) 20g/1团

工具

棒针5号、3号

成品尺寸

[S号] 衣长59cm，连肩袖长36.5cm

[M号] 衣长59cm，连肩袖长39cm

[L号] 衣长62.5cm，连肩袖长44.5cm

[XL号] 衣长62.5cm，连肩袖长47.5cm

编织密度

10cm×10cm面积内：编织花样22.5针，40行

编织要点

●手指挂线起针后，按单罗纹针条纹A、编织花样编织。加减针请参照图示编织。编织结束时休针备用。肩部做引拔接合和挑针缝合，胁部做挑针缝合。领口、袖口分别挑取指定针数，领口环形编织单罗纹针条纹B，袖口环形编织单罗纹针。编织结束时做单罗纹针收针。

S、M号

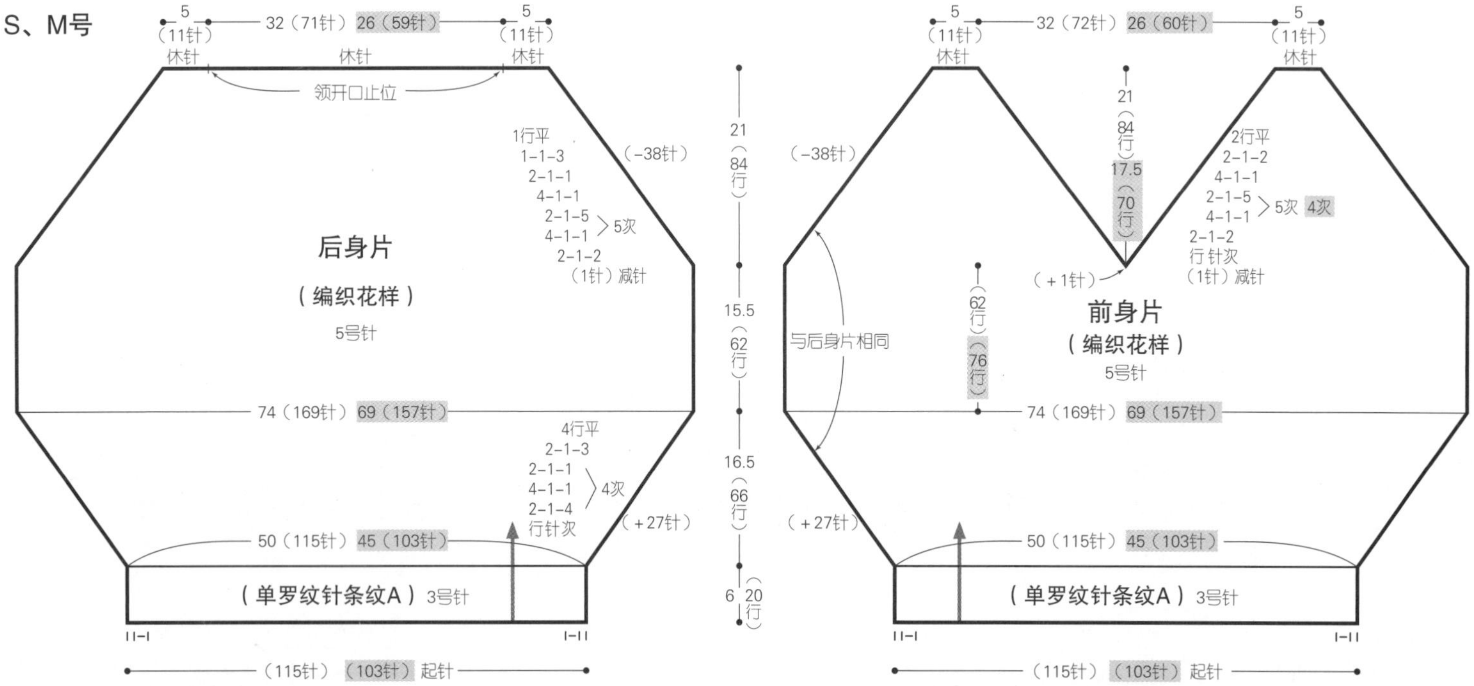

※ 表示S号，其他为M号或通用

※ 除指定以外均用浅米色线编织

领口（单罗纹针条纹B）（S、M号）

3号针

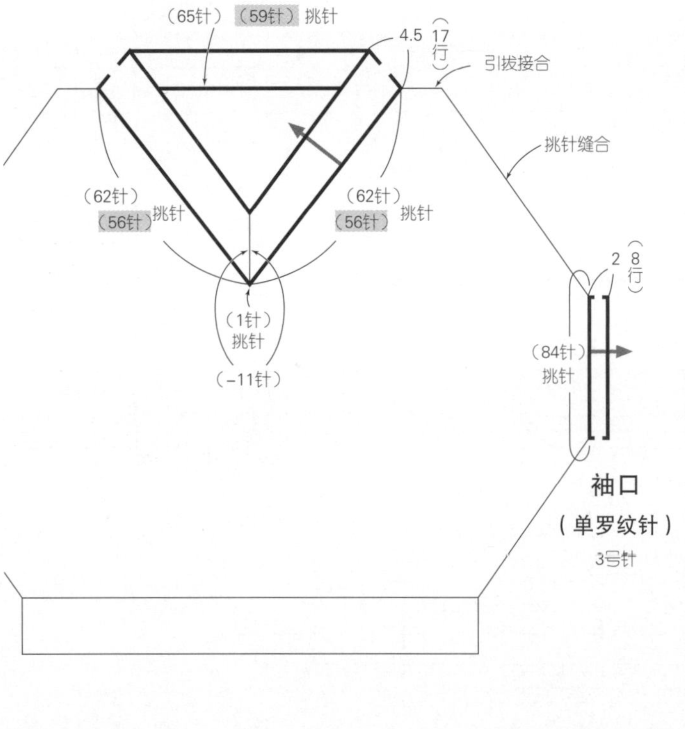

编织花样

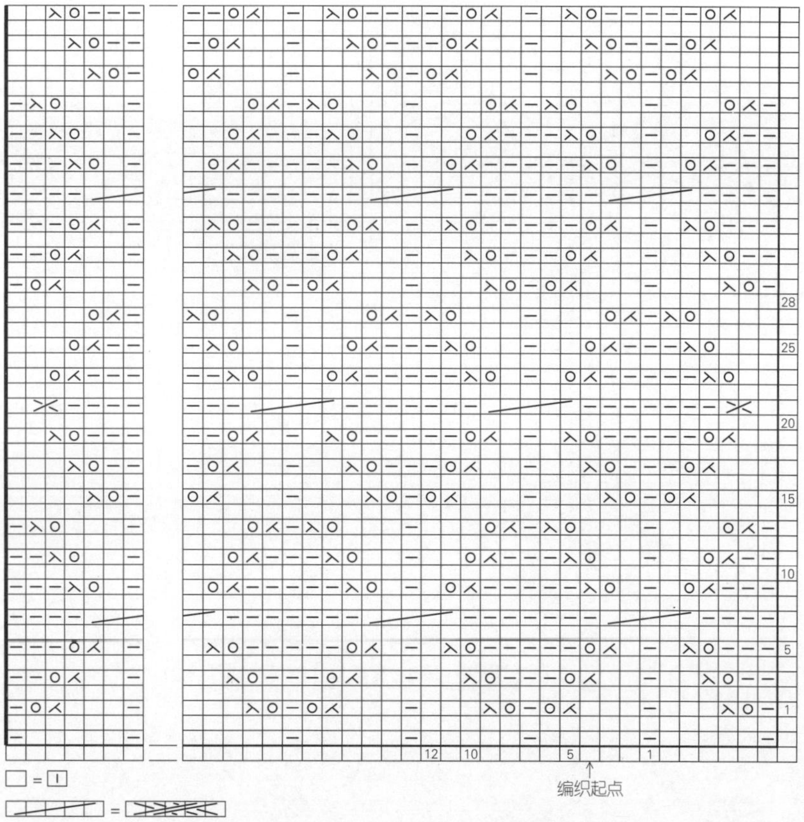

L、XL号

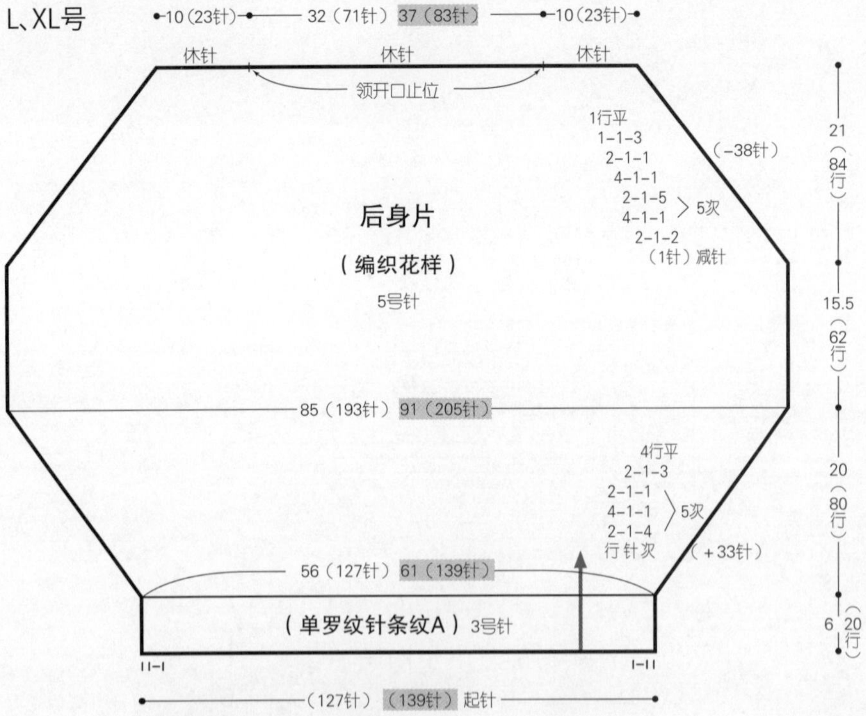

※ ▒ 表示XL号，其他为L号或通用

※ 除指定以外均用浅米色线编织

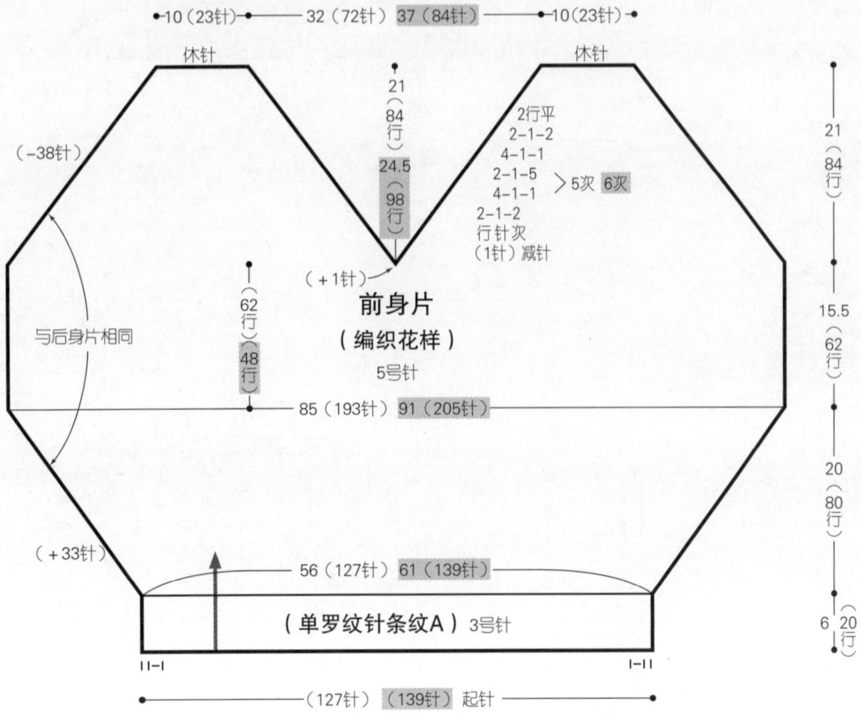

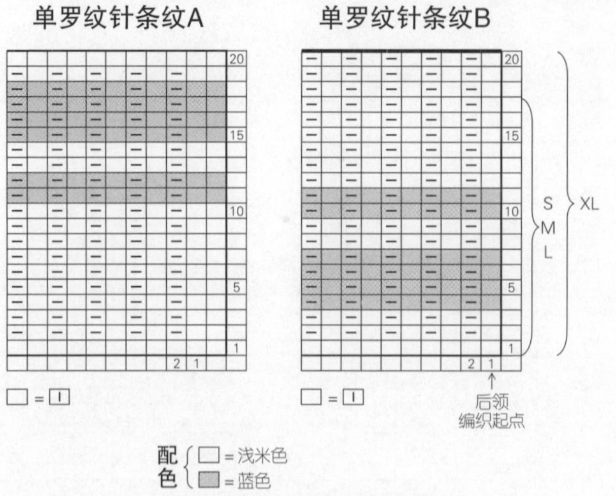

V领尖的减针

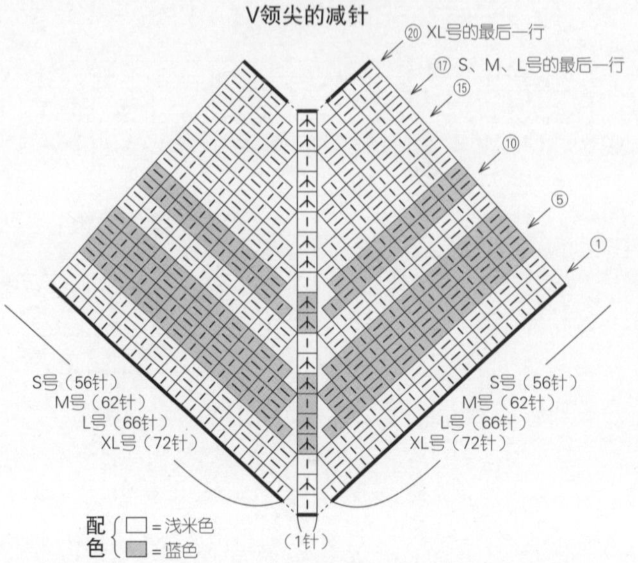

胁部的加针（M号） ※ S、L、XL号均按相同要领编织

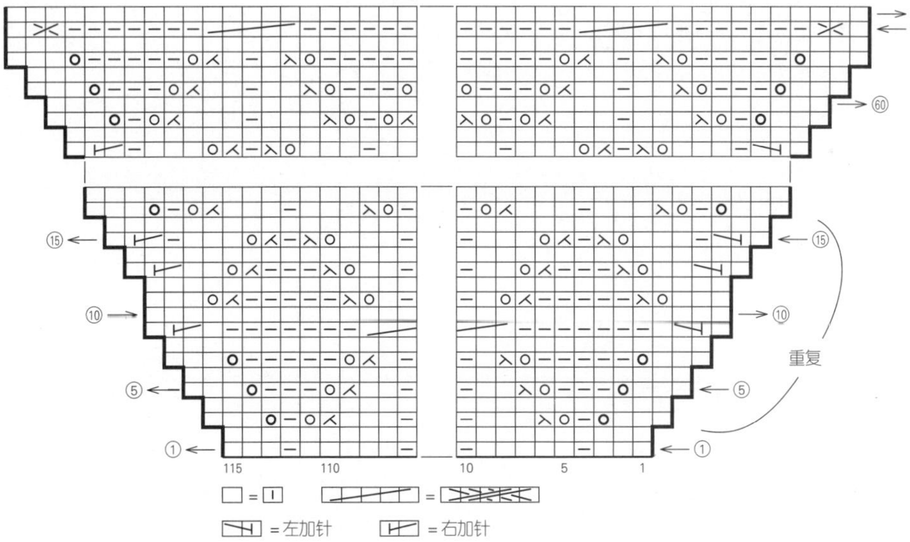

前领窝的减针

（M号）

※ S、L、XL号均按相同要领编织

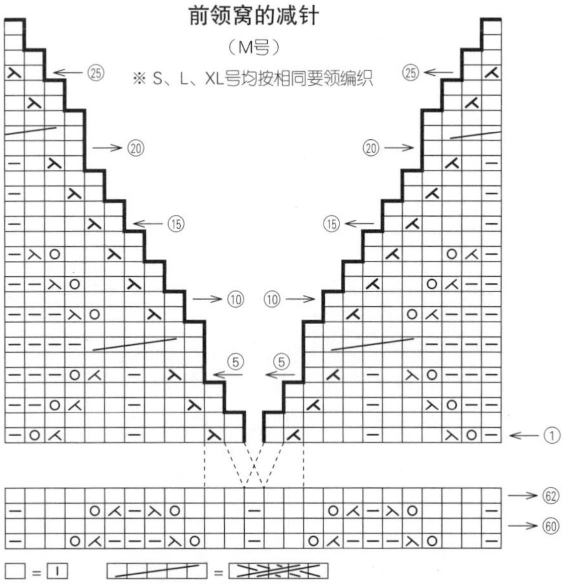

※ 从中心针目上向左右各挑1针

左前肩的减针 （M号）

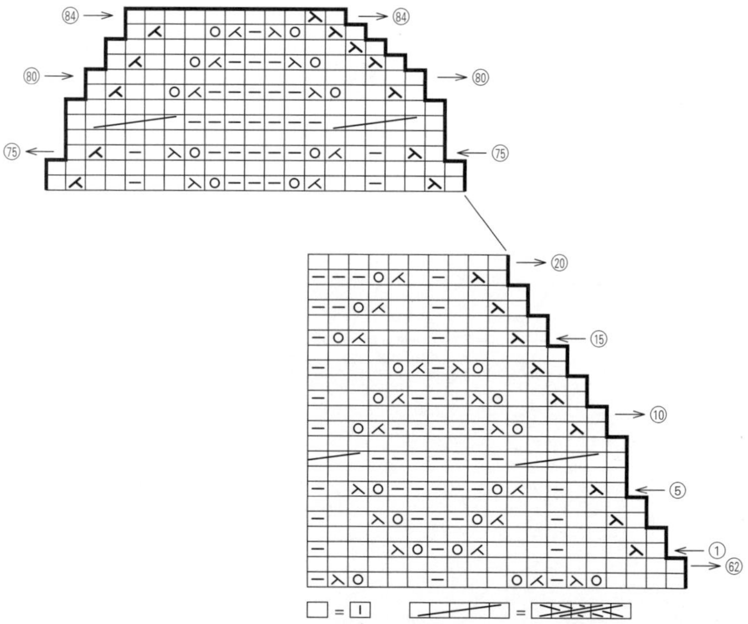

※ 后身片、S、L、XL号均按相同要领编织

领口（单罗纹针条纹B）（L、XL号）

3号针

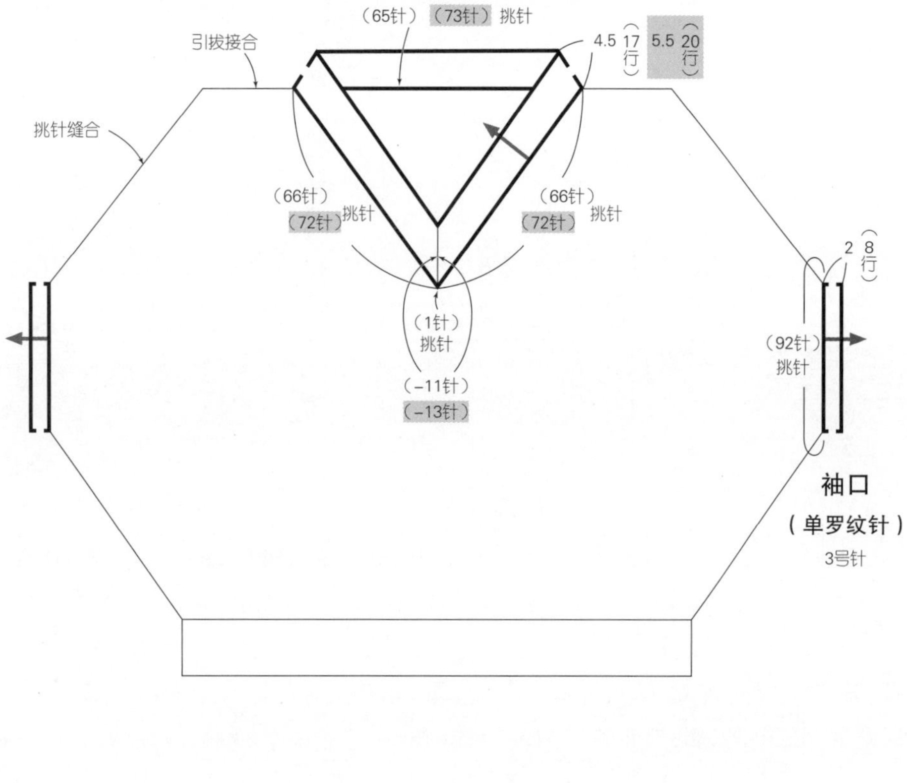

袖口

（单罗纹针）

3号针

单罗纹针 （袖口）

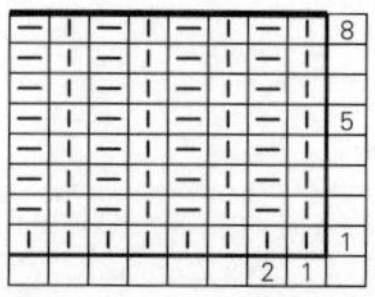

材料

[主人毛衫] 和麻纳卡 Flax K 浅蓝色(212) 305g/13团，浅褐色(13)、浅灰色(208) 各95g/各4团

[狗狗围脖] 和麻纳卡 Flax K 灰粉色(206) 30g/2团，浅褐色(13)、浅蓝色(212) 各10g/各1团

工具

钩针5/0号，棒针3号、4号

成品尺寸

[主人毛衫] 衣长62cm，连肩袖长53.5cm

[狗狗围脖] 宽7cm，长77cm(含带子)

编织密度

条纹花样1个花样10针4cm，11行10cm

编织要点

●[主人毛衫]…主体锁针起针，编织条纹花样。分别对齐◉、◎相同标记处，钩织引拔针和锁针接合。衣领、下摆、袖口挑起指定数量的针目，一边调整编织密度，一边编织双罗纹针。编织终点做下针织下针、上针织上针的伏针收针。

●[狗狗围脖]…主体钩织锁针起针，编织条纹花样。分别对齐△、▲相同标记处，钩织引拔针和锁针接合。开口钩织引拔针整理形状。主体的两端环形钩织短针。带子手指起针，编织双罗纹针，编织终点做下针织下针、上针织上针的伏针收针。参照组合方法，将主体和带子连在一起。

主人毛衫

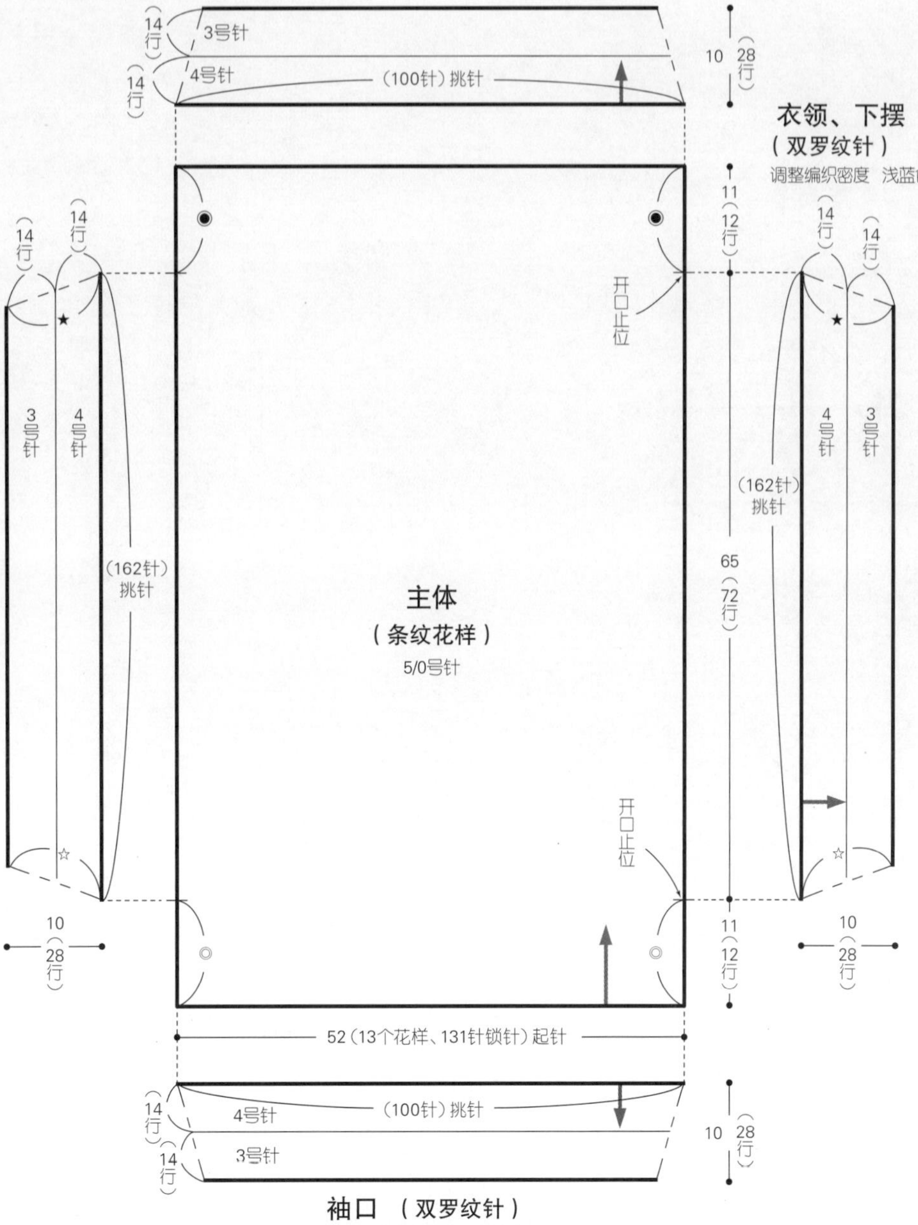

※ 分别对齐◉、◎相同标记处，钩织引拔针和锁针接合

※ ★、☆标记处分别连在一起钩织

双罗纹针

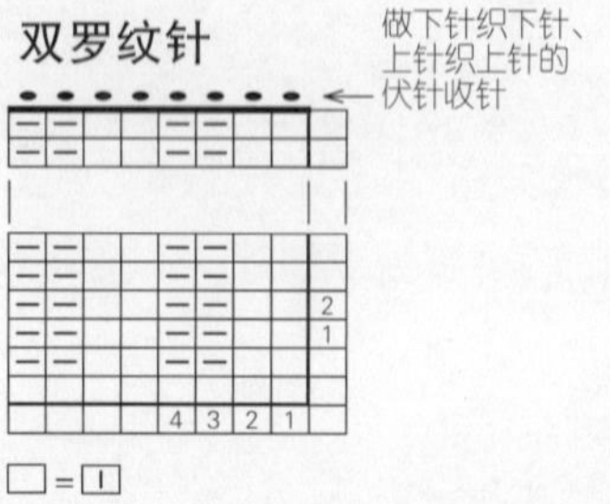

条纹花样

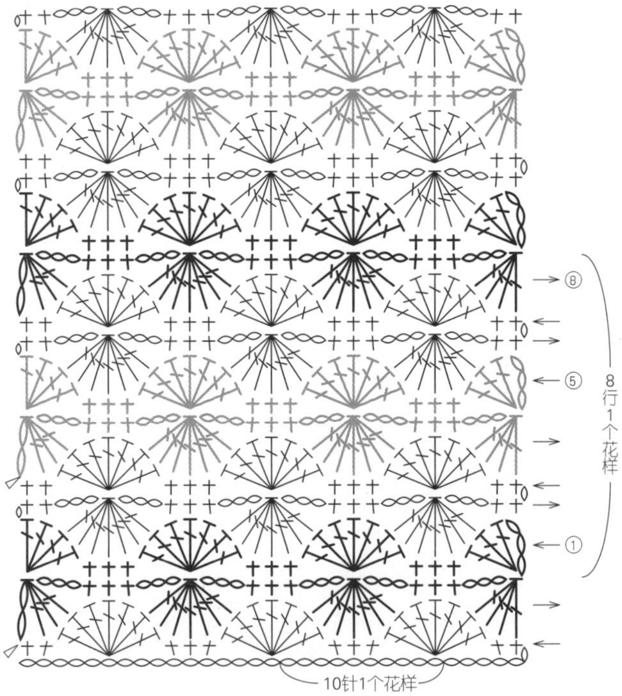

条纹花样的配色

	主人毛衫	狗狗围脖
——	浅蓝色	灰粉色
——	浅褐色	浅褐色
——	浅灰色	浅蓝色

狗狗围脖

主体
（条纹花样）
5/0号针

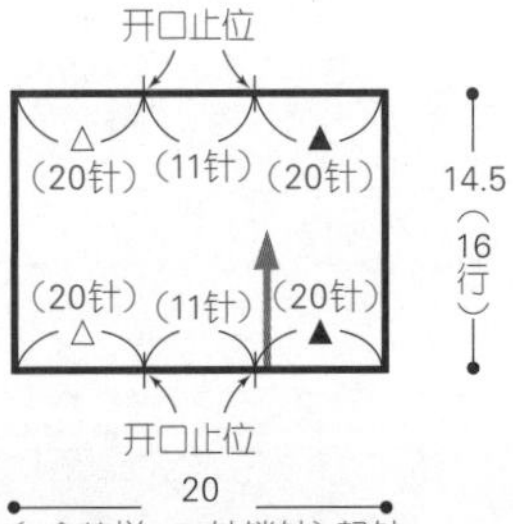

※ 分别对齐△、▲相同标记处，钩织引拔针和锁针接合

开口

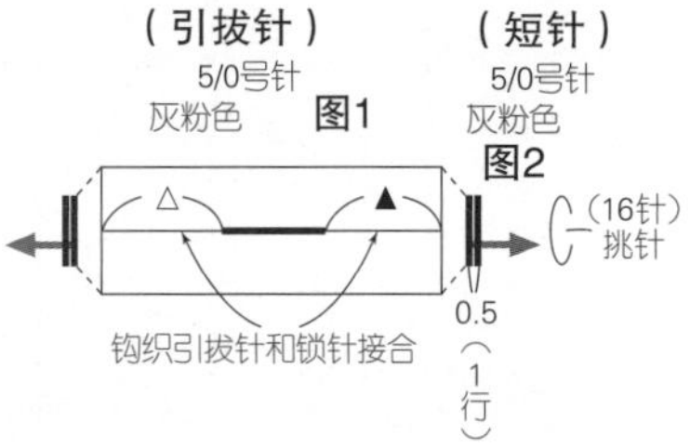

组合方法

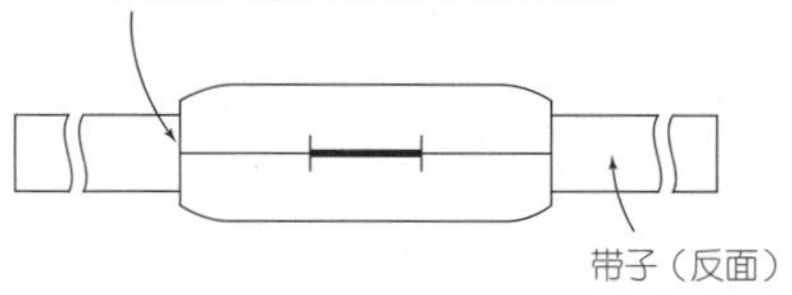

▷ = 加线
▶ = 剪线

图 1

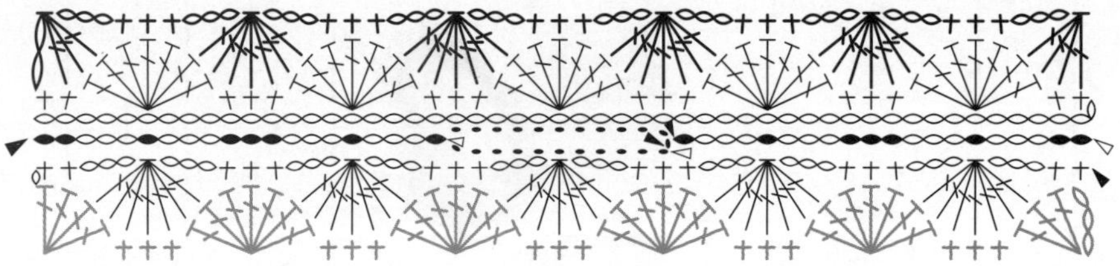

带子 2根

（双罗纹针）

3号针 灰粉色

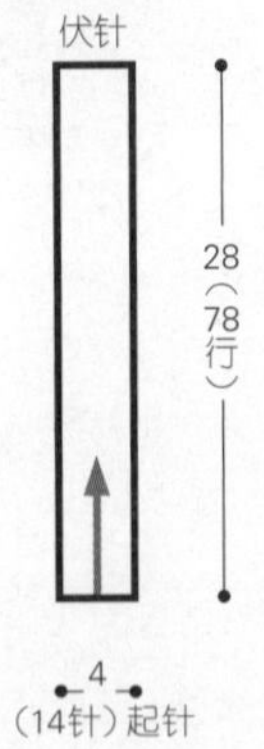

图2

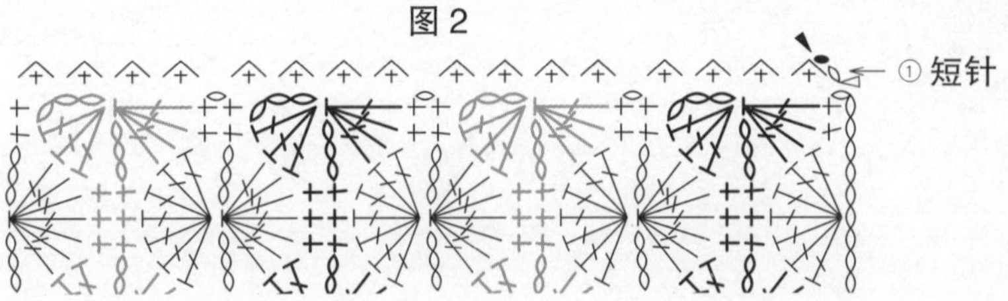

用钩针在棒针上起针

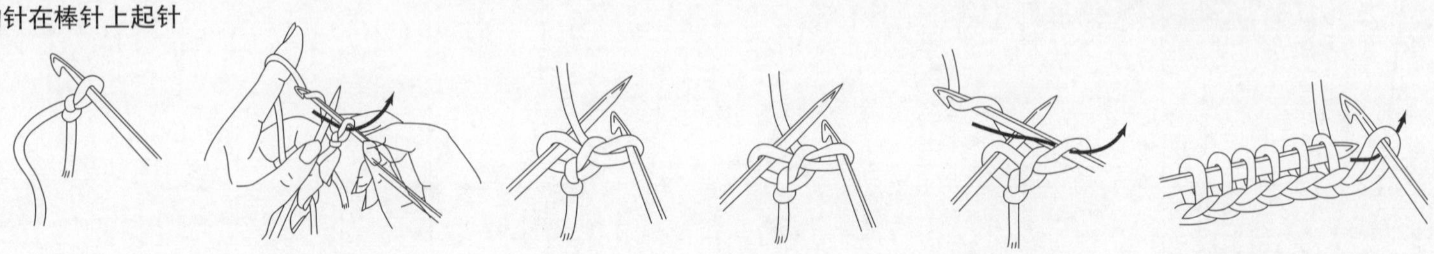

1 用钩针起好最初的锁针。

2 将1根棒针放在线的前面，直接钩织锁针。

3 第1针完成。

4 将线绕到棒针的后面。

5 挂线后拉出，第2针完成。重复步骤4、5。

6 比所需针数少起1针，最后一针是将钩针上的针目移至棒针上。

▶接146页

编织花样B

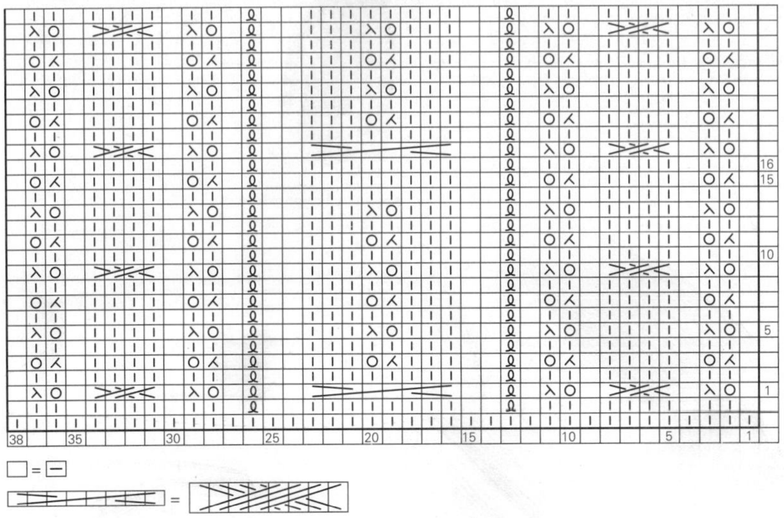

编织花样C

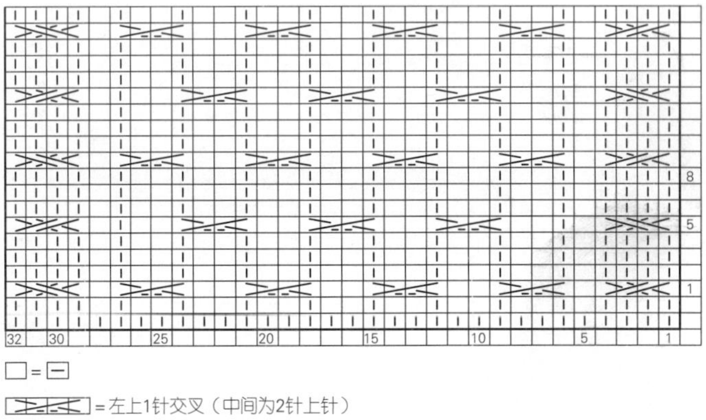

材料

手织屋 T Silk 绿色（12）325g，Silk Mohair Reina 绿色（03）105g

工具

棒针5号、4号

成品尺寸

胸围126cm，衣长60.5cm，连肩袖长53cm

编织密度

10cm×10cm面积内：编织花样A 26.5针，32行；编织花样C 28.5针，32行；下针编织21针，32行；编织花样B的1个花样18针6cm，10cm32行

编织要点

●身片、衣袖…身片手指挂线起针后，做双罗纹针、编织花样A、B、C和下针编织。加针请参照图示编织。后身片编织结束时，一边减针一边做伏针收针。前领窝减2针及以上时做伏针减针，减1针时立起侧边1针减针。肩部做盖针接合。衣袖从身片挑针后，做下针编织、编织花样A和双罗纹针。结束时做下针织下针、上针织上针的伏针收针。

●组合…领口挑取指定针数后，按编织花样A编织，结束时做伏针收针。胁部、袖下做挑针缝合。

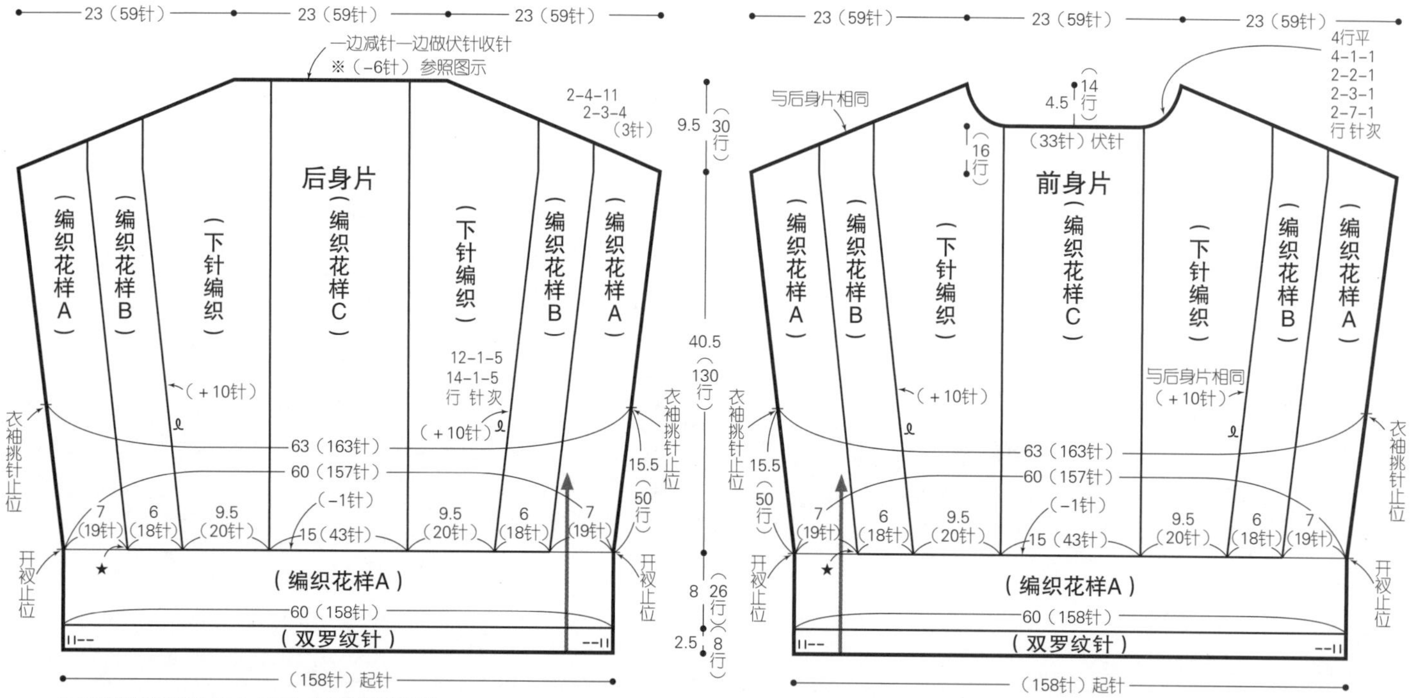

※ 全部用T Silk和Silk Mohair Reina各1根线合并编织

※ 除指定以外均用5号针编织

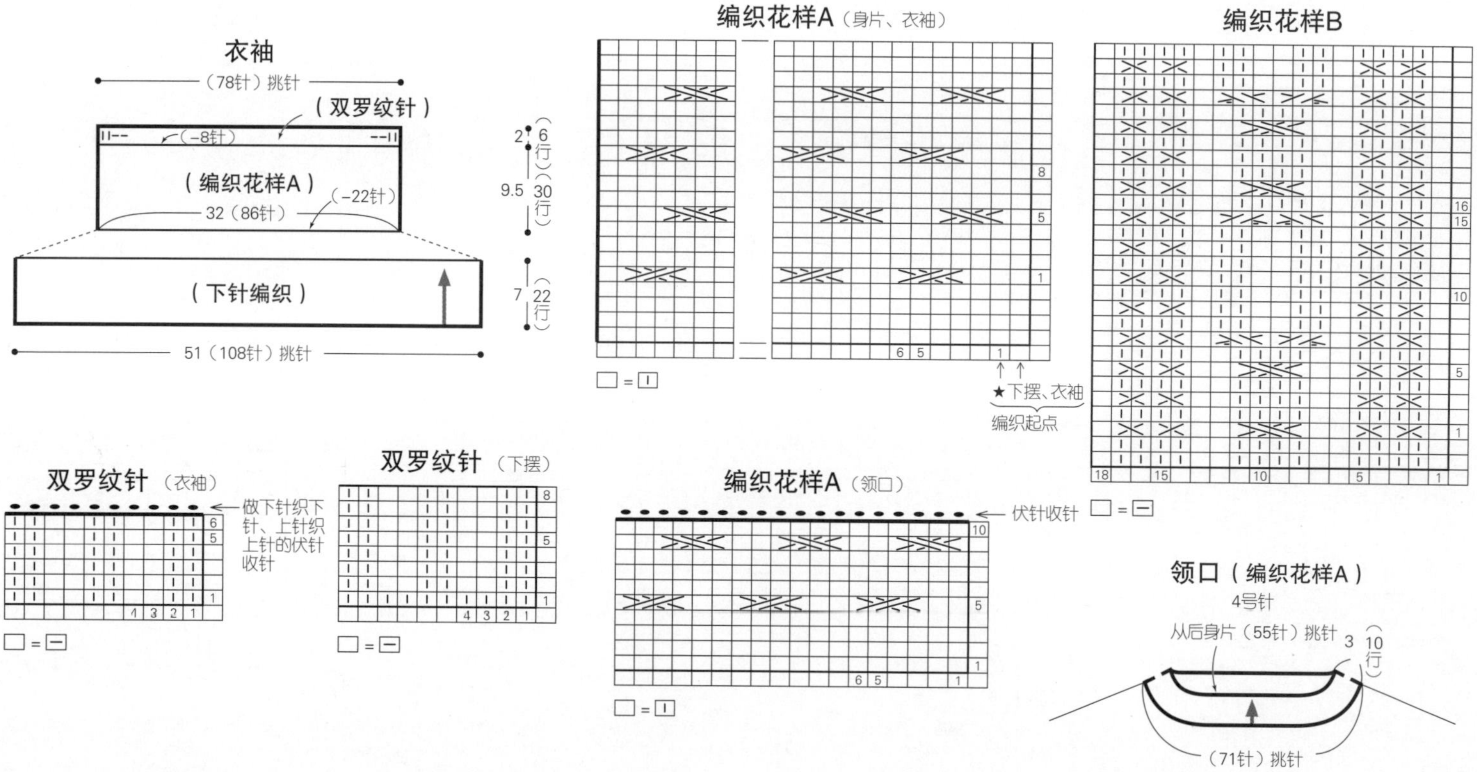

编织花样C

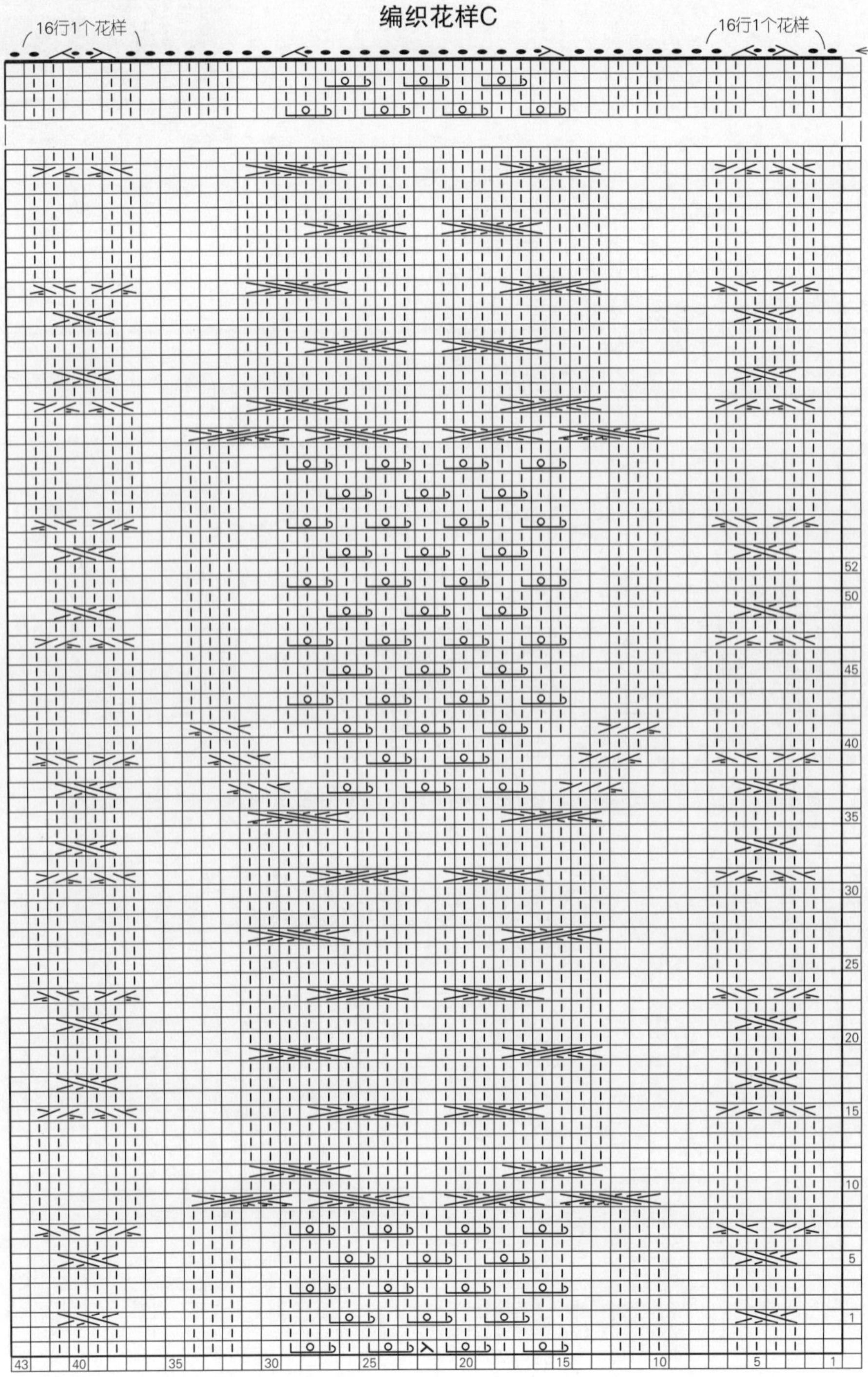

□ = ⊟

[symbol] = 穿过左针的盖针（3针的情况）
※ 编织方法请参照136页

身片的加针

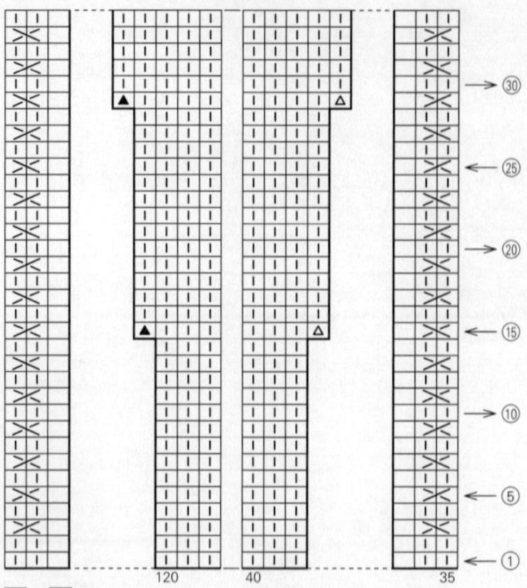

□ = ⊟

△ = 右扭加针

▲ = 左扭加针

※ 编织方法请参照82页

材料

手织屋 T Silk 米色(01) 280g

工具

棒针4号、3号

成品尺寸

胸围108cm，肩宽48cm，衣长49.5cm，袖长46cm

编织密度

10cm×10cm面积内：下针编织24针，35行；编织花样B 25针，35行；编织花样C 32针，35行；编织花样D 24针，38行

编织要点

●身片、衣袖…手指挂线起针后，按编织花样A开始编织。接下来，身片按下针编织、编织花样B、C、D和起伏针编织，衣袖按下针编织、编织花样A、B、D和起伏针编织。减2针及以上时做伏针减针，减1针时立起侧边1针减针。袖下的加针是在1针内侧做扭针加针。

●组合…肩部做盖针接合。领口挑取指定针数后，环形编织扭针的单罗纹针，结束时做单罗纹针收针。衣袖与身片之间做针与行的接合。胁部、袖下做挑针缝合。

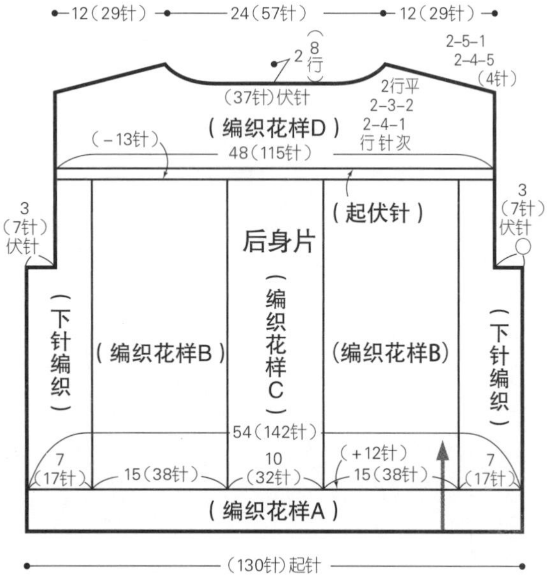

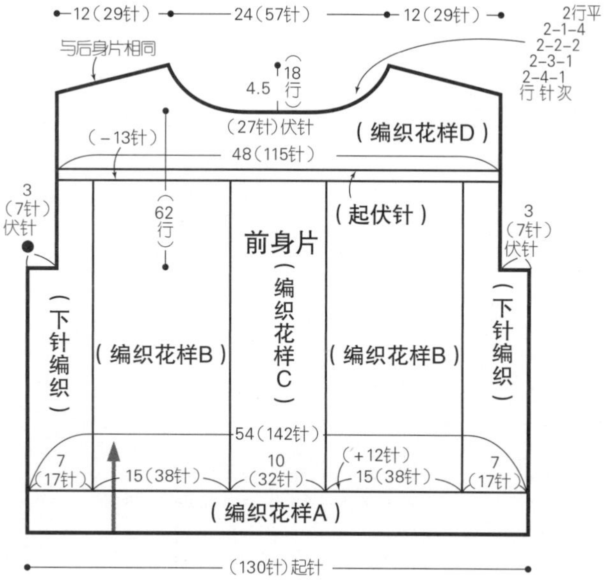

※ 除指定以外均用4号针编织

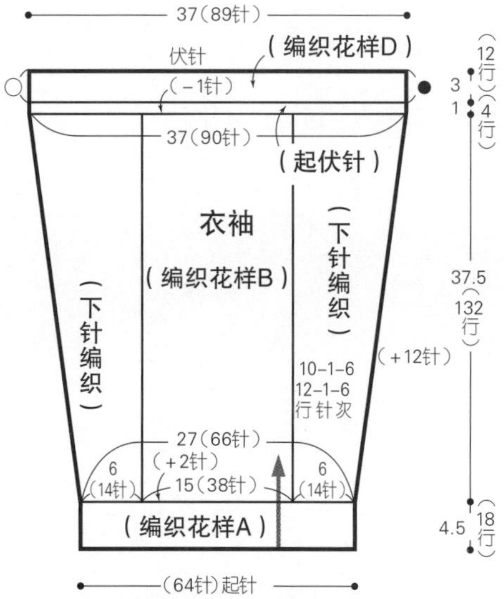

※ 对齐标记适用于右袖

领口

(扭针的单罗纹针) 3号针

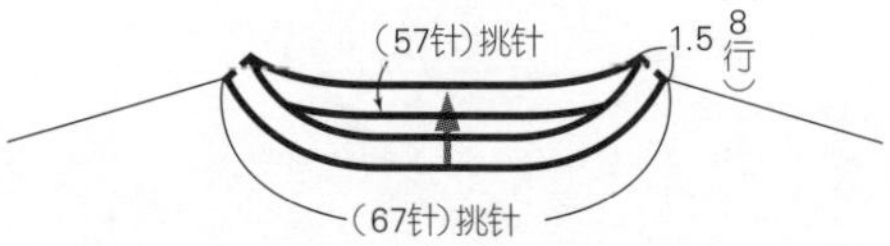

编织花样A

□=⊟

编织花样D

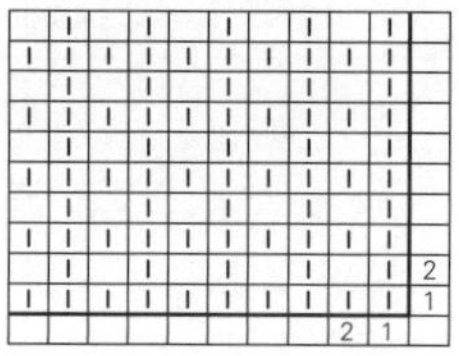

□=⊟

扭针的单罗纹针

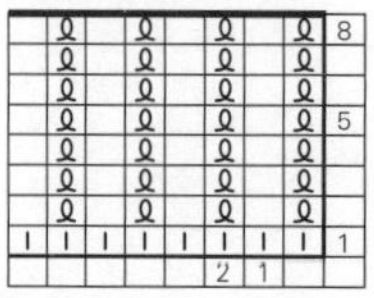

□=⊟

起伏针

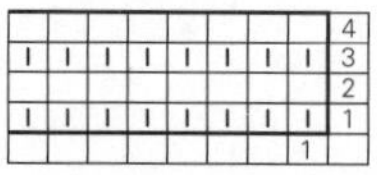

□=⊟

下转143页▶

材料

[女士款] 内藤商事 CABLÈ 2005 原白色(80) 280g/6团

[男士款] 内藤商事 Baby Love 藏青色(1619) 370g/8团

工具

[女士款] 棒针5号、3号

[男士款] 棒针6号、4号

成品尺寸

[女士款] 胸围100cm，肩宽40cm，衣长60cm

[男士款] 胸围114cm，肩宽46cm，衣长65.5cm

编织密度

[女士款] 10cm×10cm面积内：编织花样A、A'、A" 均为23针，27行；编织花样B 26针，27行

[男士款] 10cm×10cm面积内：编织花样A、A'、A" 均为20针，25行；编织花样B 23针，25行

编织要点

●身片…另线锁针起针后开始编织。后身片按编织花样A、A'、A" 编织，前身片按编织花样A'、A"、B编织。减2针及以上时做伏针减针，减1针时立起侧边1针减针。

●组合…肩部做盖针接合，胁部做挑针缝合。下摆解开起针时的锁针挑取针目后，一边减针一边环形编织边缘。结束时做扭针的单罗纹针收针。领口、袖口挑取指定针数后编织扭针的单罗纹针。V领尖的减针请参照图示编织。编织终点与下摆的处理方法相同。

58、59页的作品 ★★★

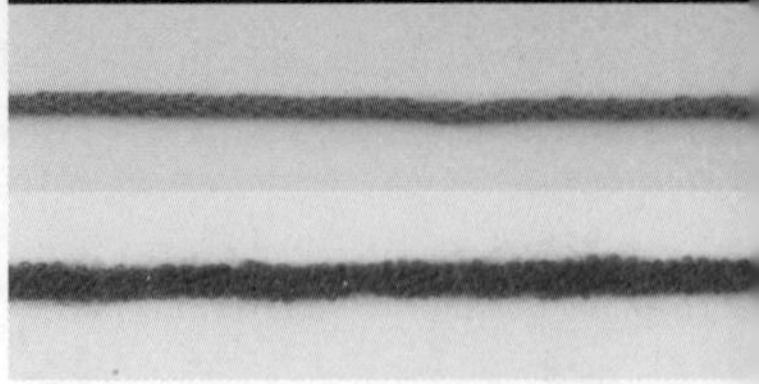

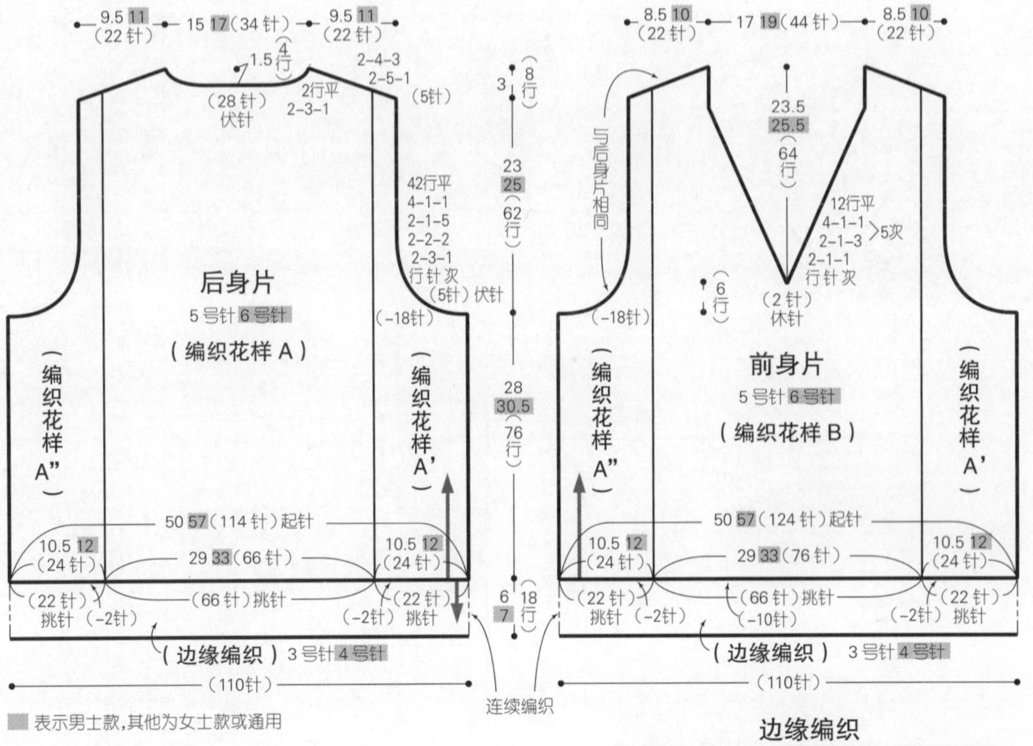

编织花样A

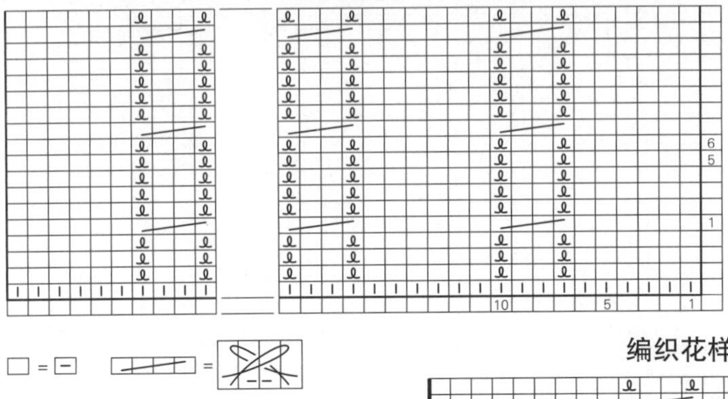

边缘编织

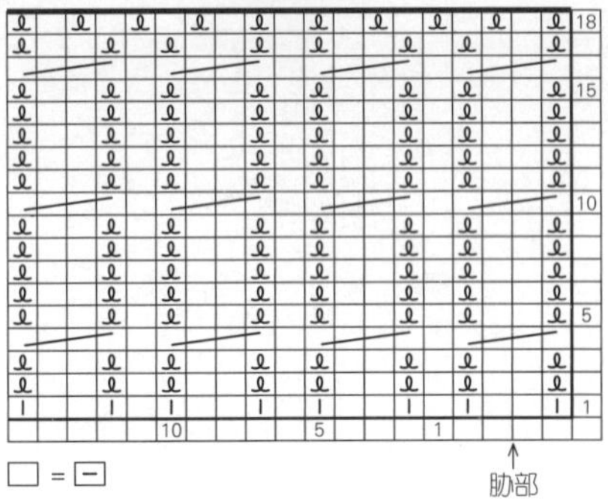

编织花样A"

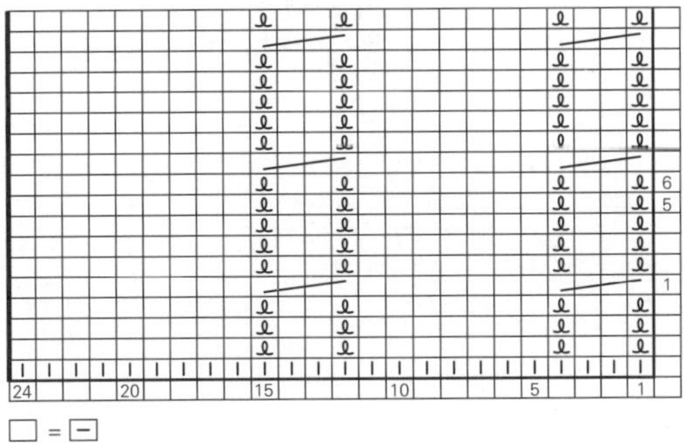

编织花样A'

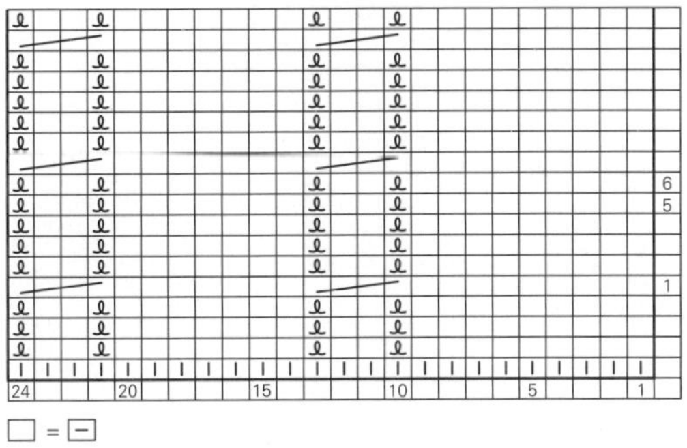

领口、袖口（扭针的单罗纹针）

3号针 4号针

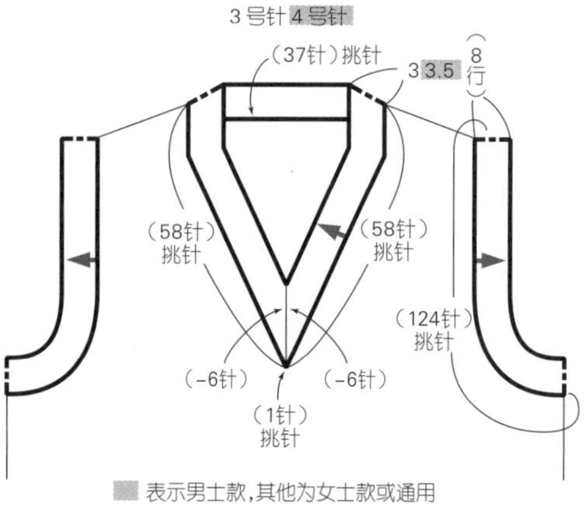

表示男士款，其他为女士款或通用

V领尖的编织方法

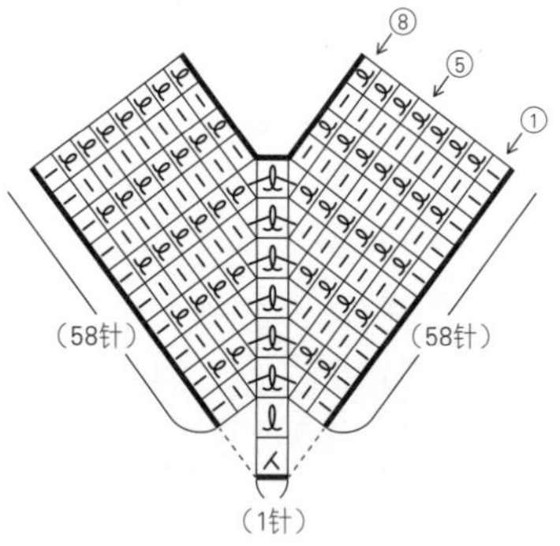

=扭针的中上3针并1针

扭针的单罗纹针

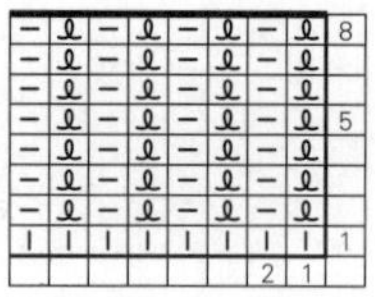

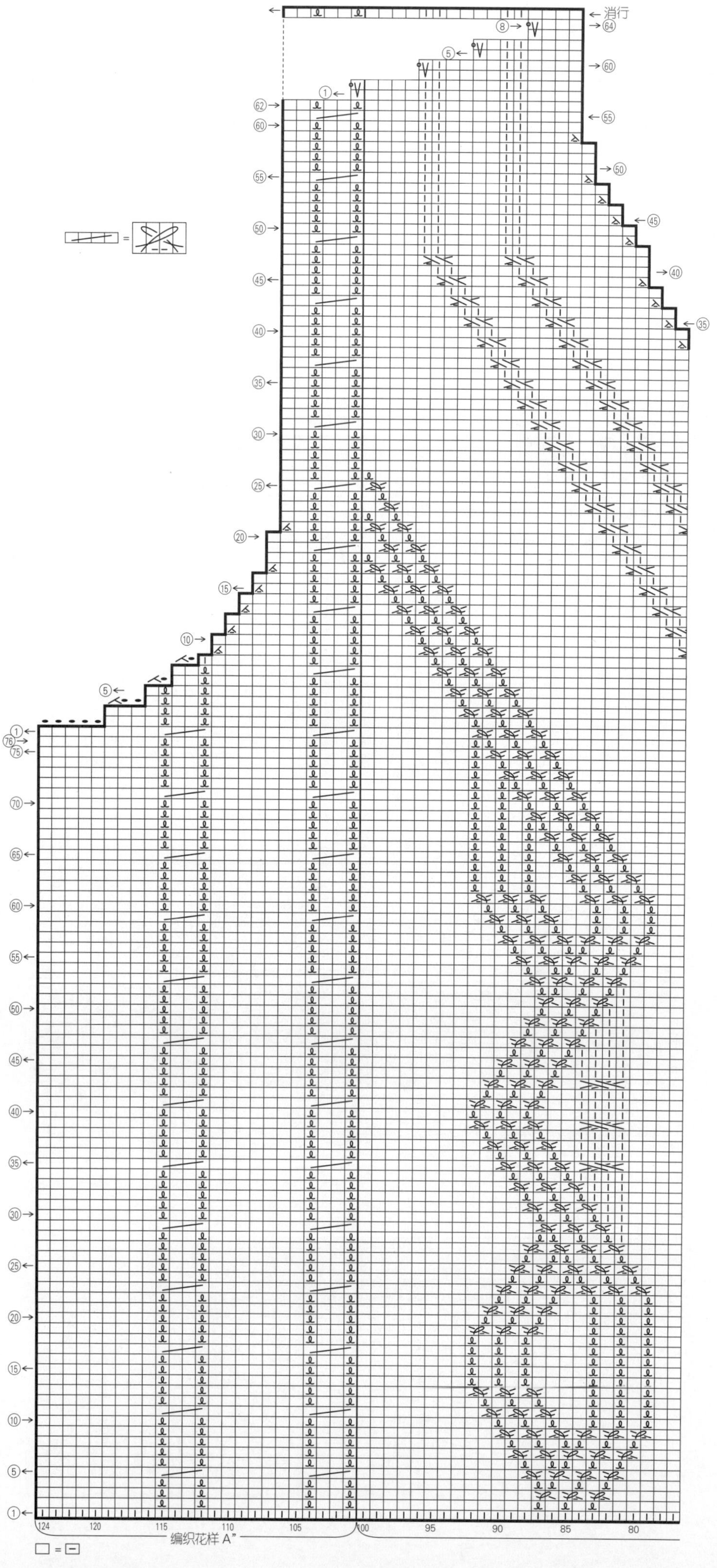

□ = ⊟

前身片的编织方法

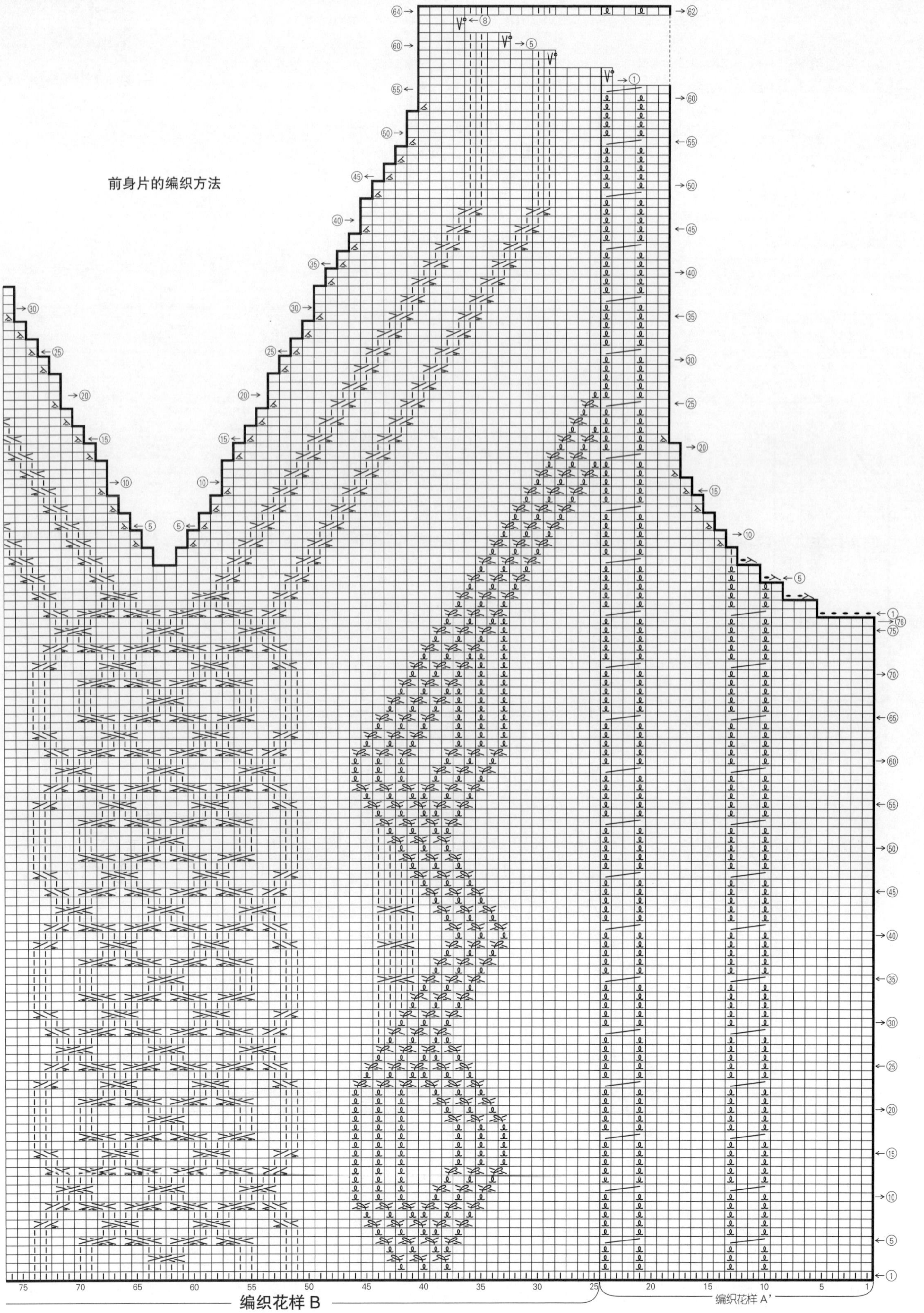

材料

内藤商事 Antares 蓝色(18) 530g/11团

工具

棒针5号、3号

成品尺寸

胸围108cm，衣长67.5cm，连肩袖长76cm

编织密度

10cm×10cm面积内：下针编织22.5针，32行；编织花样B 28针，32行；编织花样A、A'的1个花样15针4.5cm，10cm32行

编织要点

●身片、衣袖…另线锁针起针后开始编织。身片做下针编织和编织花样A、B、A'，衣袖做下针编织和编织花样B。腋下的针目编织伏针，插肩线的减针是立起侧边2针减针。领窝减2针及以上时做伏针减针，减1针时立起侧边1针减针。袖下的加针是在1针内侧做扭针加针。

●组合…插肩线、胁部、袖下做挑针缝合，腋下的针目做下针无缝缝合。下摆、袖口解开起针时的锁针挑取针目后，环形编织单罗纹针，结束时做单罗纹针收针。领口挑取指定针数后环形编织单罗纹针，编织终点与下摆的处理方法相同。

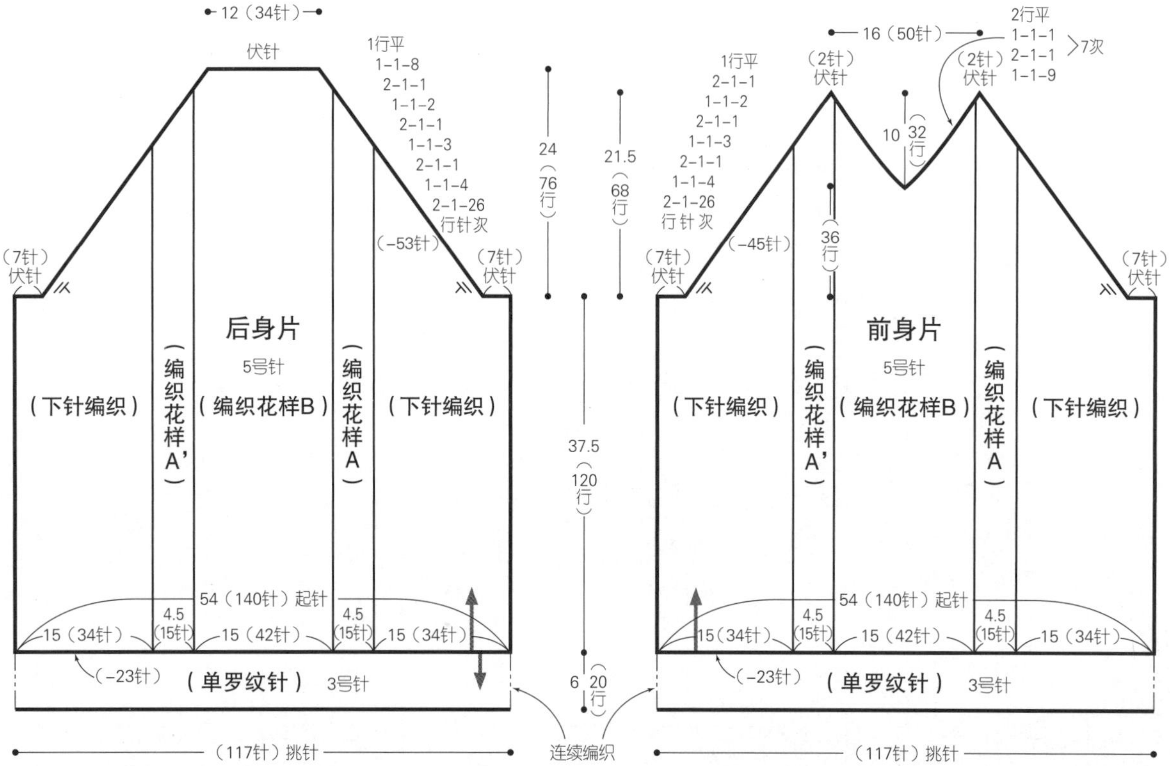

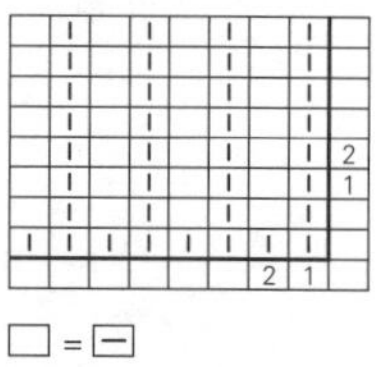

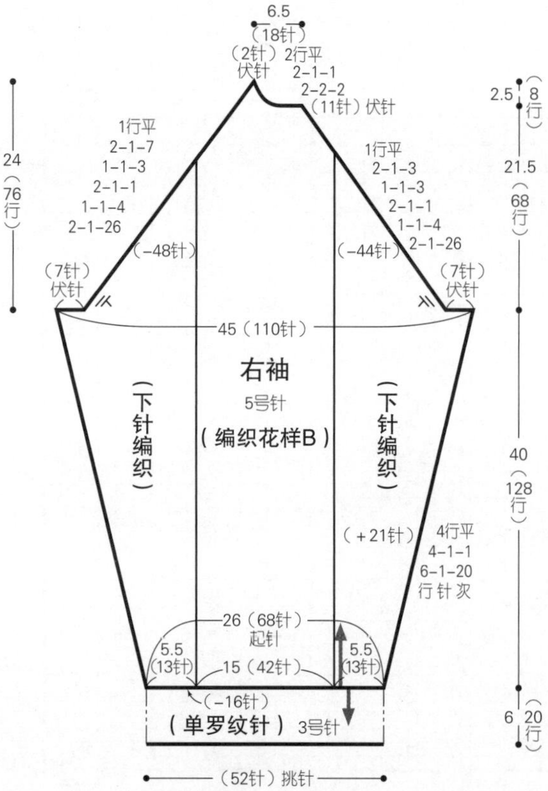

※ 对称编织左袖

编织花样A'

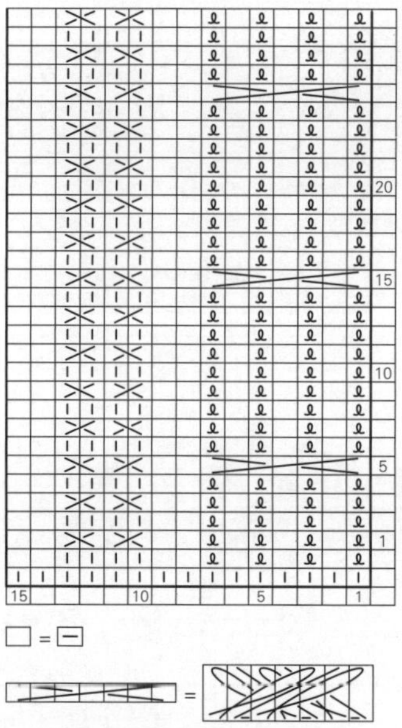

将前4针移至麻花针上，放在织物的后面，在后3针里编织"扭针、上针、扭针"，接着在麻花针上的针目里编织"上针、扭针、上针、扭针"

编织花样A

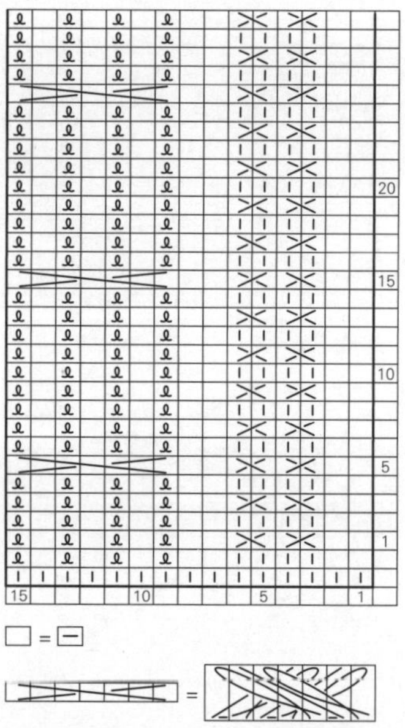

将前3针移至麻花针上，放在织物的前面，在后4针里编织"扭针、上针、扭针、上针"，接着在麻花针上的针目里编织"扭针、上针、扭针"

编织花样B

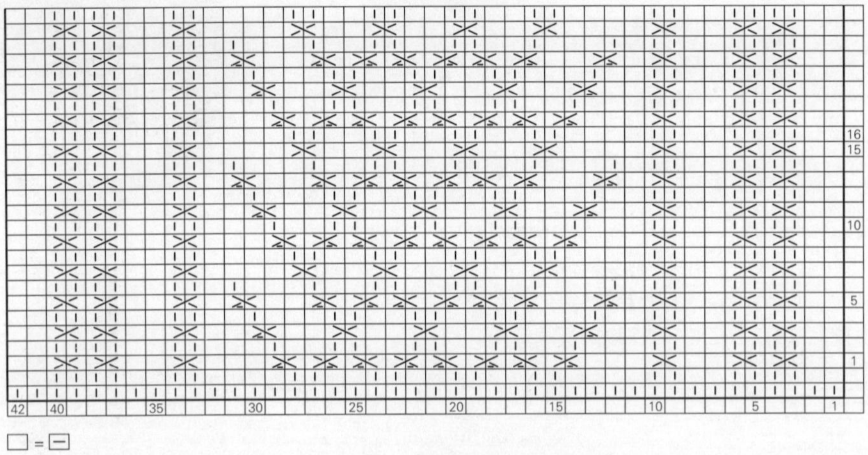

领口（单罗纹针）

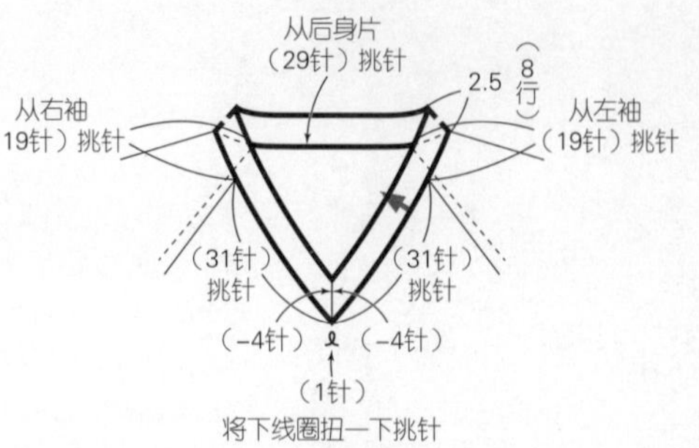

V领尖的编织方法

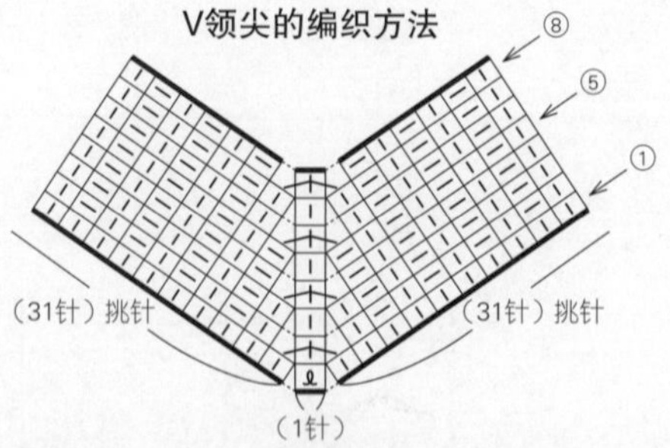

插肩线的减针（身片）

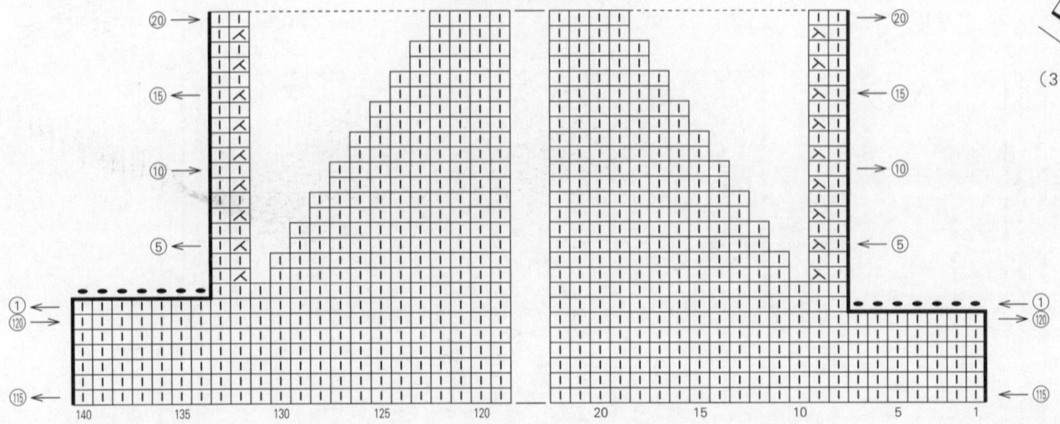

插肩线与前领窝的减针

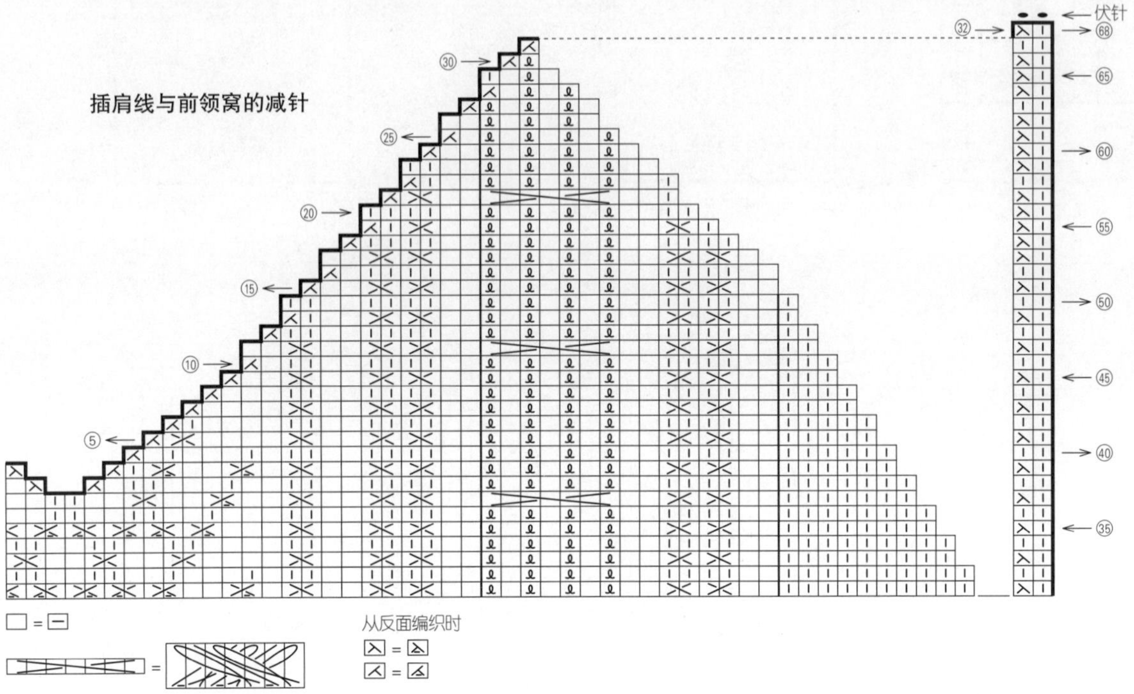

领窝的减针（左袖）

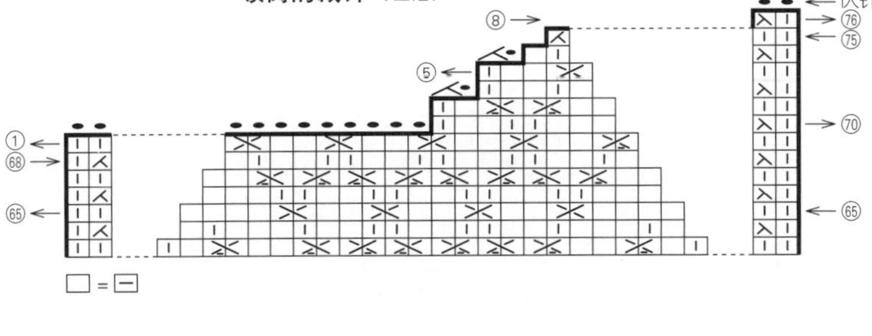

领窝的减针（右袖）

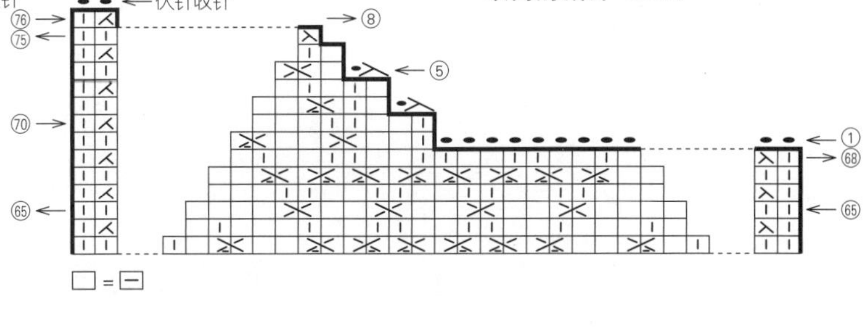

材料

达摩手编线 Knitting Cotton 浅灰色(8) 365g/8团,直径22mm的纽扣 1颗

工具

棒针6号、5号

成品尺寸

胸围100cm,肩宽39cm,衣长60cm

编织密度

10cm×10cm面积内:编织花样A、A' 均为22针,27行;B、B' 的1个花样12针4cm;编织花样C的1个花样7针3cm;编织花样D、D' 的1个花样9针3cm;编织花样E、E' 的1个花样17针6cm;编织花样A、A'、B、B'、C、D、D'、E、E' 均为10cm 27行

编织要点

●身片…手指挂线起针后,按单罗纹针和编织花样编织。注意编织花样C、D、D' 的1个花样在不同行的针数有所变化。袖窿和后领窝减2针及以上时做伏针减针,减1针时立起侧边1针减针。前门襟的加减针、左前门襟的扣眼、前领窝的减针请参照图示编织。

●组合…肩部留出前领的针目后做盖针接合,胁部做挑针缝合。后领、袖口挑取指定针数后编织单罗纹针,结束时做单罗纹针收针。后领和前领做针与行的接合。最后缝上纽扣。

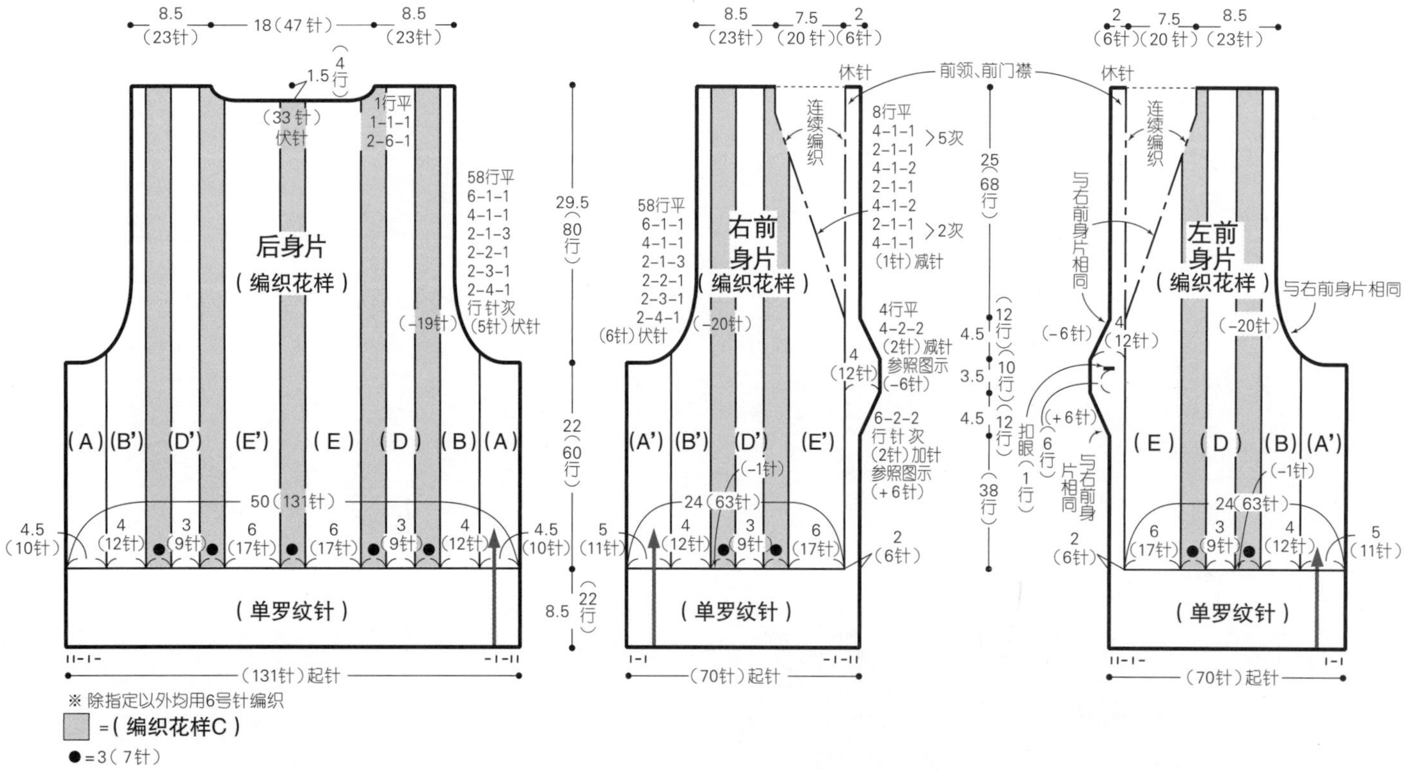

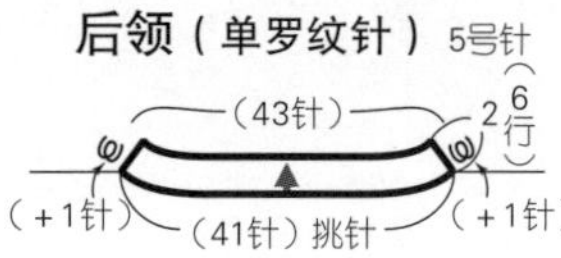

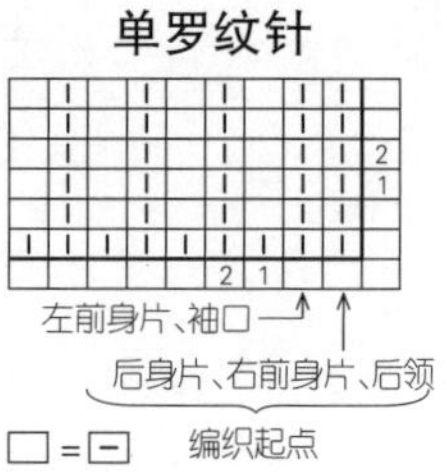

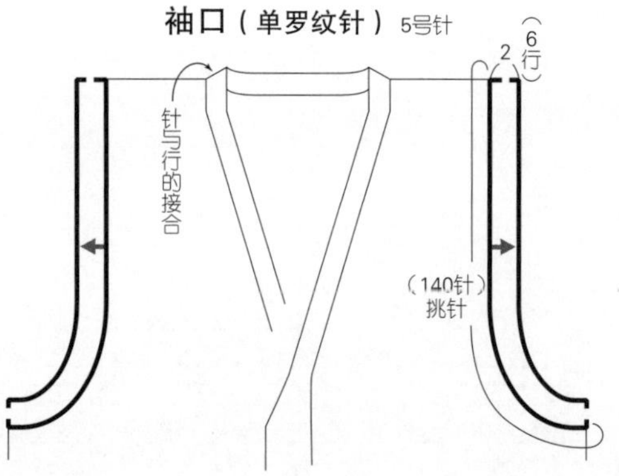

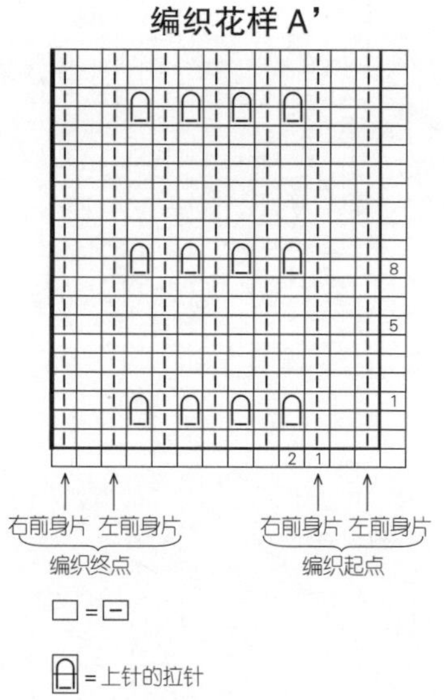

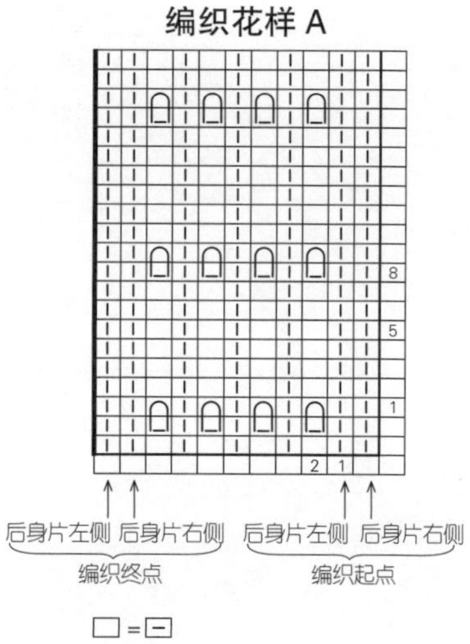

编织花样 B

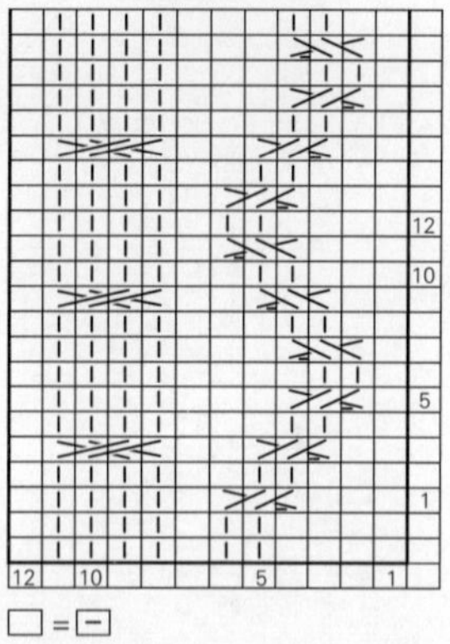

编织花样 B'

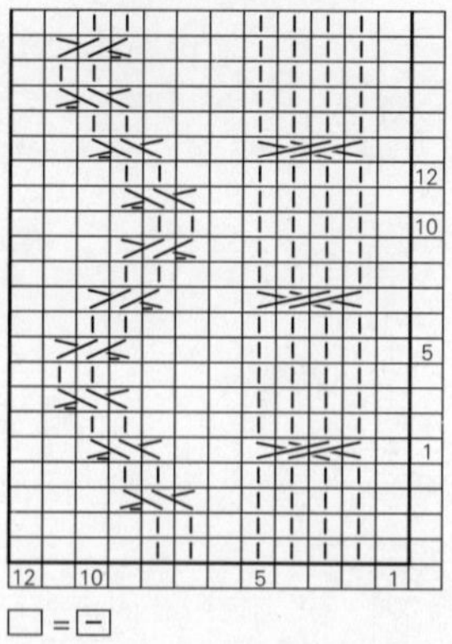

编织花样 E

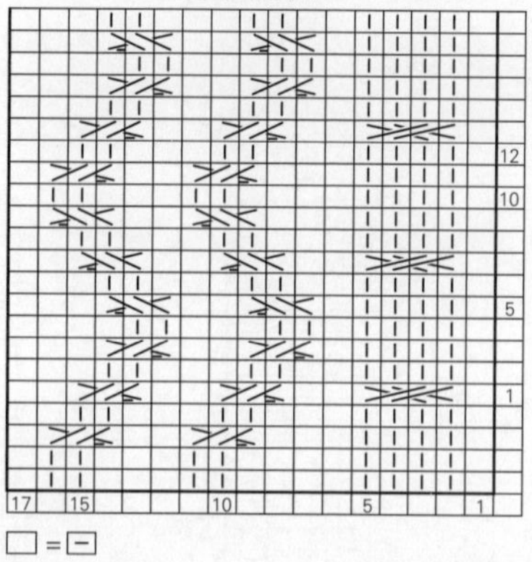

编织花样 E'

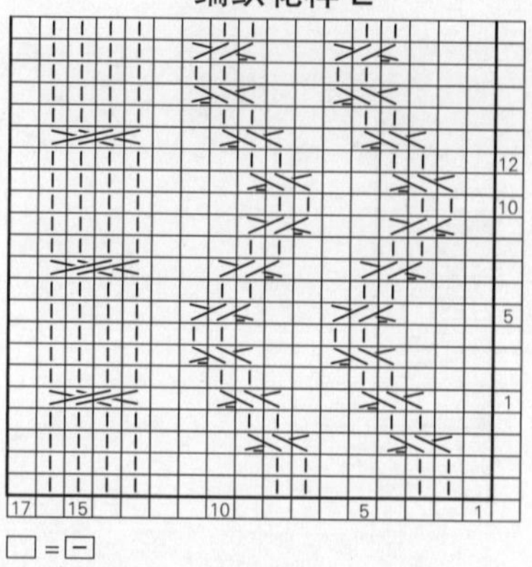

右前门襟的加减针

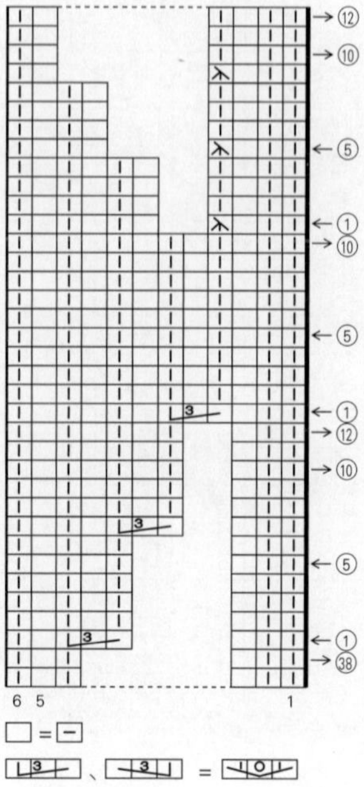

扣眼（左前身片）

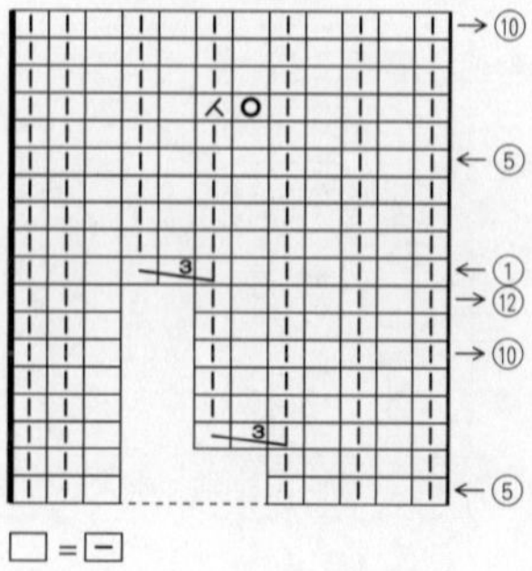

编织花样 D

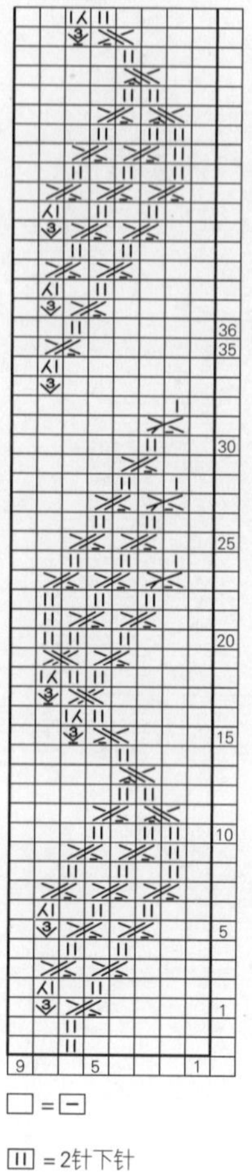

编织花样 D'

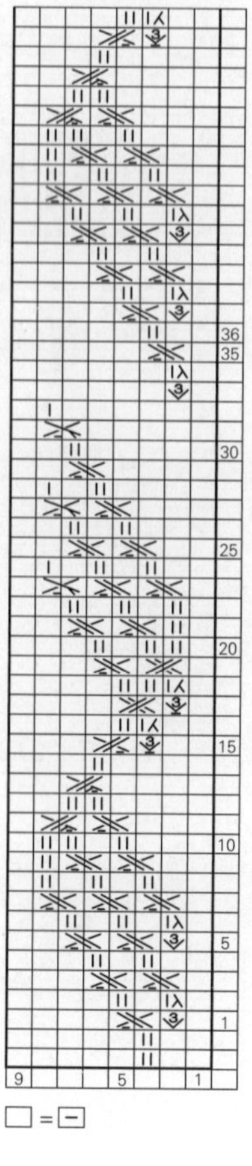

编织花样 C

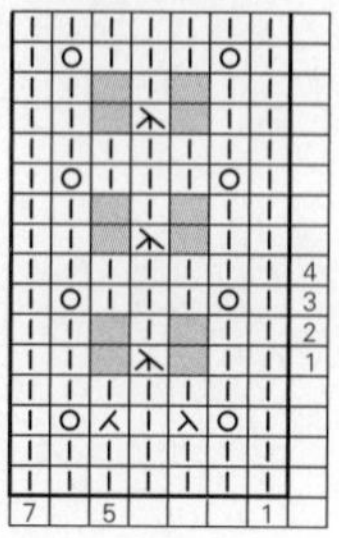

= 没有针目部分

后领窝的减针

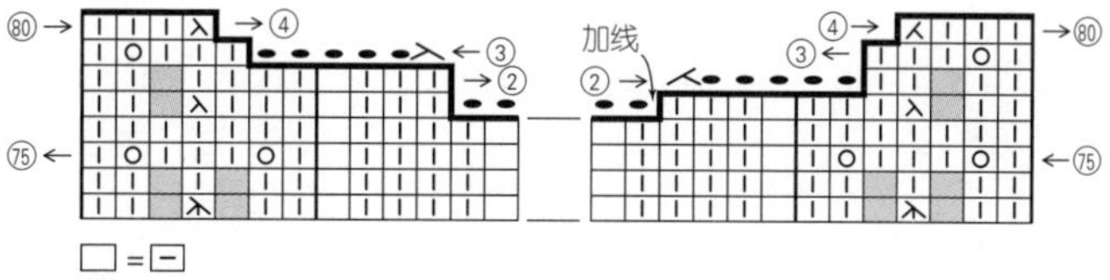

= 没有针目部分

= 2针下针

= 1针下针，挂针，1针下针

= 1针上针，挂针，1针上针

= 左上2针与1针的交叉（下侧为上针）

= 右上2针与1针的交叉（下侧为上针）

= 右上2针与1针的交叉（下侧为上针的左上2针并1针）

= 左上2针与1针的交叉（下侧为上针的右上2针并1针）

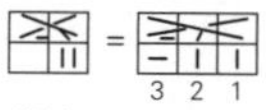

将针目1、2移至麻花针上，放在织物的前面，
在针目3里编织上针，
在移至麻花针上的2针里编织左上2针并1针

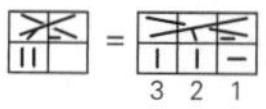

将针目1移至麻花针上，放在织物的后面，
在针目2、3里编织右上2针并1针，
在移至麻花针上的针目里编织上针

右前领窝的减针

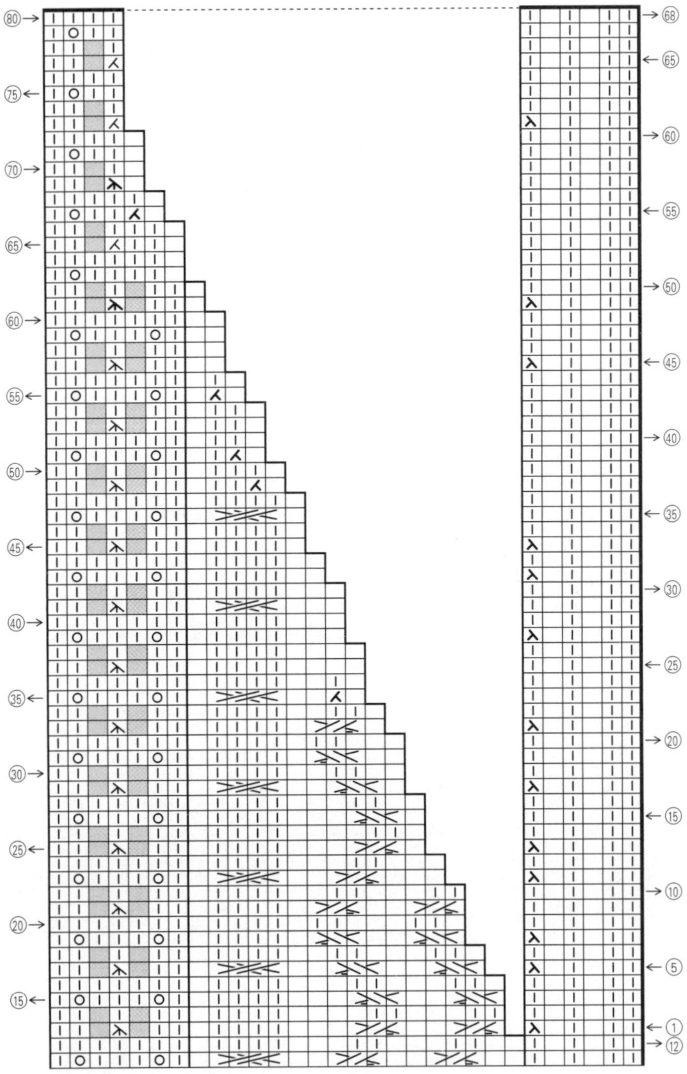

□ = ⊟

■ = 没有针目部分

左前领窝的减针

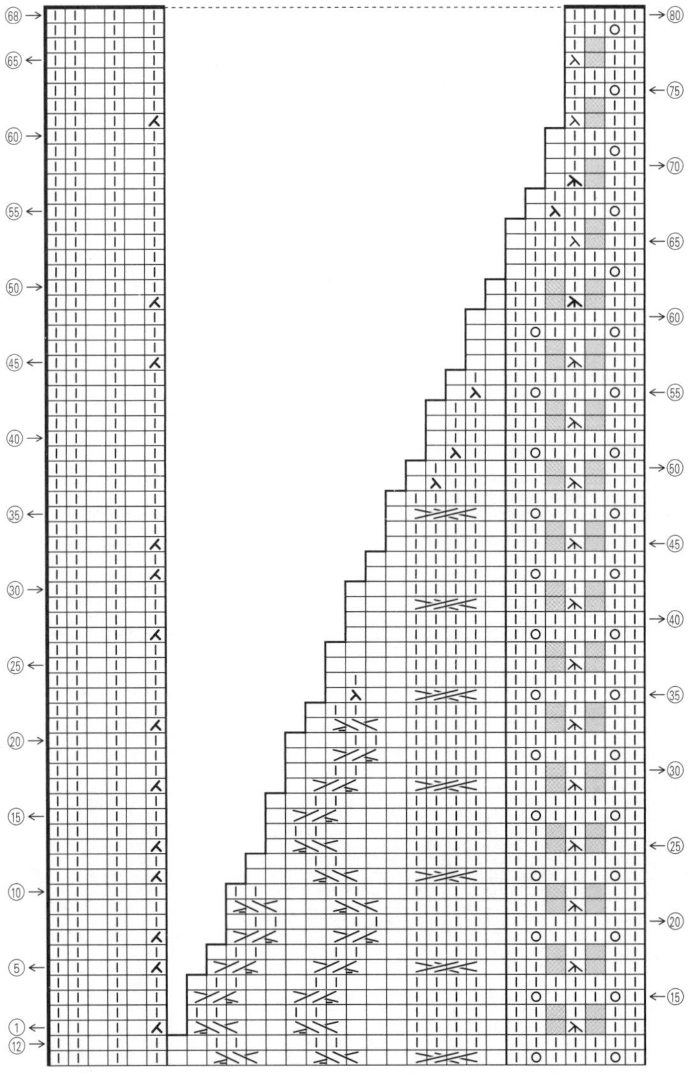

□ = ⊟

■ = 没有针目部分

长针

1 针头挂线，将针插入前一行的竖针，挂线后拉出。

2 再次挂线，一次引拔穿过针头的2个线圈。

3 长针完成。

锁针花

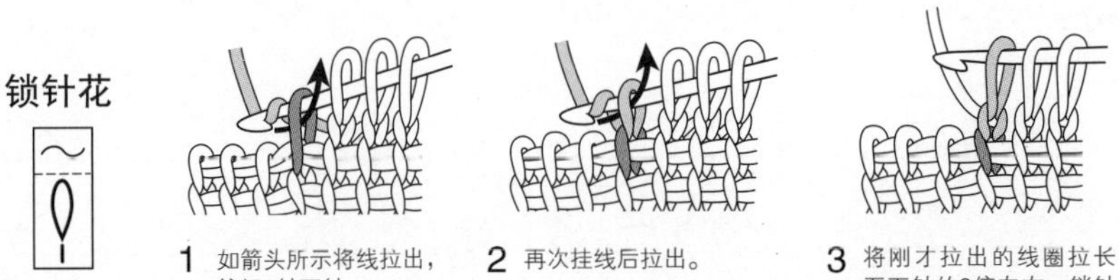

1 如箭头所示将线拉出，编织1针下针。

2 再次挂线后拉出。

3 将刚才拉出的线圈拉长至下针的2倍左右。锁针花完成。

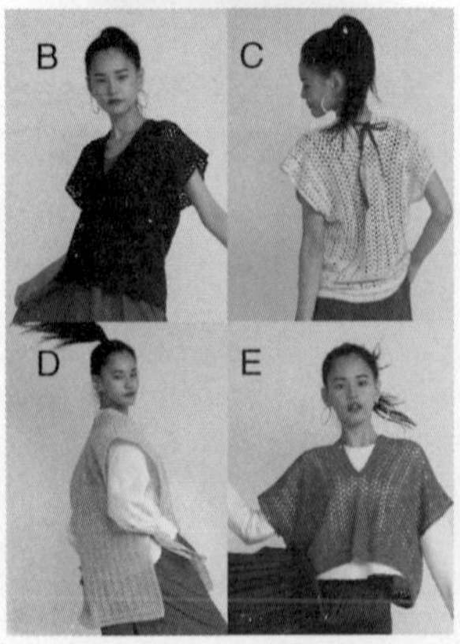

材料

奥林巴斯 Honnete

[A] 蓝绿色（110）620g/18团

[B] 藏青色（108）395g/12团

[C] 原白色（101）395g/12团

[D] 浅灰色（102）620g/18团

[E] 棕色（105）375g/11团

工具

钩针5/0号

成品尺寸

[A、D] 衣长79.5cm，连肩袖长27.5cm

[B、C] 胸围100cm，衣长59.5cm，连肩袖长26.5cm

[E] 胸围130cm，衣长44.5cm，连肩袖长34cm

编织密度

10cm×10cm面积内：编织花样A 31.5针，15行

编织要点

●通用…锁针起针后，按编织花样A开始钩织。肩部钩织引拔针和锁针接合。下摆和领口按边缘编织A钩织。领口的两侧与身片之间做卷针缝缝合。

●[A、D]…胁部将前、后身片连起来钩织边缘编织B。最后钩织系带，缝在指定位置。

●[B、C、E]…胁部钩织引拔针和锁针接合。袖口按边缘编织C环形钩织。

A、D

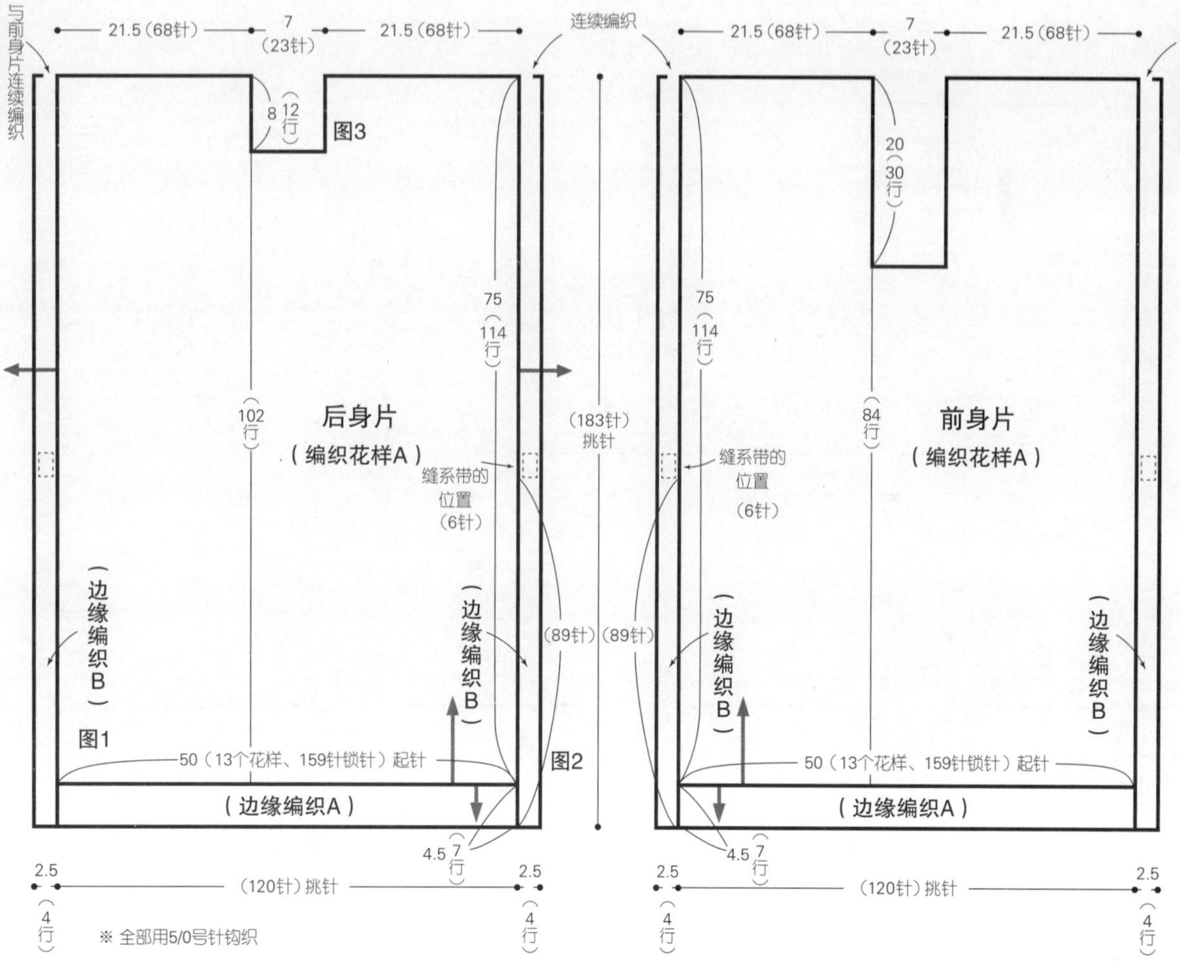

领口（A、D、E）
（边缘编织A）

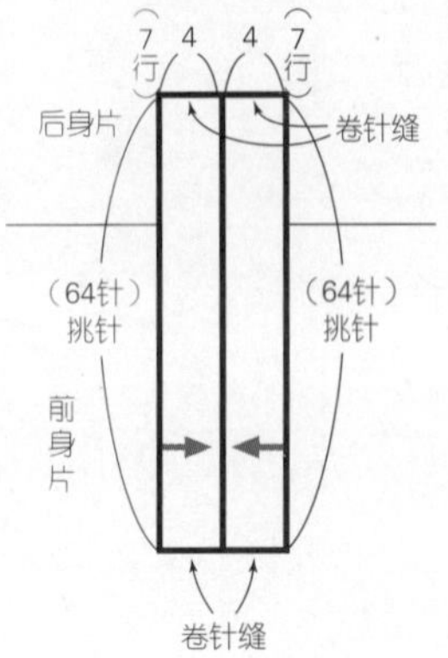

边缘编织B

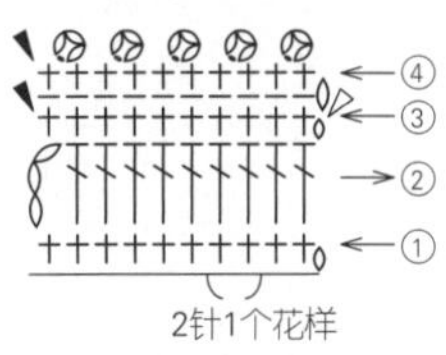

± = 短针的条纹针

※ 钩织方法请参照167页

编织花样B

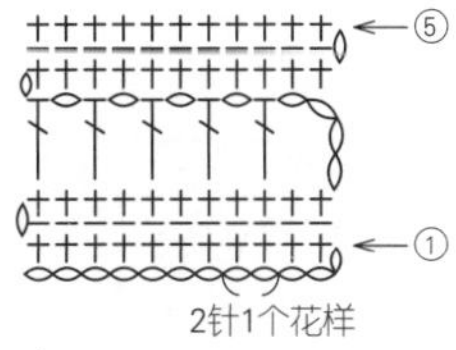

± = 短针的条纹针

系带（编织花样B）4条

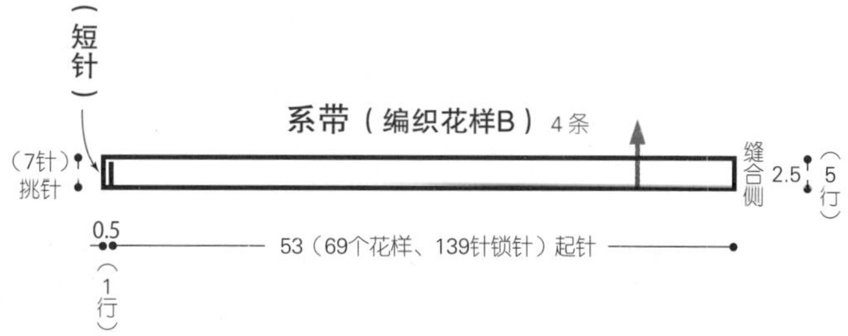

短针

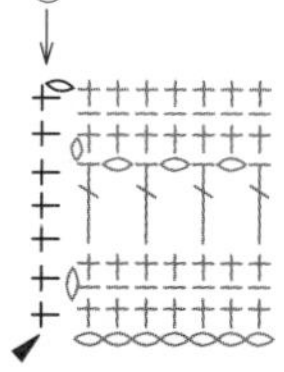

▷ = 加线

◀ = 剪线

编织花样A

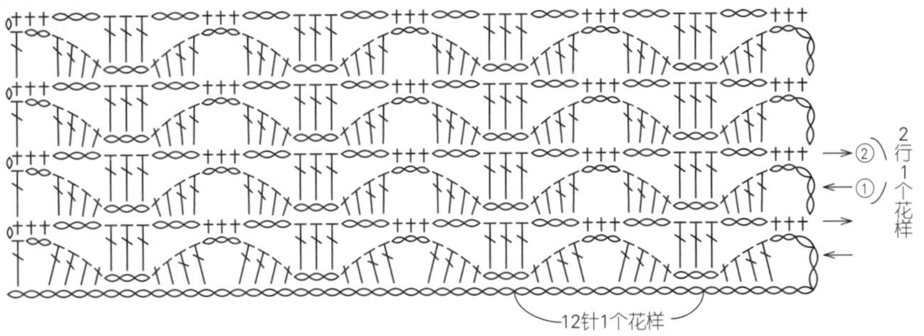

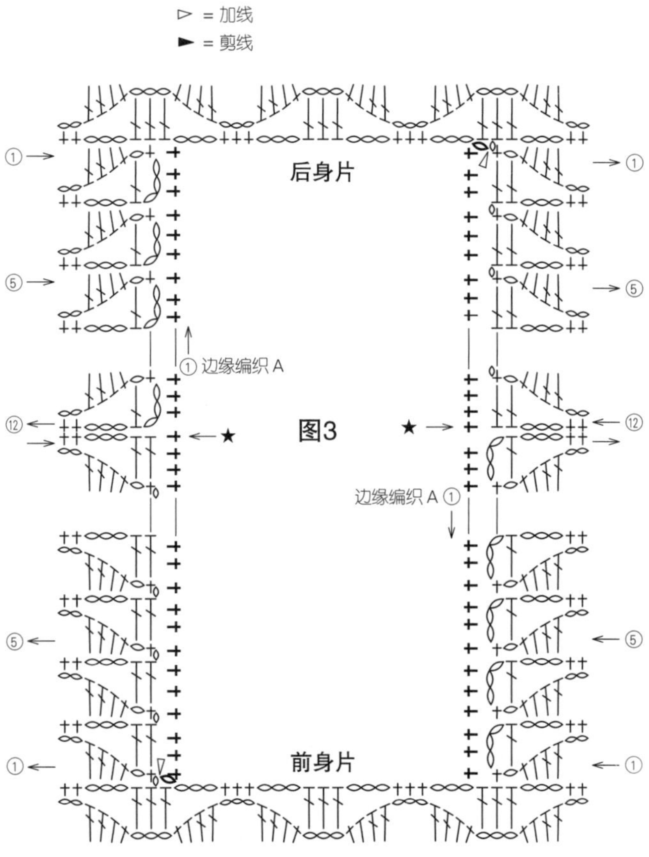

※ ★处的针目只有作品A、D、E需要挑针

图2 胁部

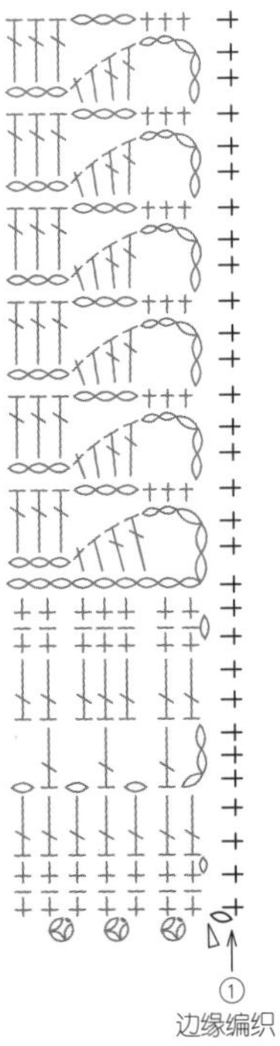

边缘编织A

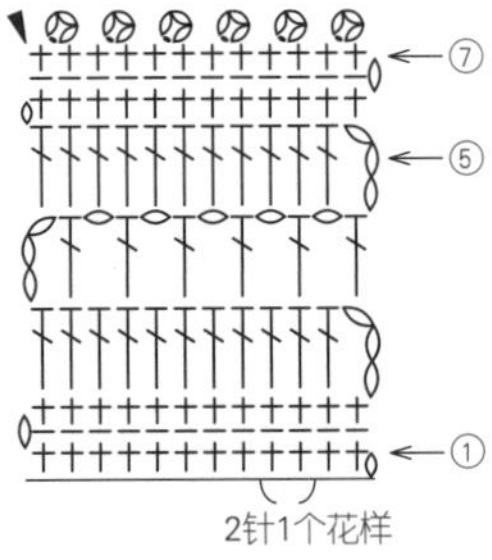

± = 短针的条纹针

图1 下摆

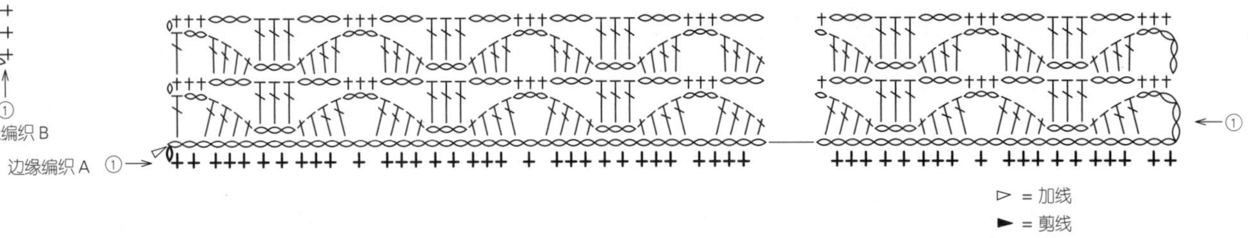

B、C

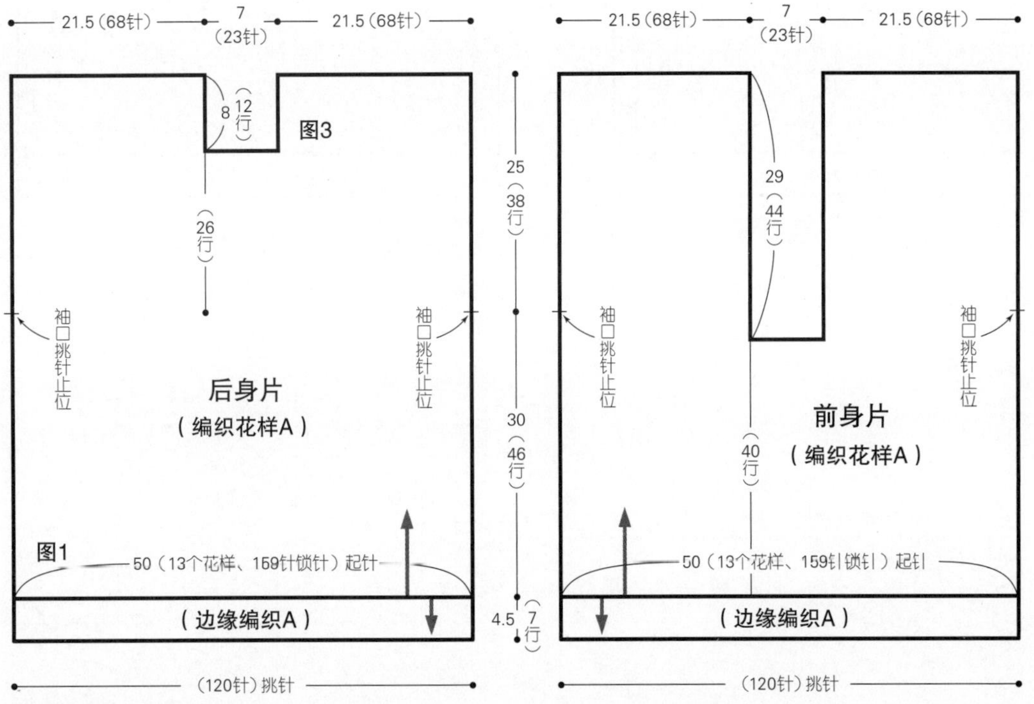

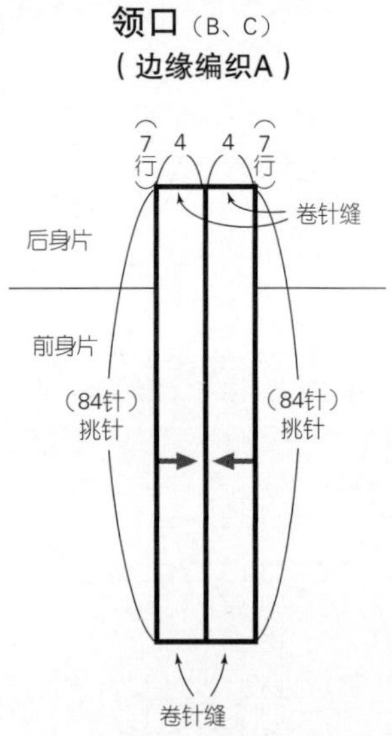

※ 全部用5/0号针钩织

袖口（B、C）（边缘编织C）

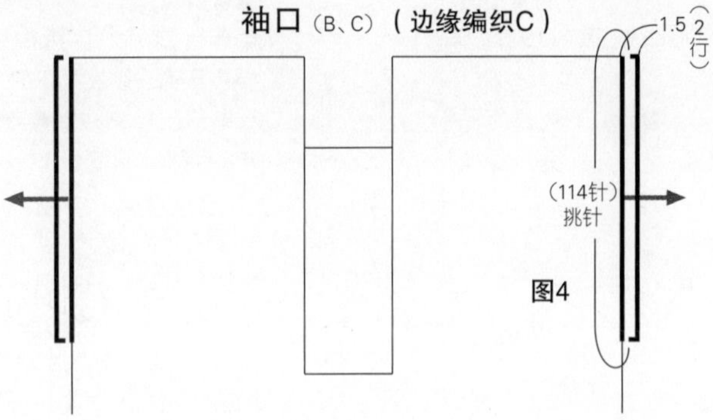

边缘编织C

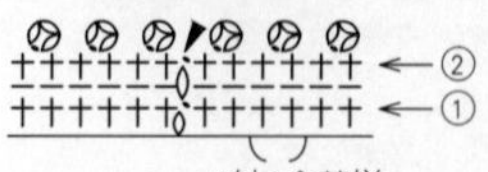

± = 短针的条纹针

E

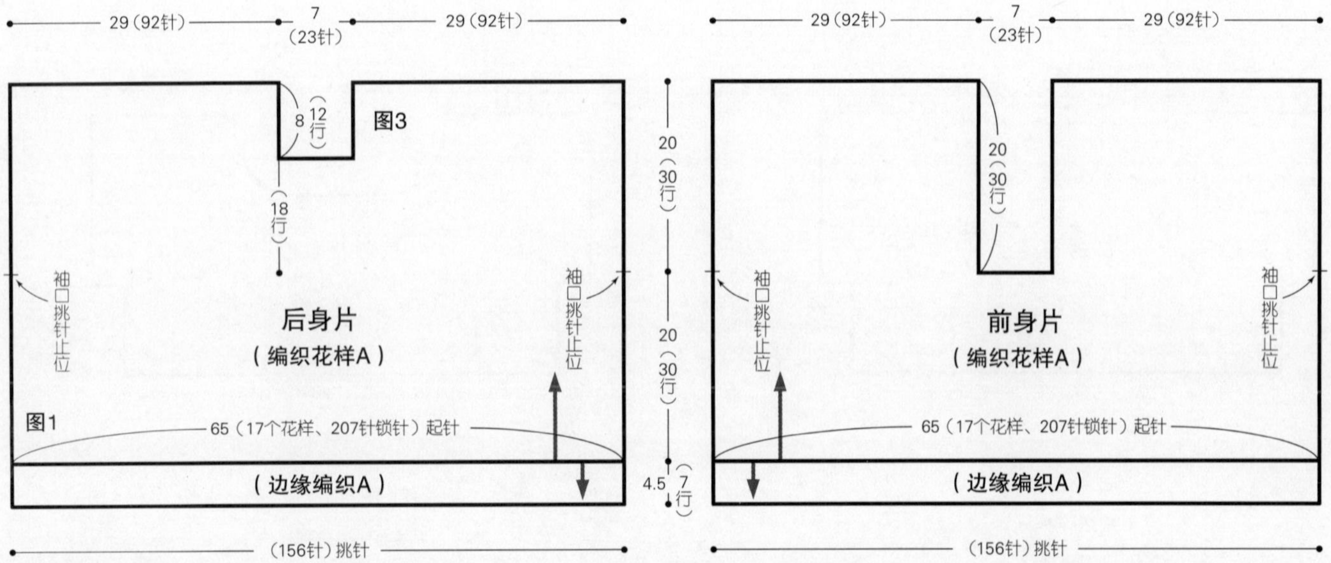

※ 全部用5/0号针钩织

※ 领口请参照155页

袖口（E）（边缘编织C）

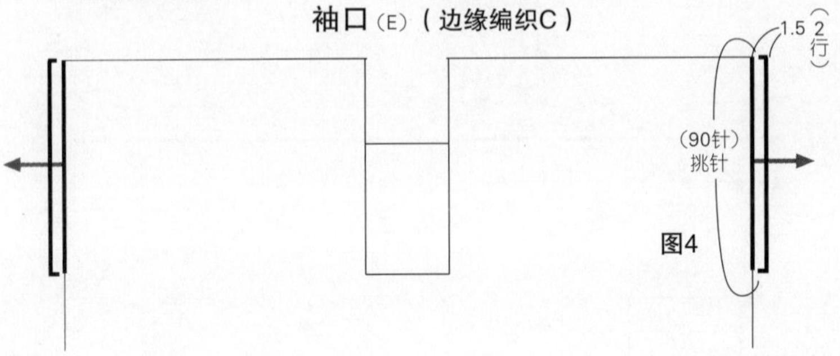

▷ = 加线

▶ = 剪线

图4 袖口

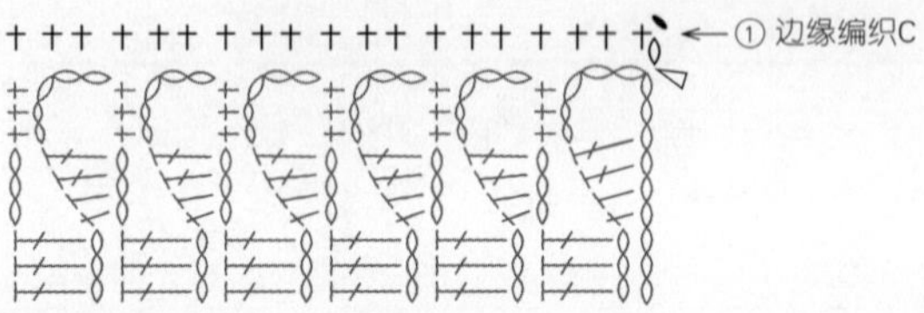

滑针

（2行的情况）

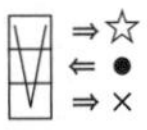

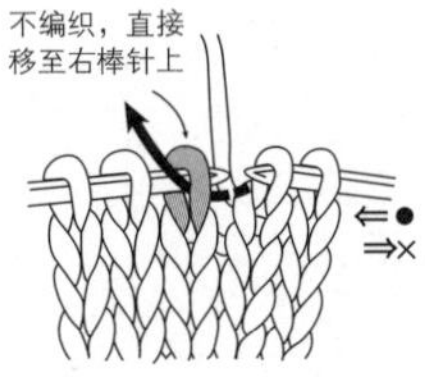

1 ×行编织下针。●行将线放在后面，将针目直接移至右棒针上。

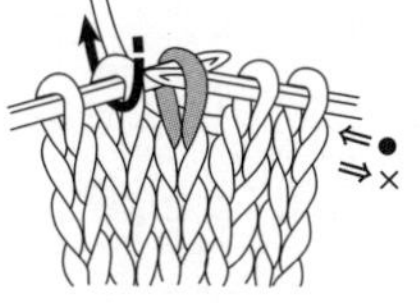

2 从下一个针目开始，如箭头所示入针编织下针。

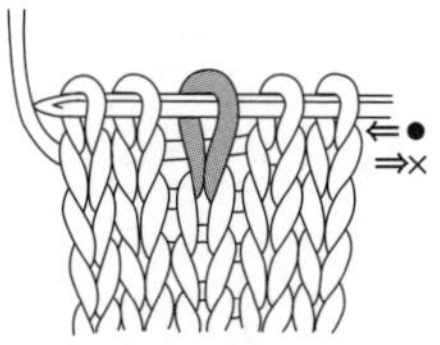

3 1行的滑针编织完成后的状态。

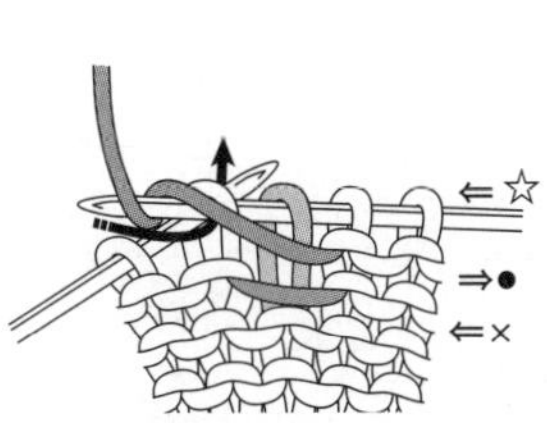

4 从反面编织的行（☆行）将线放在前面，将针目直接移至右棒针上，接着编织下一个针目。

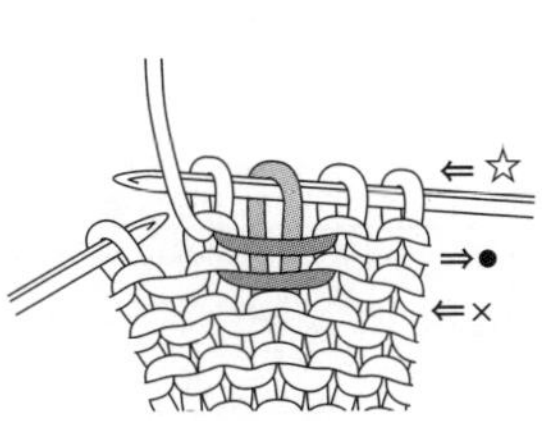

5 2行的滑针完成。

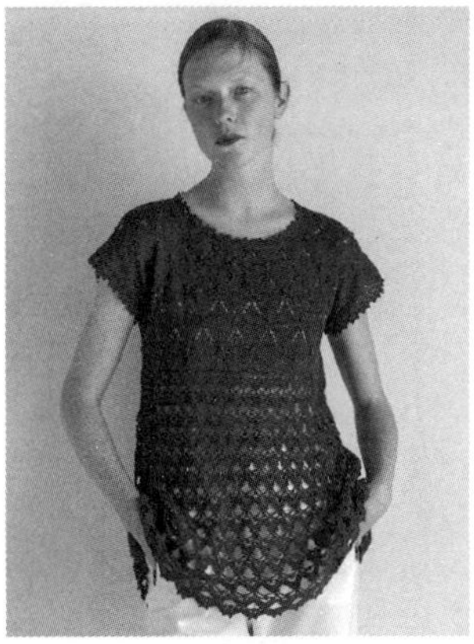

材料

钻石线 Diacielo 蓝色(107) 255g/9团

工具

棒针5号，钩针4/0号、3/0号

成品尺寸

胸围94cm，衣长66.5cm，连肩袖长28.5cm

编织密度

10cm×10cm面积内：编织花样A 26针，38行；编织花样B（编织起点侧）1个花样2.3cm，10cm 13行

编织要点

●身片、衣袖…手指挂线起针后，按编织花样A开始编织。袖下的加针从另线锁针上挑针编织。领窝减2针及以上时做伏针减针，减1针时立起侧边1针减针。肩部做盖针接合，胁部做挑针缝合，袖下解开起针时的锁针做下针无缝缝合。前、后身片（下半部分）用钩针从起针行挑针，参照图示按编织花样B一边分散加针一边做环形的往返编织。

●组合…领口、袖口挑取指定针数后，环形钩织边缘。

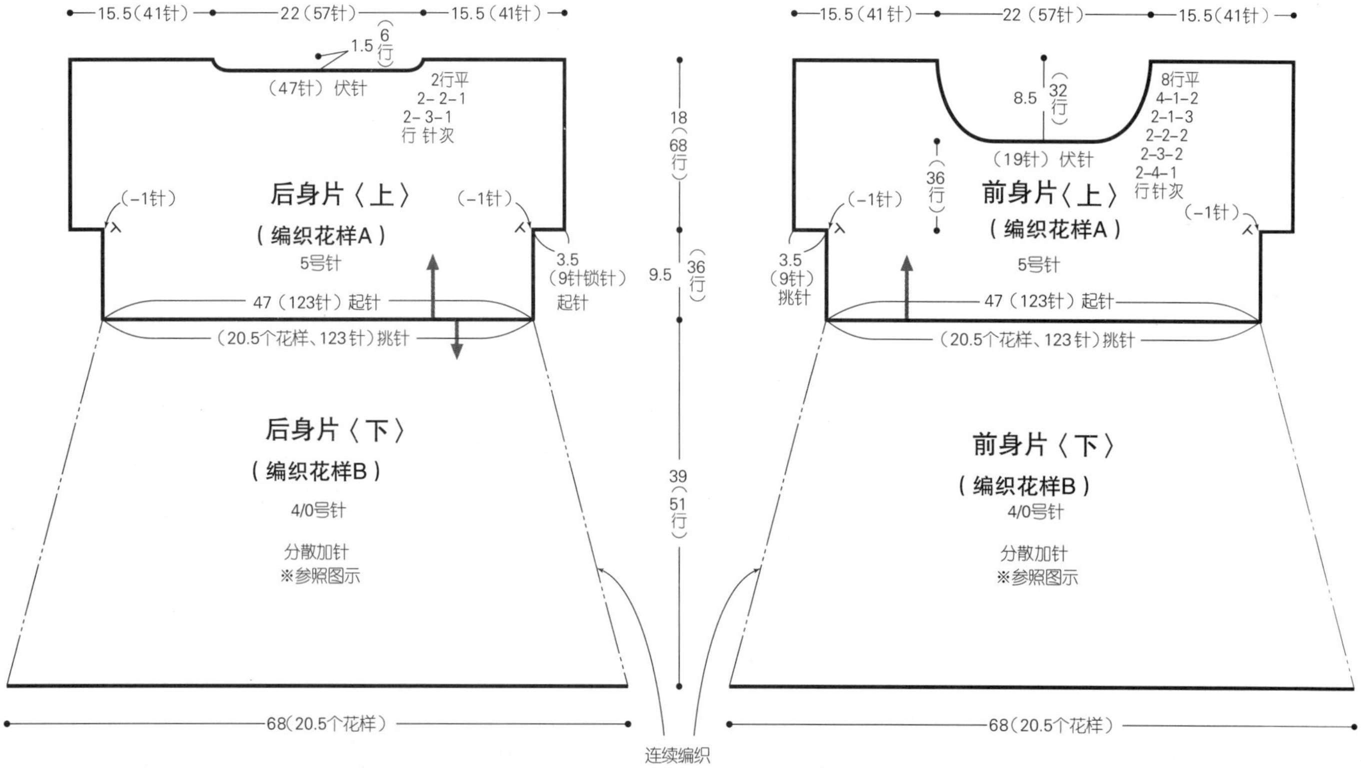

编织花样A

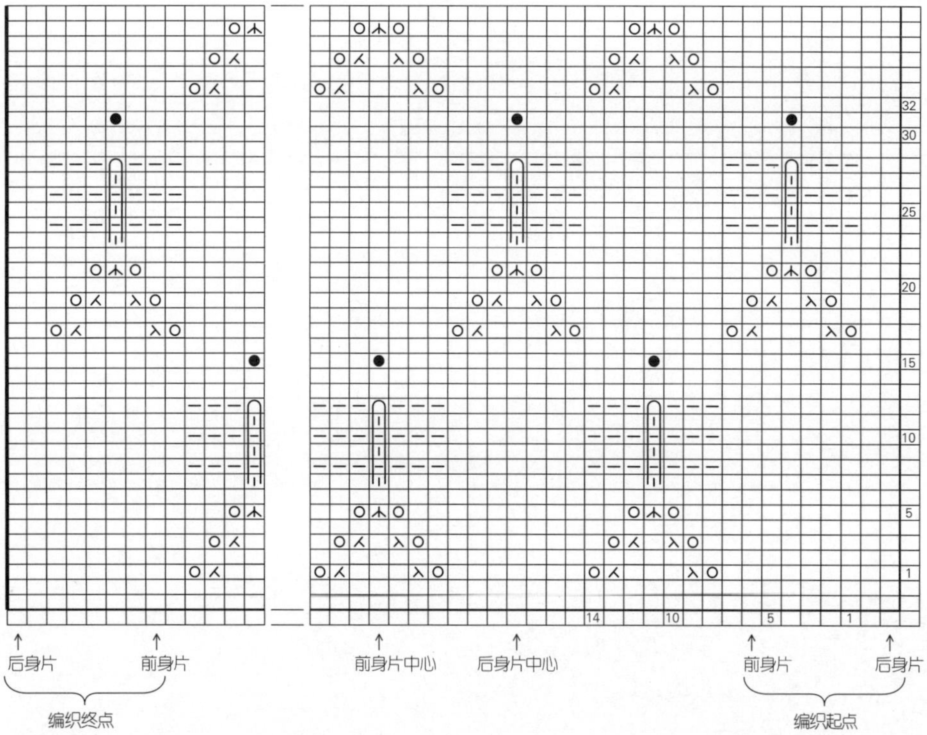

● = 3针中长针的枣形针（3/0号针）
※编织方法请参照161页

=拉针
※编织方法请参照162页

□=Ⅰ

袖下的加减针 （后身片）

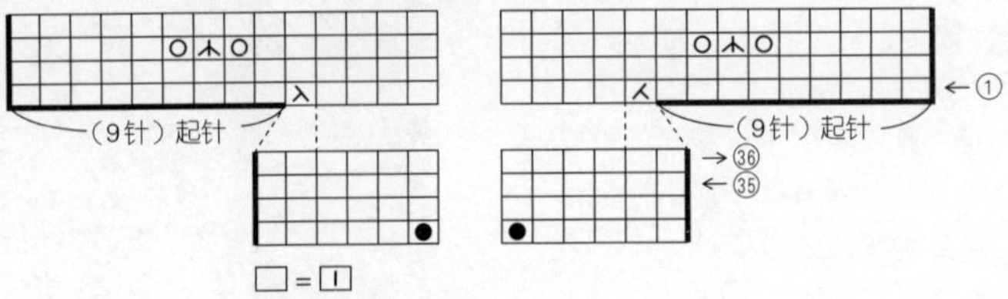

※ 前身片也按相同要领编织

编织花样B

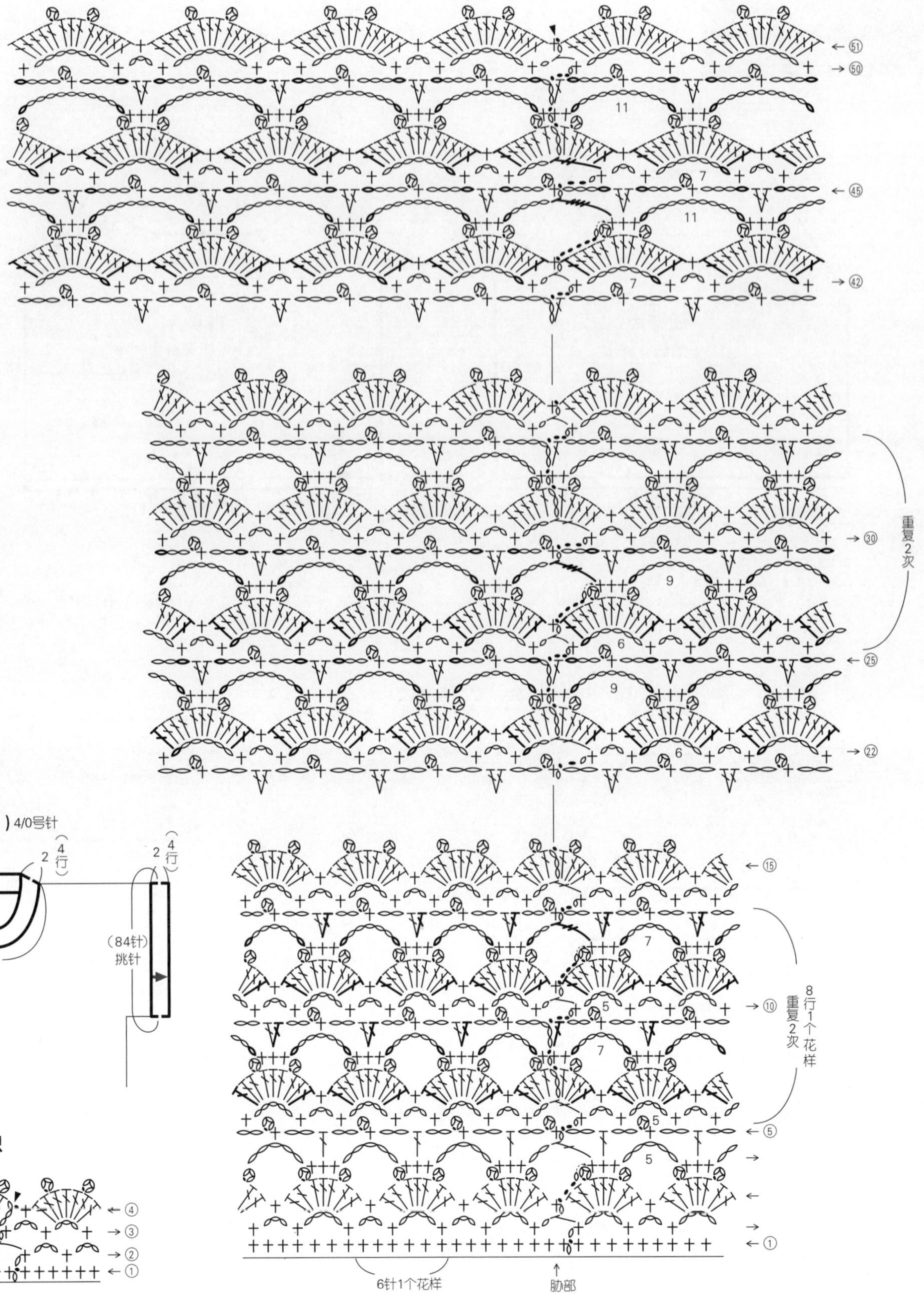

► = 剪线

领口、袖口（边缘编织）4/0号针

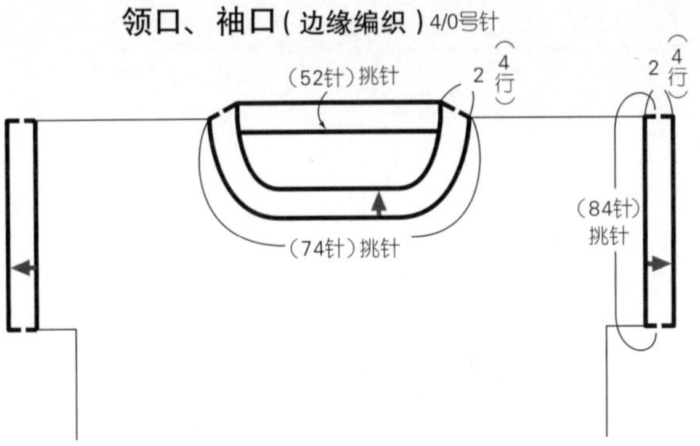

边缘编织

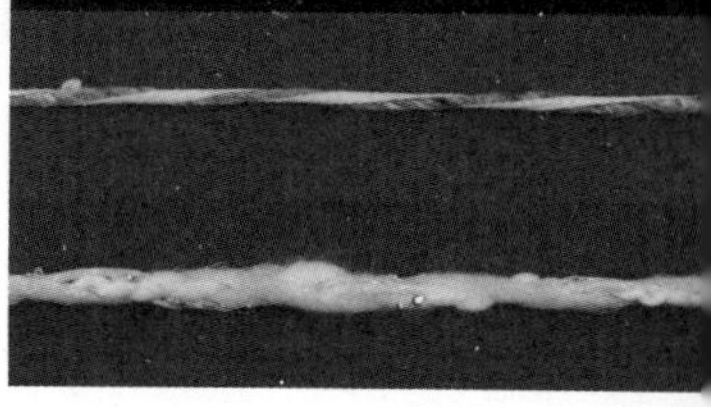

材料

K's K OATS 灰 色+白 色(T-9) 330g/9团；SUCRE 白色(2) 25g/1团

工具

钩针4/0号

成品尺寸

胸围98cm，衣长51.5cm，连肩袖长40cm

编织密度

编织花样的1个花样3.3cm，10cm 9行

编织要点

●身片和衣袖都是锁针起针后按编织花样开始钩织。减针请参照图示编织。袖口挑取指定针数后钩织边缘。插肩线、胁部、袖下做挑针缝合，腋下的针目做引拔接合。育克和领口参照图示按条纹花样钩织。下摆挑取指定针数后，环形钩织条纹边缘。

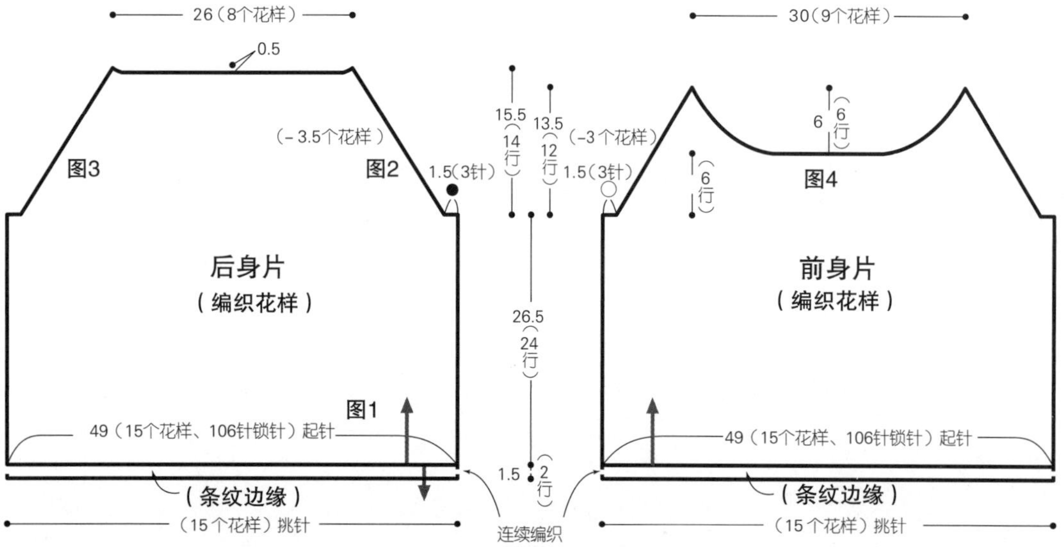

※ 全部用4/0号针钩织
※ 除指定以外均用OATS线钩织

育克和领口
（条纹花样） 分散减针 参照图示

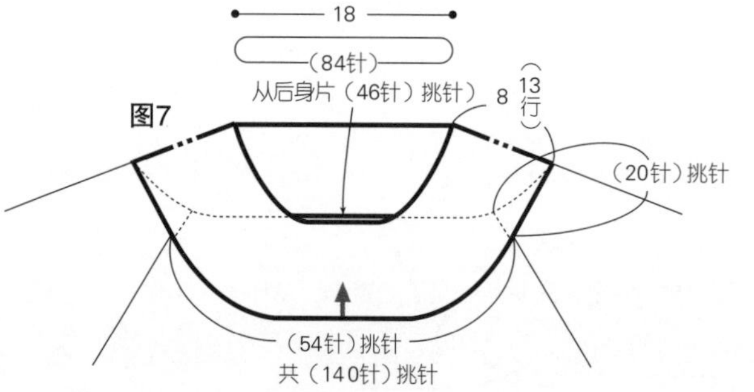

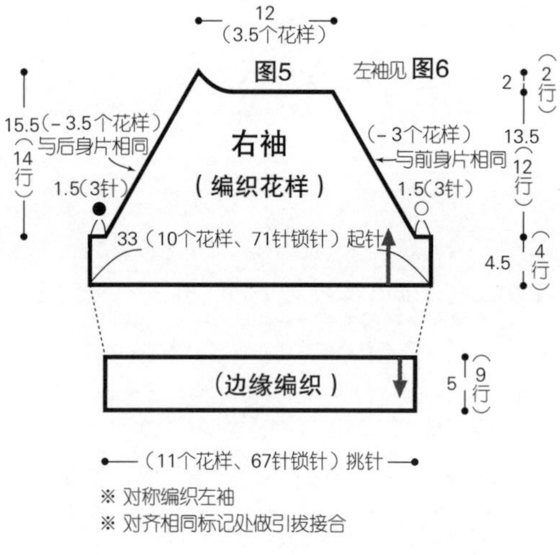

※ 对称编织左袖
※ 对齐相同标记处做引拔接合

条纹边缘

▷ = 加线
► = 剪线
✚ = 在●处插入钩针，包住第1行的短针钩织

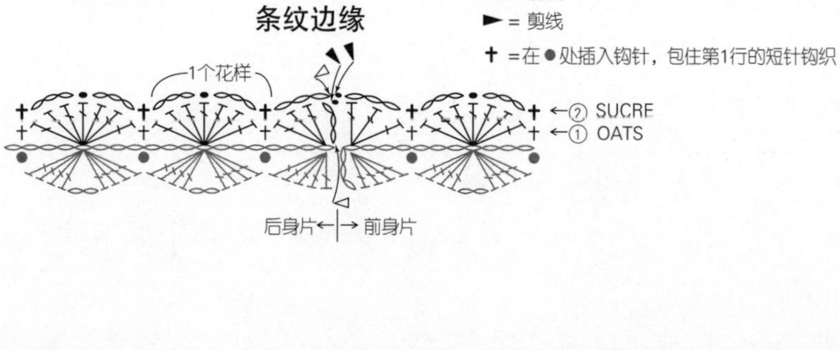

编织花样

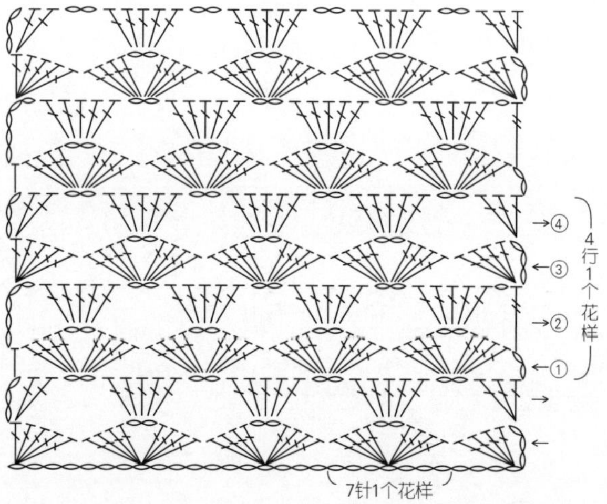

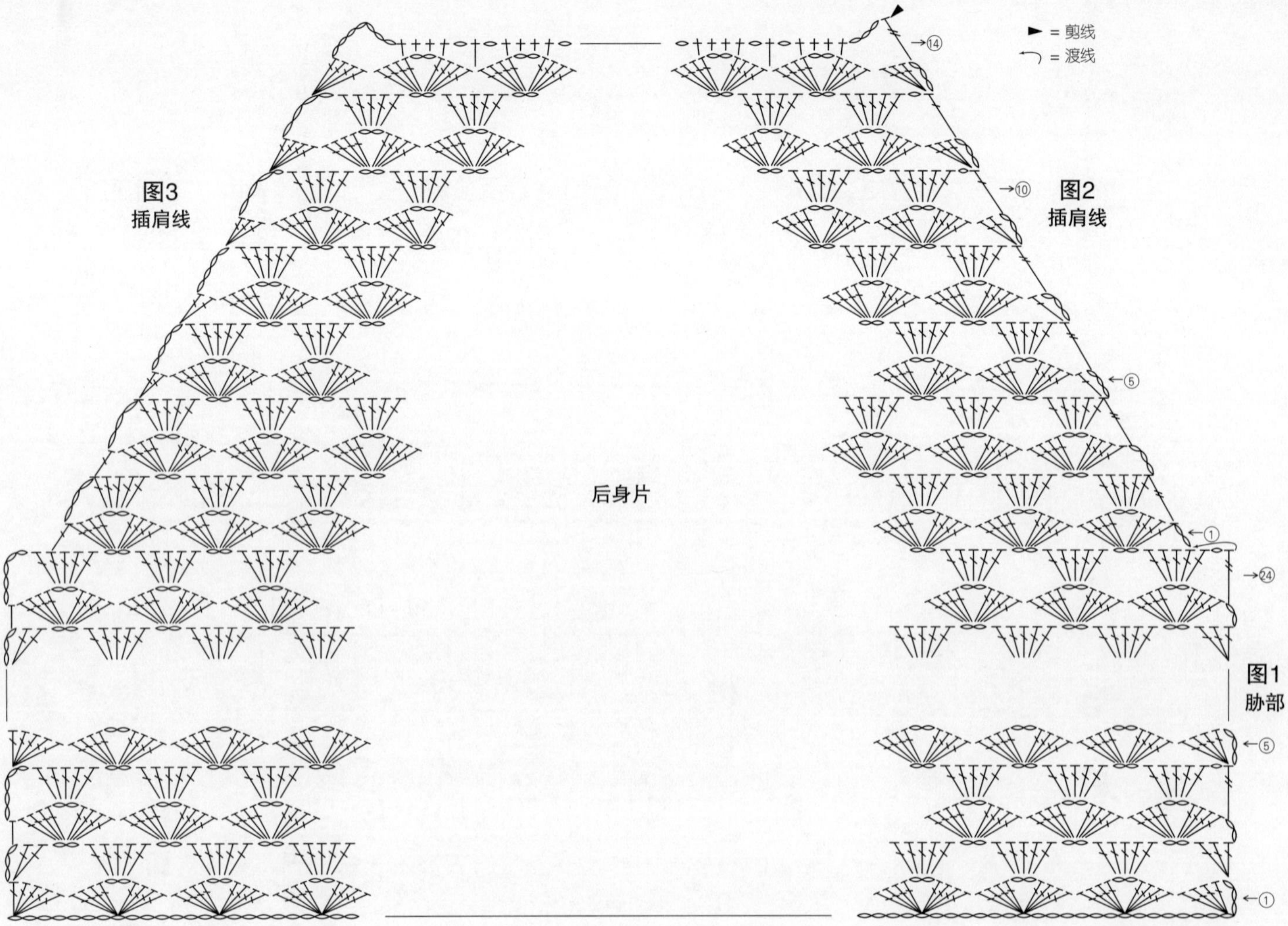

▷ = 加线
► = 剪线
⌒、⌒ = 渡线

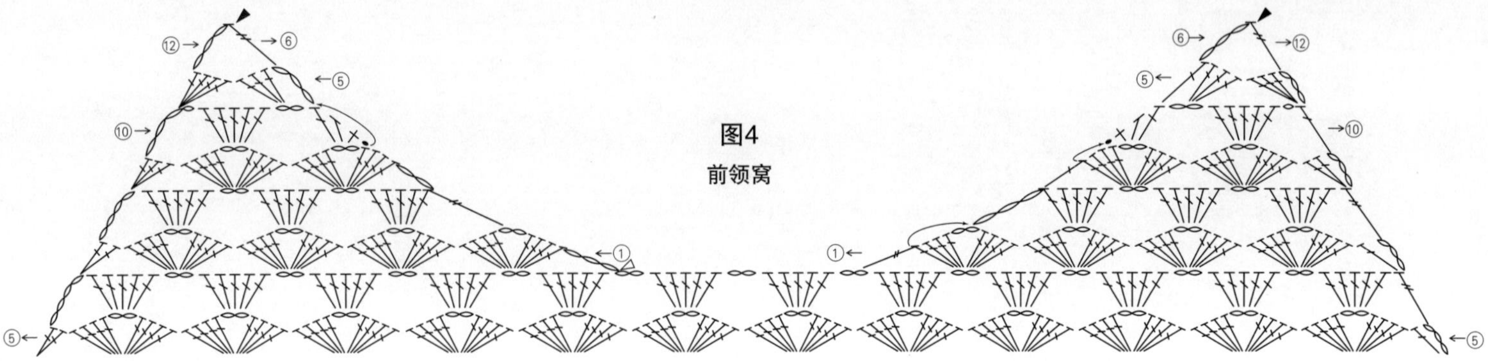

※插肩线的前4行与后身片一样钩织

3针中长针的枣形针

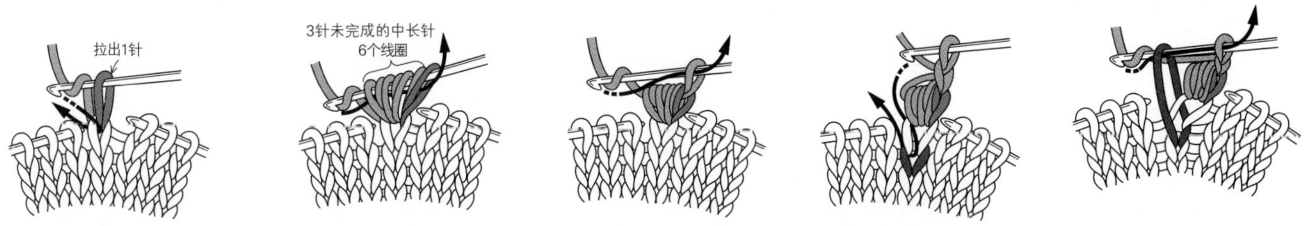

1 用钩针松松地拉出1针。针头挂线，在同一个针目里插入钩针。

2 重复3次“针头挂线，将线拉出”，然后一次性引拔穿过钩针上的所有线圈。

3 针头挂线，如箭头所示再次引拔，收紧针目。

4 在钩出枣形针的下一行线圈里，如箭头所示从反面插入钩针，将该线圈拉出。

5 针头挂线，一次性引拔穿过2个线圈，再将针目移至右棒针上。

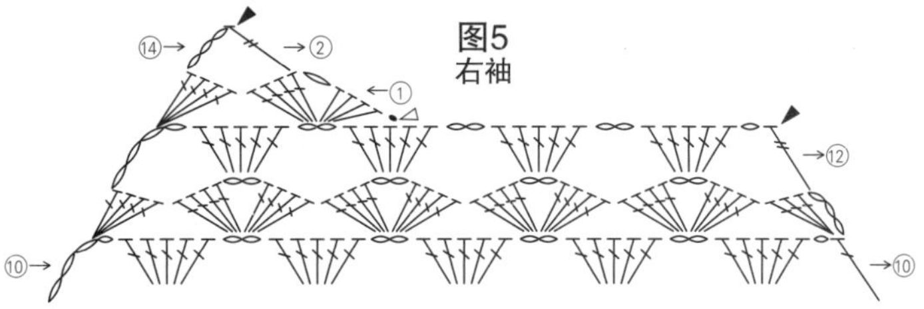

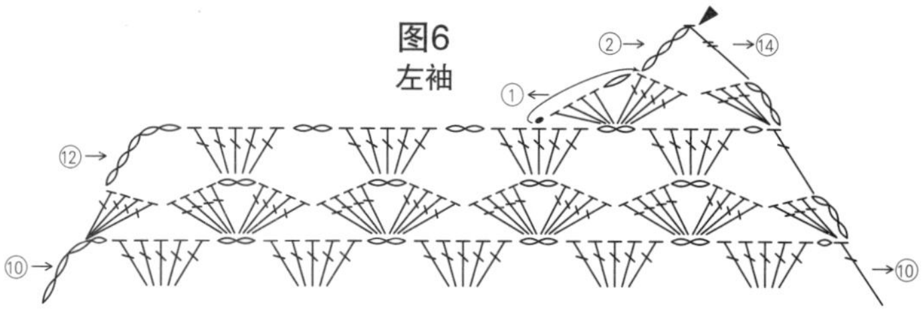

▷ = 加线
► = 剪线
⌒ = 渡线

边缘编织

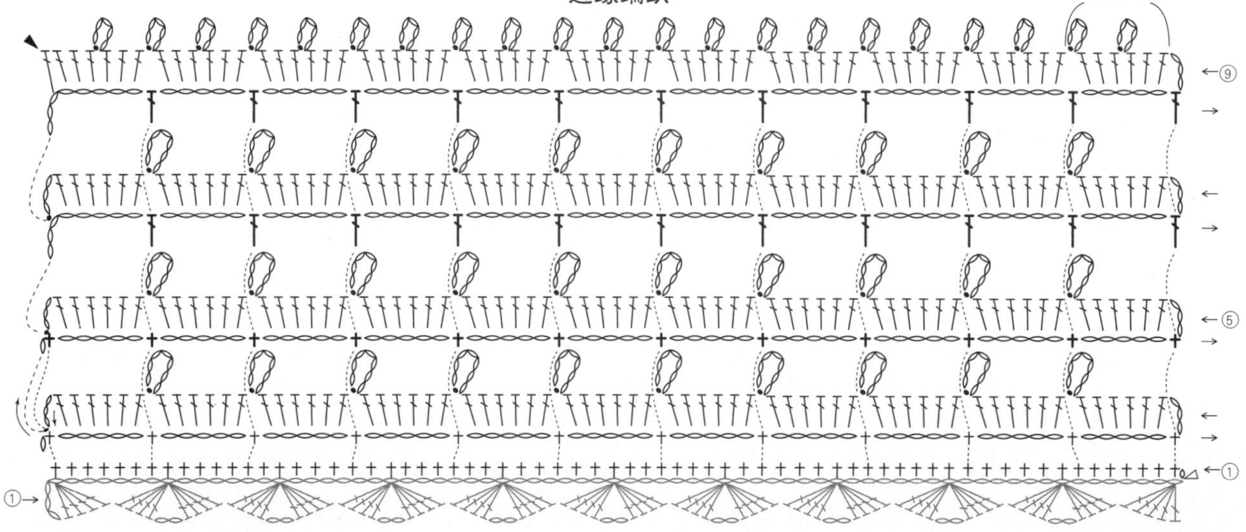

※ 第4行的短针是看着反面，将第3行倒向后面，在第2行的短针里挑针钩织
※ 第6行的长针是看着反面，将第5行倒向后面，在第4行的短针里挑针钩织
※ 第8行的长针是看着反面，将第7行倒向后面，在第6行的长针里挑针钩织

条纹花样（育克和领口的分散减针）

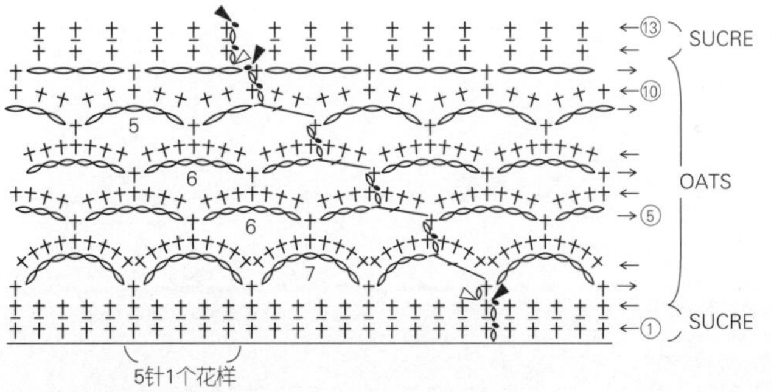

± = 短针的条纹针
※钩织方法请参照167页

拉针
（拆开已织针目的方法）

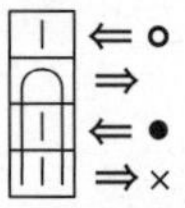

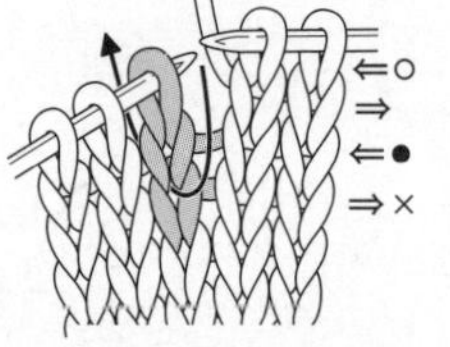

1 在前面第3行的针目里插入右棒针，在针上挂线后拉出。

2 拉出后的状态。

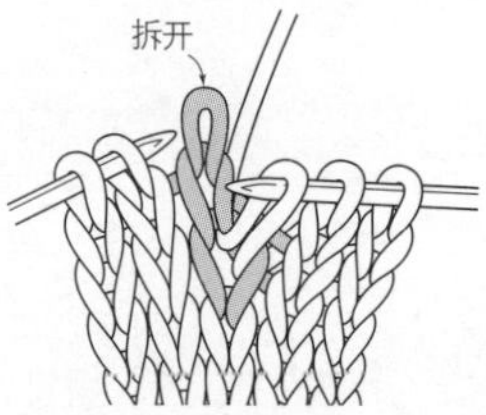

3 将左棒针上的1针取下，拆开针目。

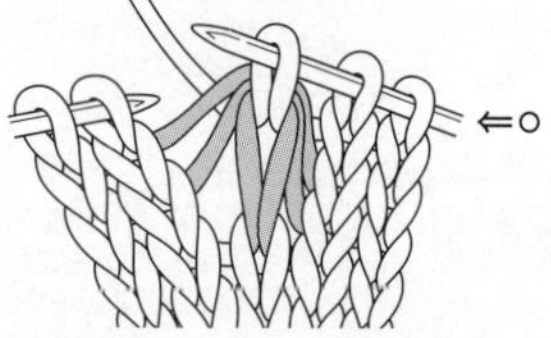

4 拆开已织针目编织的拉针完成。

前身片
▷ = 加线
▶ = 剪线
中心
条纹花样
② ①
图7
育克和领口
左袖
③
右袖
中心
后身片

▶接165页

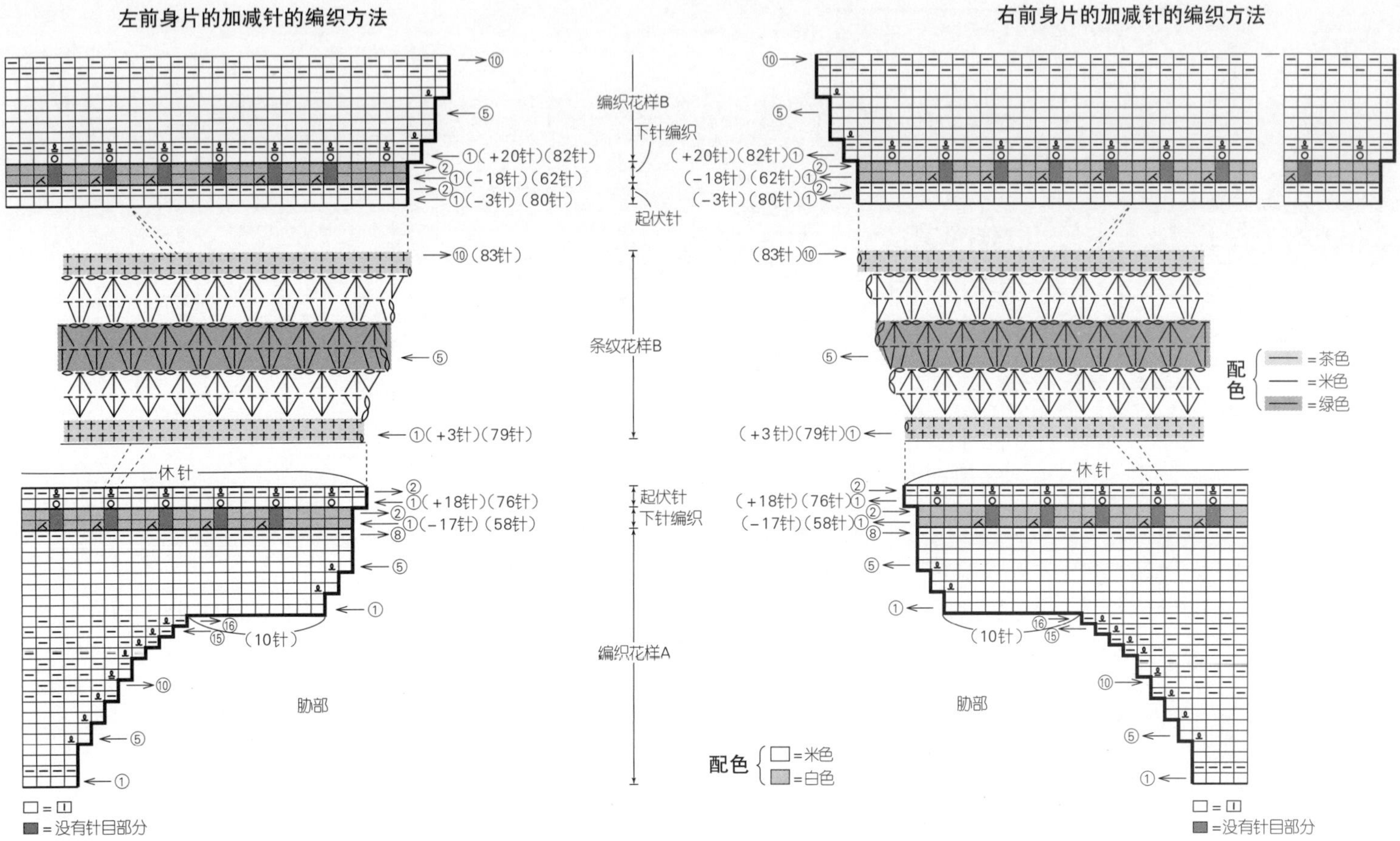
左前身片的加减针的编织方法
右前身片的加减针的编织方法
⑩
⑤
①(+20针)(82针)
②
①(-18针)(62针)
②
①(-3针)(80针)
编织花样B
下针编织
起伏针
(+20针)(82针)①
(-18针)(62针)①
(-3针)(80针)①
⑩(83针)
(83针)⑩
条纹花样B
⑤
①(+3针)(79针)
(+3针)(79针)①
配色
=茶色
=米色
=绿色
休针
①(+18针)(76针)
①(-17针)(58针)
⑧
起伏针
下针编织
(+18针)(76针)①
(-17针)(58针)①
⑯
⑮
(10针)
编织花样A
胁部
配色
□=米色
=白色
□=□
■=没有针目部分

材料

K's K OATS 米色（T-2）215g/6团，CAPPELLINI 茶色（803）75g/2团、绿色（17）25g/1团、橙色（18）10g/1团，SUCRE 白色（2）20g/1团，AGAVE 黄色和粉红色混染（11）20g

工具

棒针6号，钩针4/0号、8/0号

成品尺寸

胸围105cm，衣长45cm，连肩袖长55cm

编织密度

10cm×10cm面积内：条纹花样A 23针，27.5行；条纹花样B 23针，16.5行；编织花样A、B、C均为22针，30行

编织要点

●身片、衣袖…身片钩锁针起针后，按条纹花样A开始编织。接着按编织花样A、下针编织、起伏针、条纹花样B、编织花样B编织。加减针请参照图示编织。领窝减2针及以上时做伏针减针，减1针时立起侧边1针减针。肩部做盖针接合。衣袖挑取指定针数后，按编织花样C和条纹边缘B编织。

●组合…胁部、袖下做挑针缝合，另线锁针处解开后做下针无缝缝合。前门襟先钩织2行短针调整形状后，再将下摆和前门襟连起来钩织条纹边缘A。领口钩织条纹边缘C。

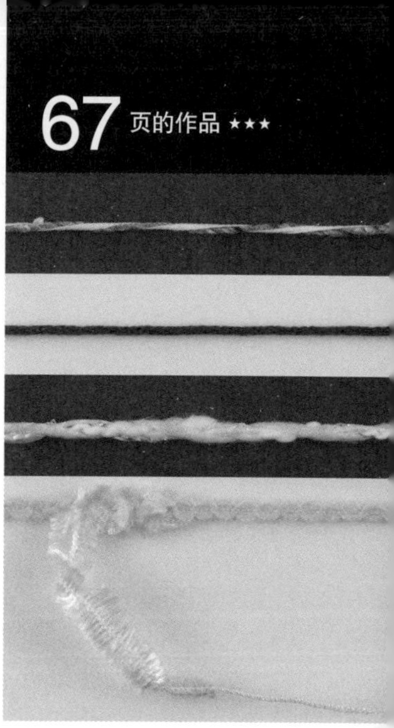

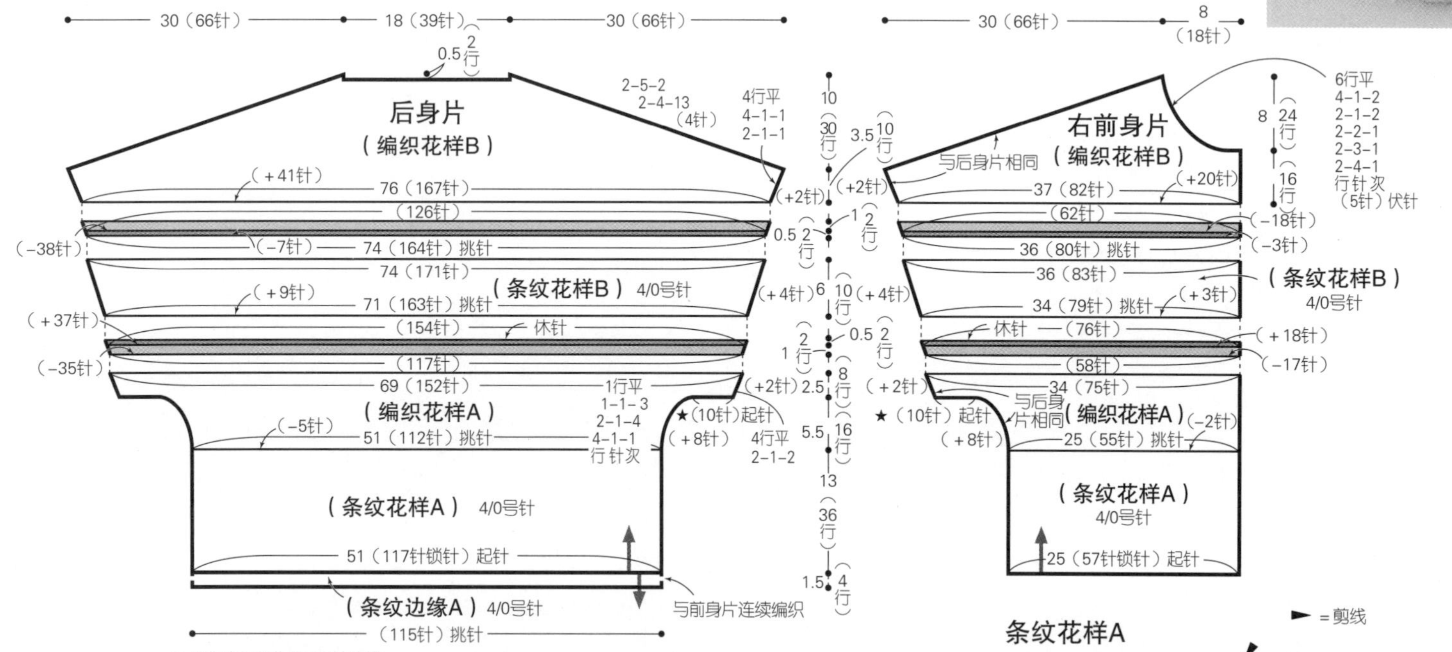

※ 除指定以外均用6号针编织
※ 除指定以外均用米色线编织
※ ★ = 另线锁针起针

▭ = （下针编织）白色
▭ = （起伏针）

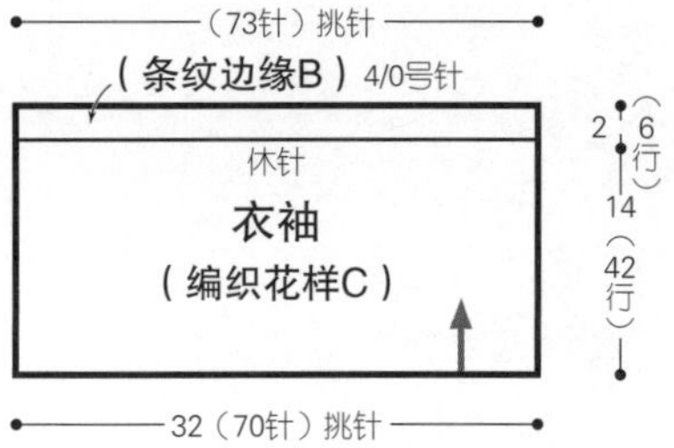

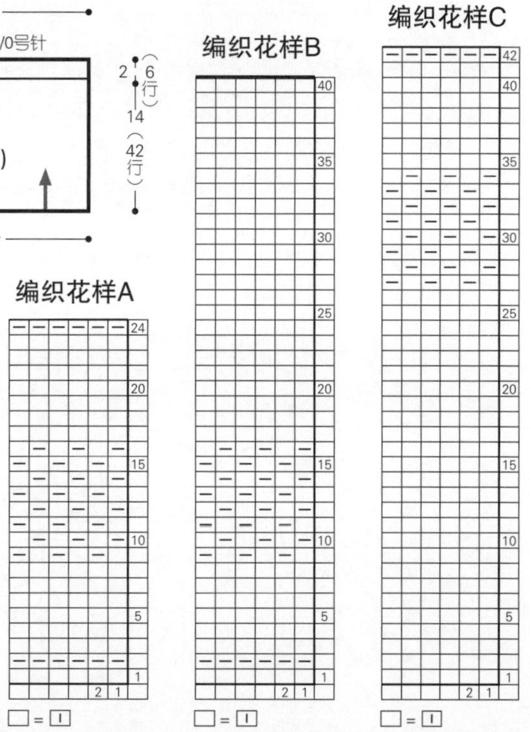

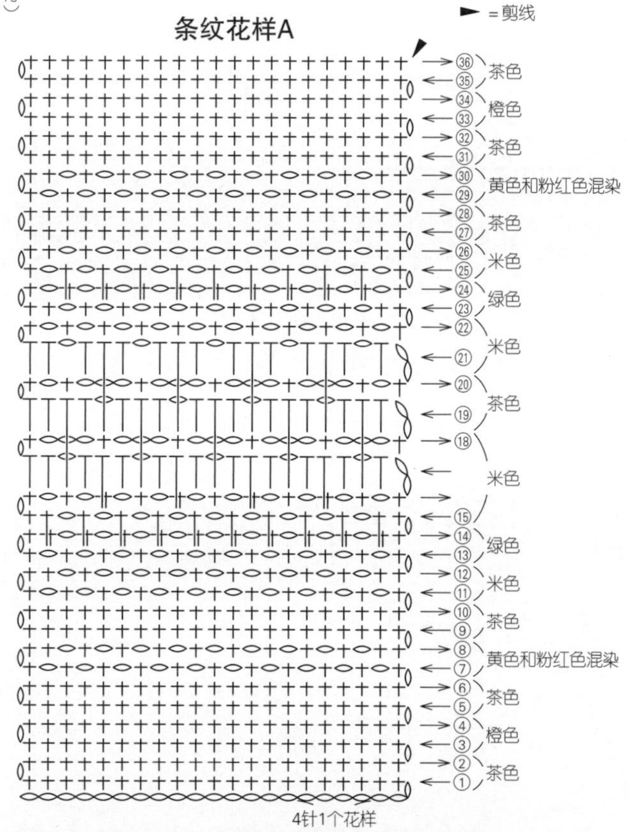

※ 第15行、第25行除边针以外的短针都是在前面第2行的锁针里整段挑针钩织的
第17行注意有一部分的中长针是在前面第2行的锁针里整段挑针钩织的
第19行、第21行注意有一部分的中长针是在前面第3行的短针里挑针钩织的

领口（条纹边缘C）4/0号针、8/0号针

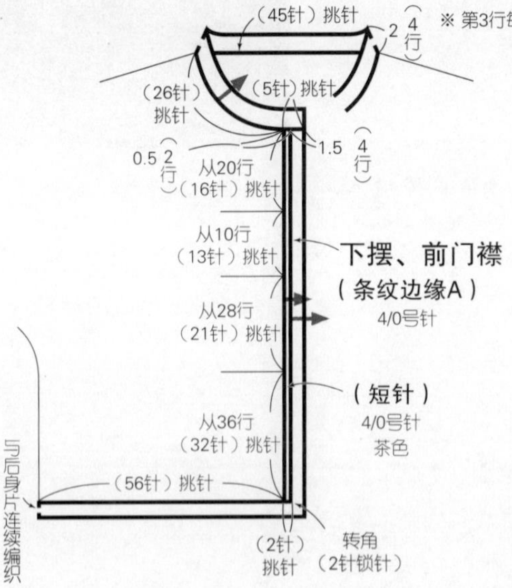

转角的钩织方法

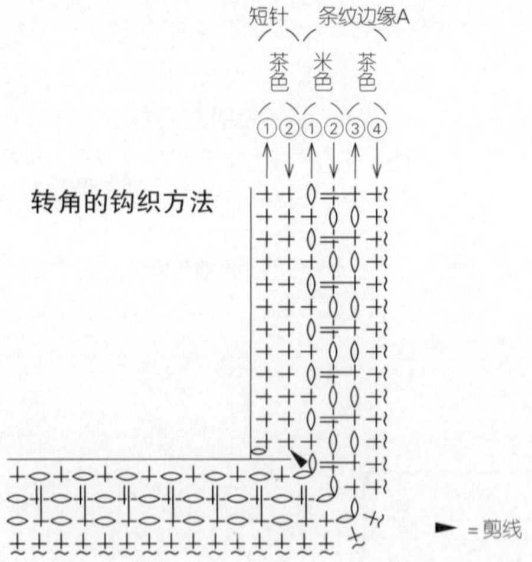

▶ = 剪线

条纹花样B

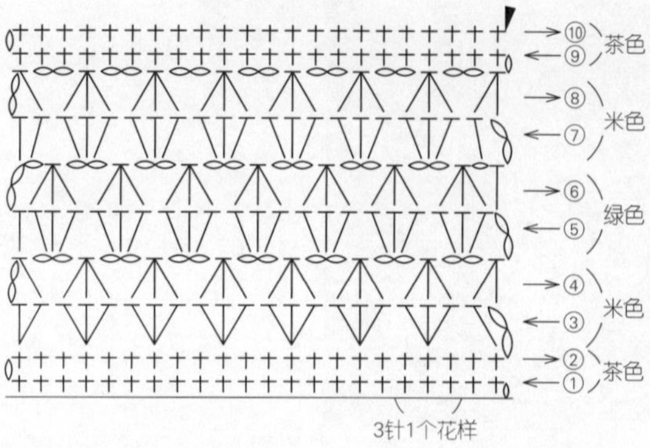

条纹边缘A

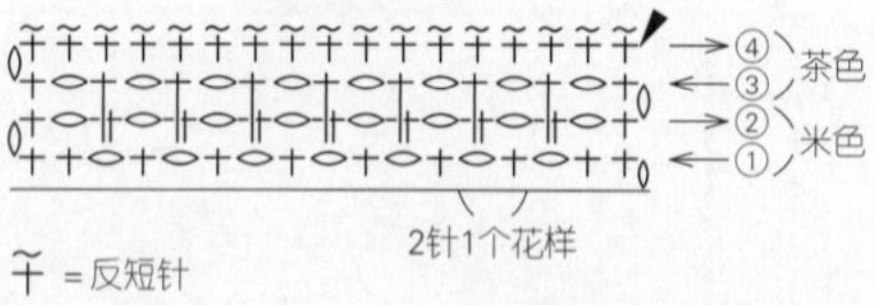

= 反短针

※ 第3行除边针以外的短针都是在前面第2行的锁针里整段挑针钩织的

条纹边缘B

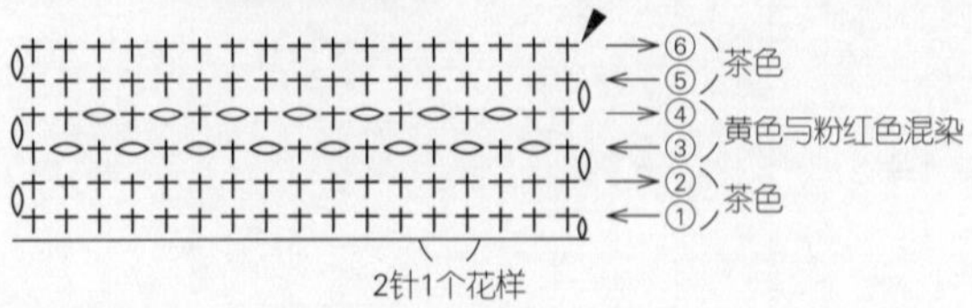

条纹边缘C

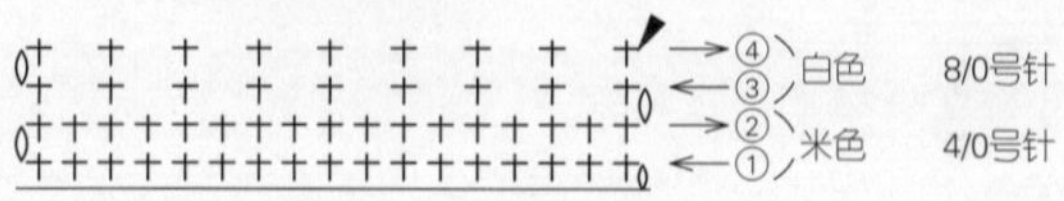

后身片的加减针的编织方法

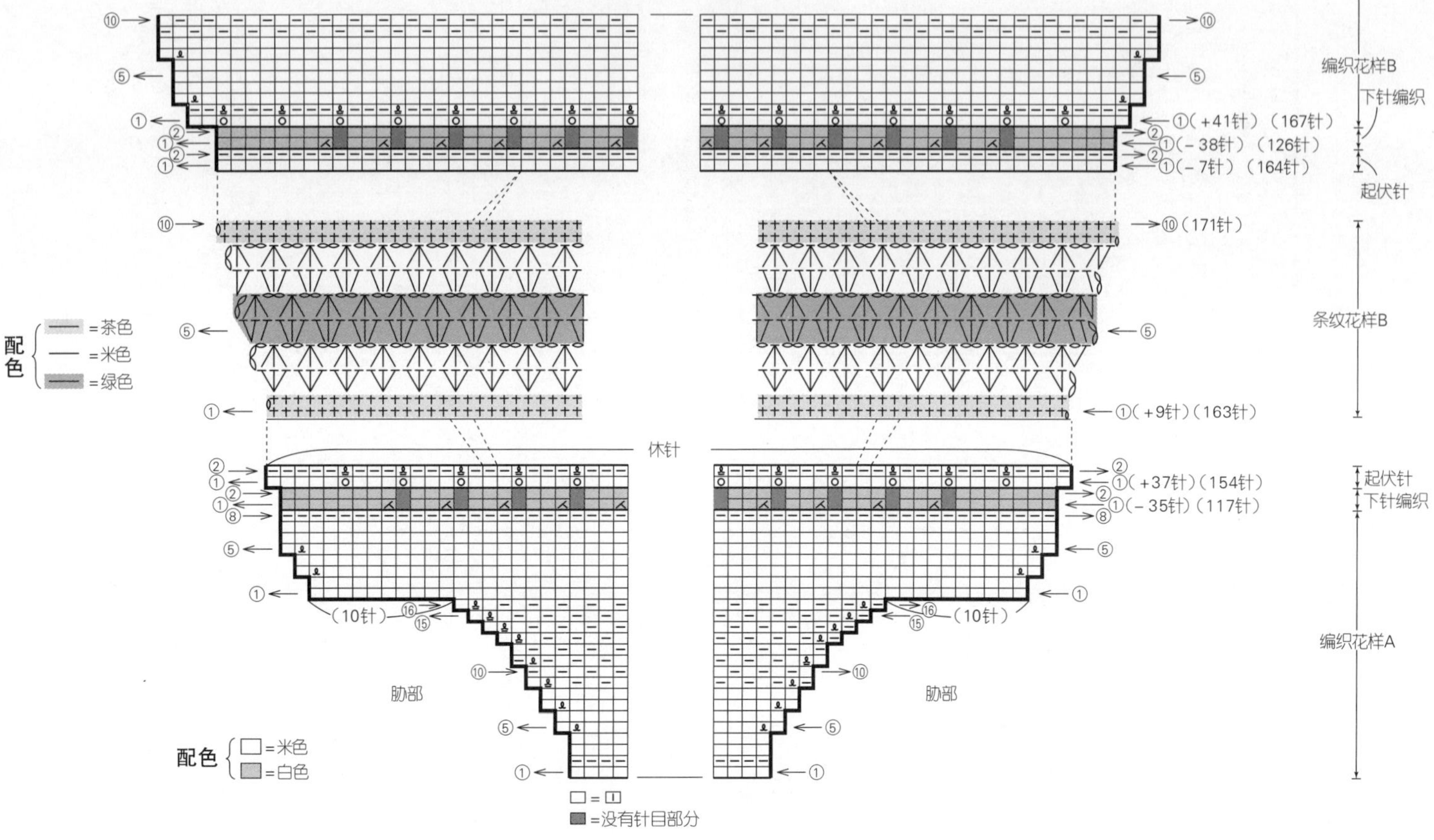

下转163页▶

材料

钻石线 Diamohairdeux Alpaca 米色(730) 160g/4团

工具

编织机 Amimumemo(6.5mm)，钩针5/0号

成品尺寸

长62.5cm

编织密度

10cm×10cm面积内：退针的下针编织16针，20行(含退针)

编织要点

●退针的另色线起针后，开始做退针的下针编织。编织16行后，参照71页做无须挂线的引返编织。结束时编织几行另色线，从编织机上取下织片。参照图示熨烫平整。编织起点和编织终点分别用钩针做引拔收针。

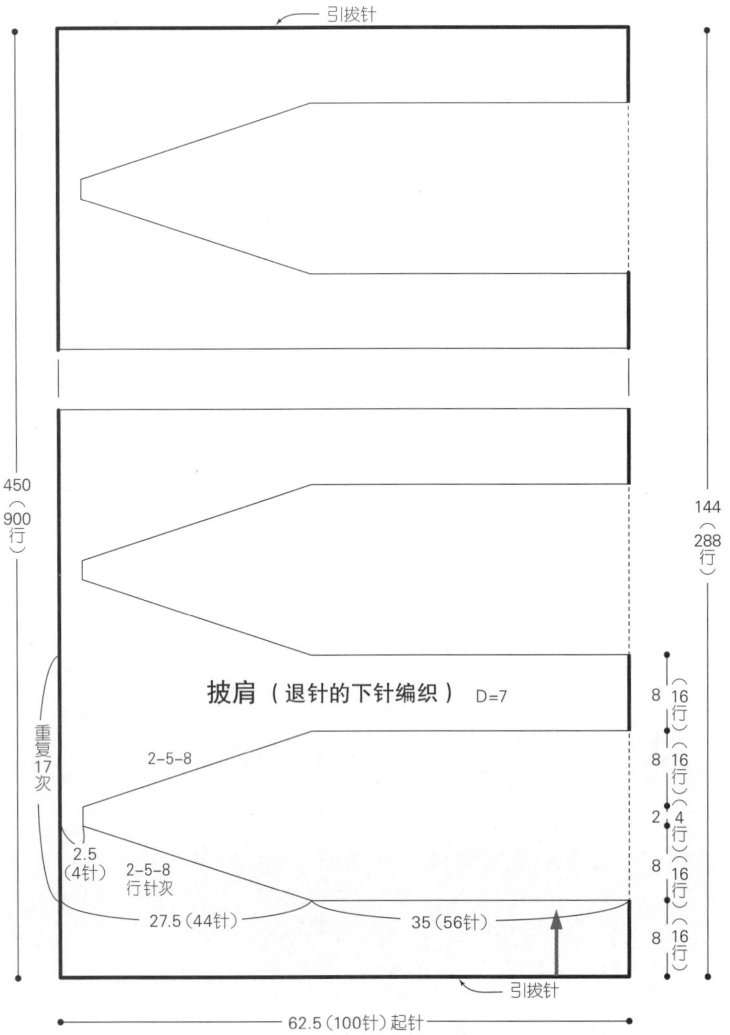

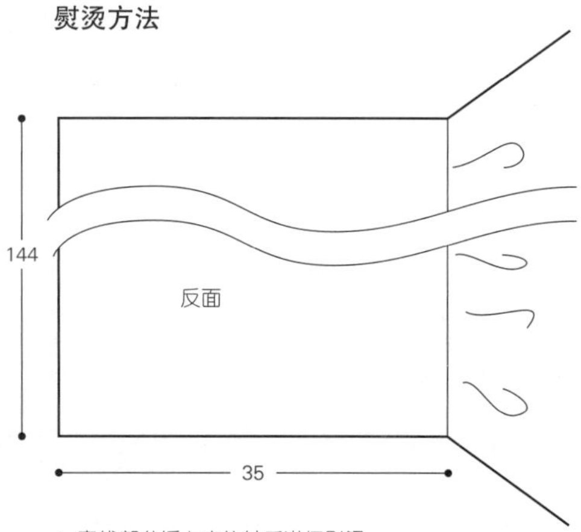

1. 直线部分插上定位针后进行熨烫

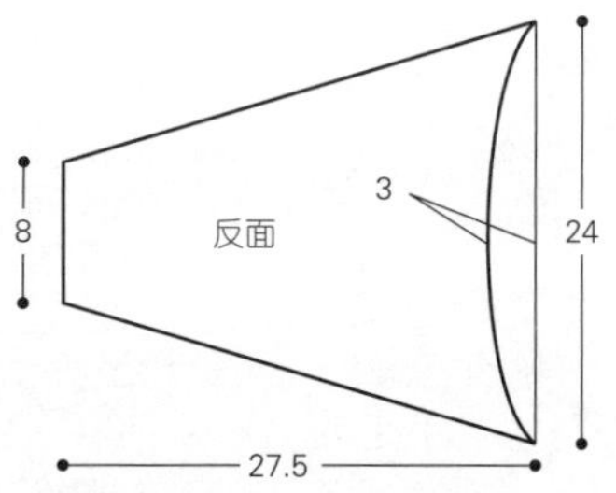

2. 引返编织部分一组一组地依次熨烫。如图所示，插上定位针后使外侧呈弧形，然后进行熨烫

短针的条纹针
(往返钩织的情况)

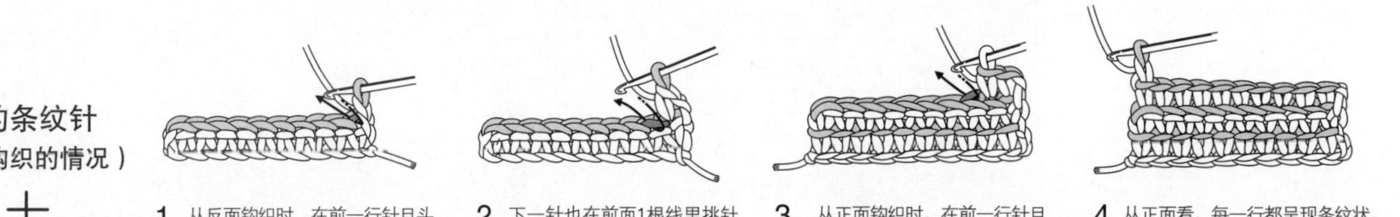

1 从反面钩织时，在前一行针目头部的前面1根线里挑针钩织短针。

2 下一针也在前面1根线里挑针钩织。

3 从正面钩织时，在前一行针目头部的后面1根线里挑针钩织短针。

4 从正面看，每一行都呈现条纹状。

引返编织的方法

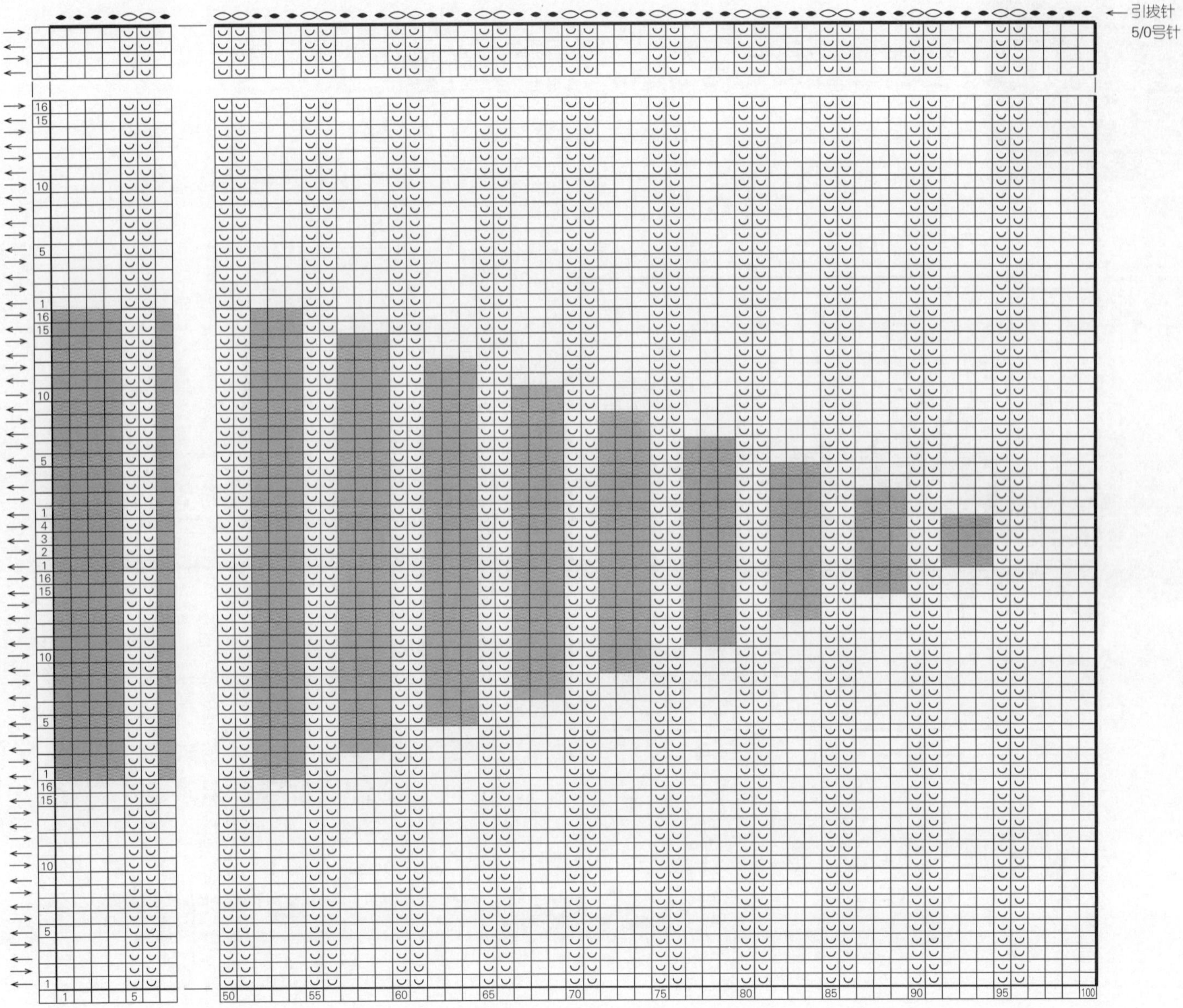

□ = ⊟

◡ = 退针

■ = 将机针推出至D位置

※符号图表示的是挂在编织机上的状态

短针的条纹针

（环形钩织的情况）

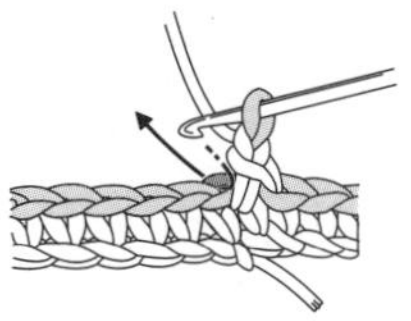

1 立织1针锁针，在前一行针目的后面半针里插入钩针，钩织短针。

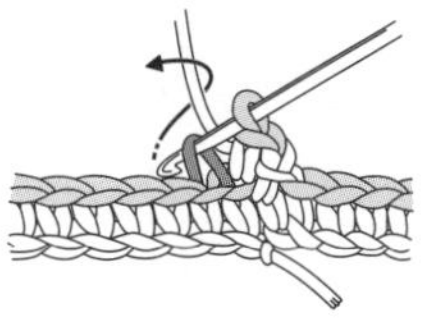

2 下一针也在后面半针里插入钩针钩织。

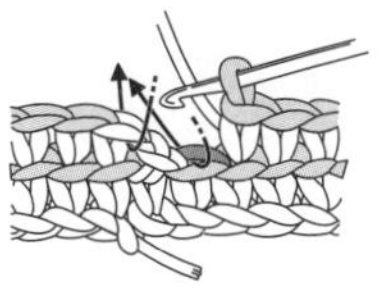

3 钩织一行后，在最初的短针头部2根线里引拔。

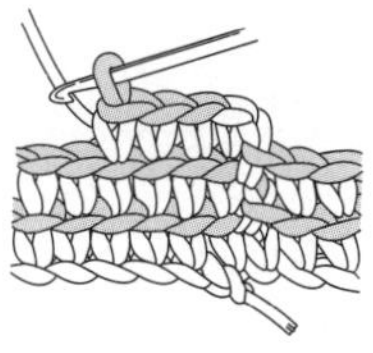

4 立织1针锁针，按相同要领继续钩织。

材料

钻石线 Diacosta Luna 浅蓝色(9207) 245g/7团，30mm宽的松紧带 70cm

工具

编织机 Amimumemo(6.5mm)

成品尺寸

腰围68cm，裙长63cm

编织密度

10cm×10cm面积内：下针编织16.5针，27行

编织要点

●另色线起针后开始编织，一边引返一边做下针编织。结束时编织几行另色线，从编织机上取下织片。腰头做下针编织。参照腰头的缝合方法，将腰头固定在裙子主体上。将裙子主体的编织起点和编织终点正面相对，挑起针目挂到机针上并移至针舌后面做卷针收针。腰头的侧边留出松紧带穿入口后做挑针缝合。穿入松紧带后缝合成环形。

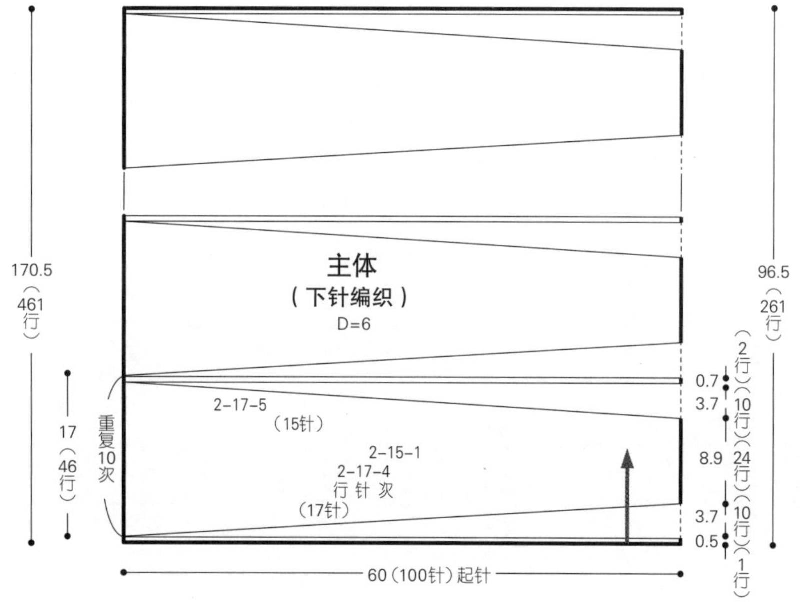

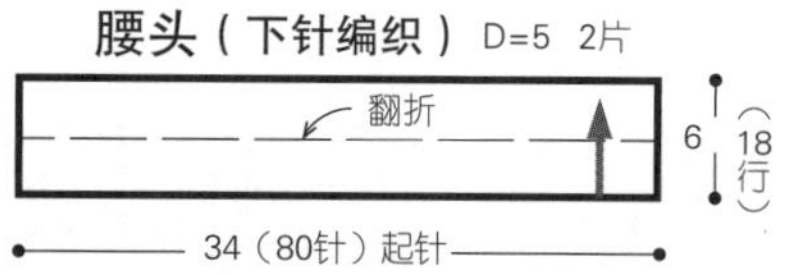

组合方法

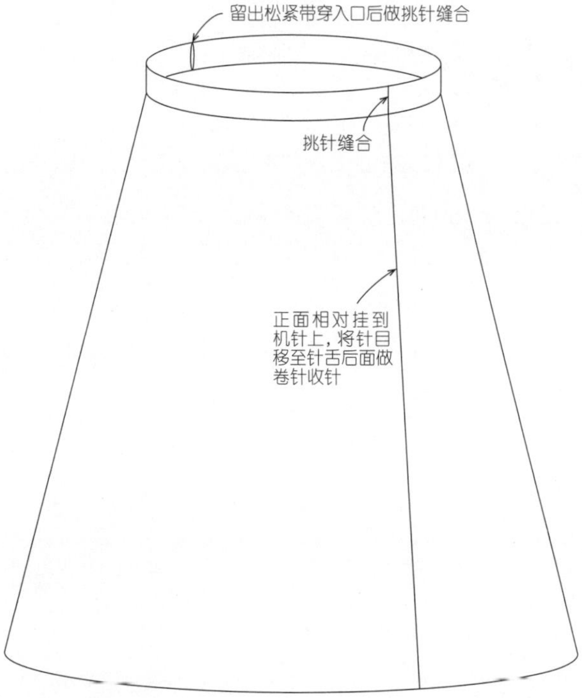

腰头的缝合方法

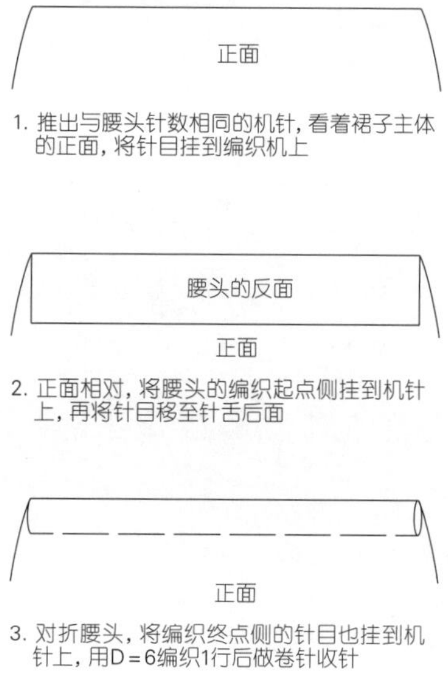

1针放2针（kfb）

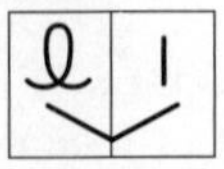

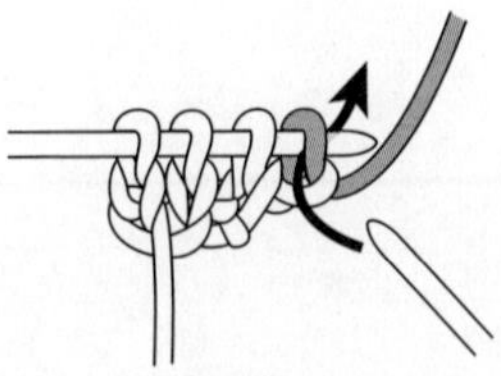

1 在边针里编织下针。不要取下左棒针上的针目。

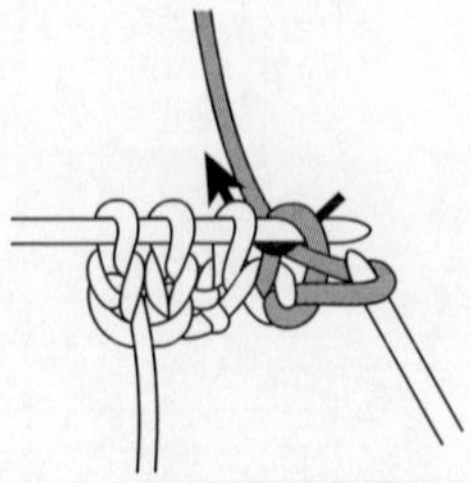

2 按扭针的入针方式插入右棒针。

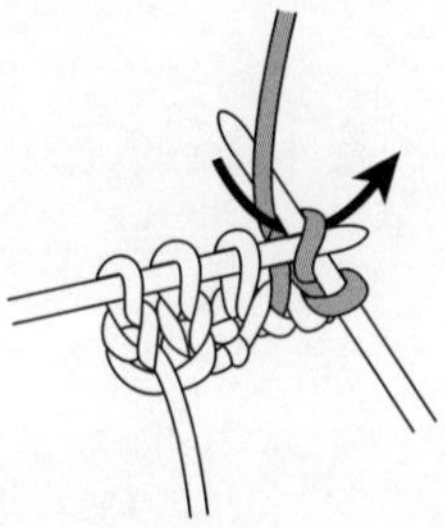

3 挂线后拉出。

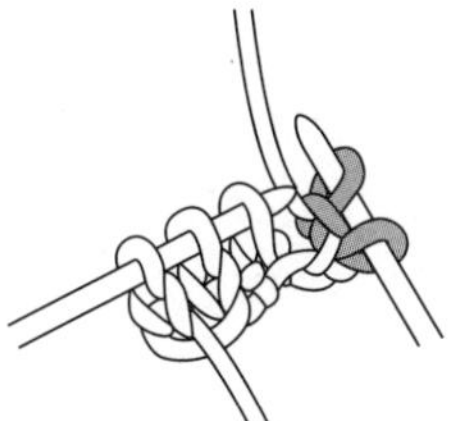

4 1针放2针的加针完成。

引返编织的方法

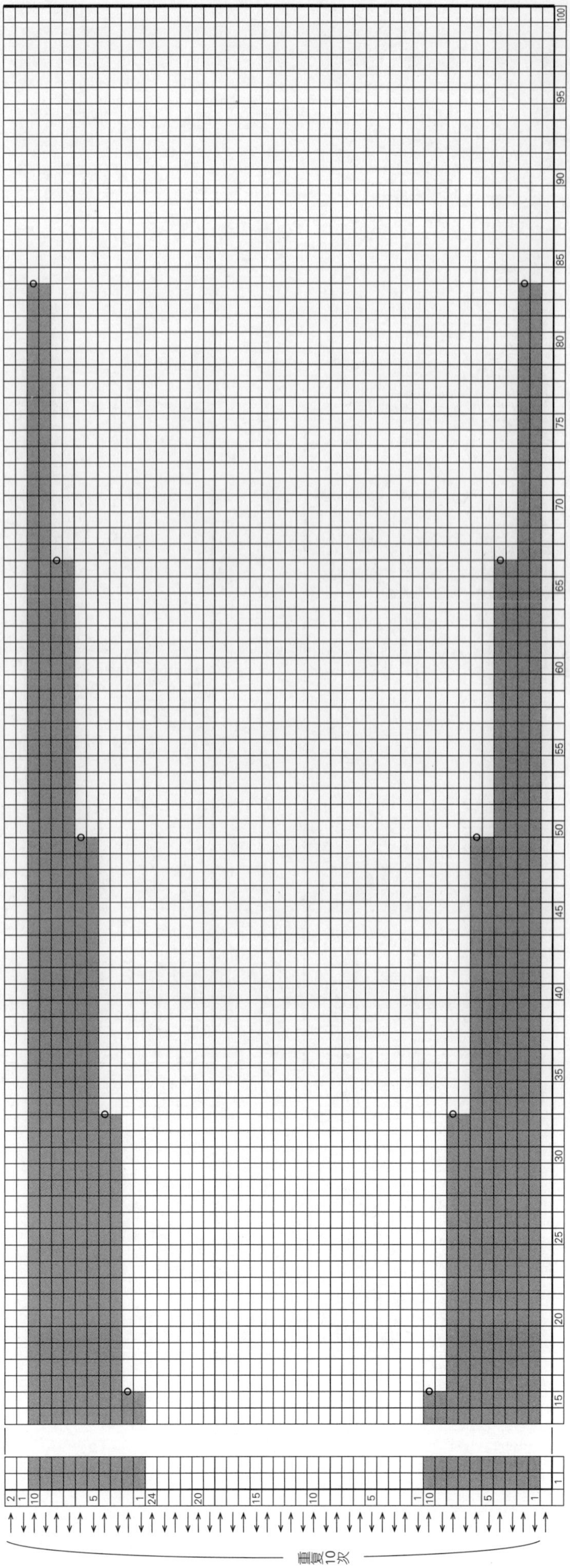

□ = ㅡ

■ = 将机针推出至D位置

※符号图表示的是挂在编织机上的状态

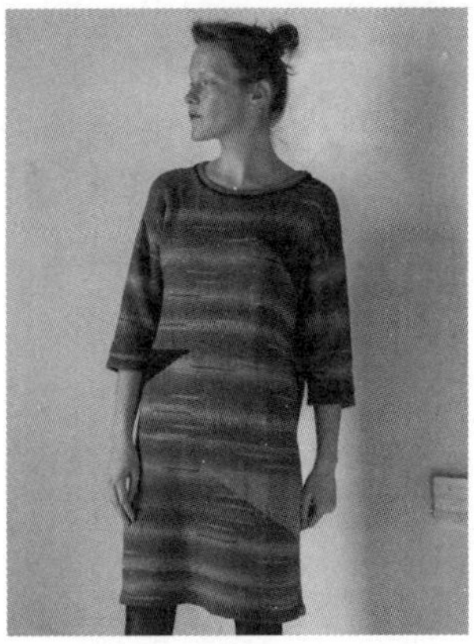

70 页的作品 ★★★★

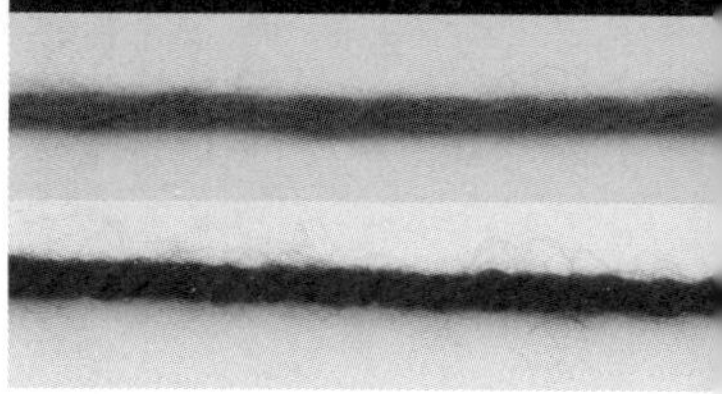

材料

Rich More La Gioconda 绿色系段染(3) 400g/10团；和麻纳卡 Amerry 藏青色(53) 20g/1团，橙色(4)、红色(6)各15g/各1团

工具

编织机 Amimumemo(6.5mm)

成品尺寸

胸围100cm，衣长89cm，连肩袖长57cm

编织密度

10cm×10cm面积内：下针编织20针，26行

编织要点

●身片、衣袖…用退针的方法起针后，开始做双层下针编织和下针编织。引返编织请参照图示。衣袖与身片一样起针后，做双层下针编织和下针条纹A。

●组合…左肩做引拔接合。领口按下针条纹B编织。领口、衣袖分别与身片做机器缝合。右肩做引拔接合。胁部、袖下、领口侧边做挑针缝合。

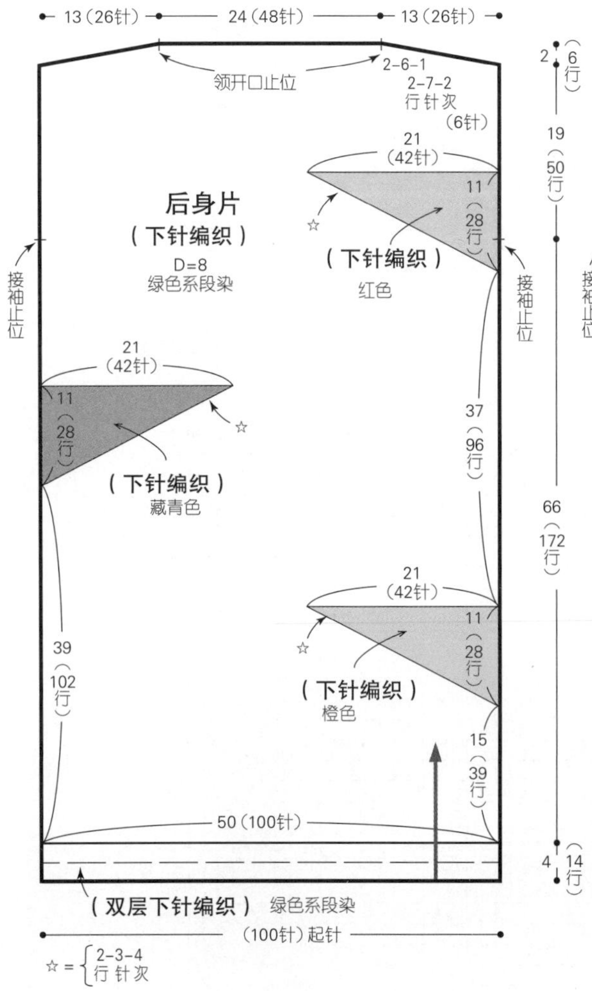

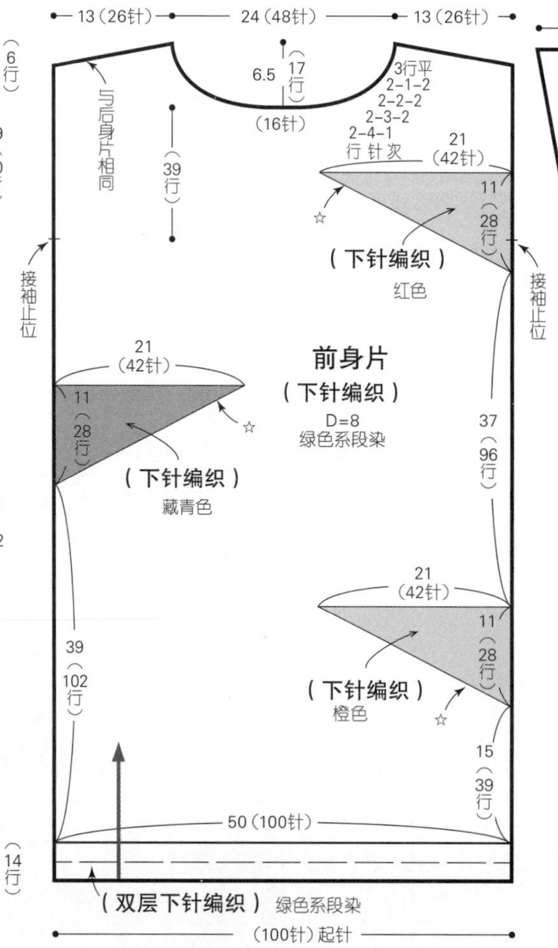

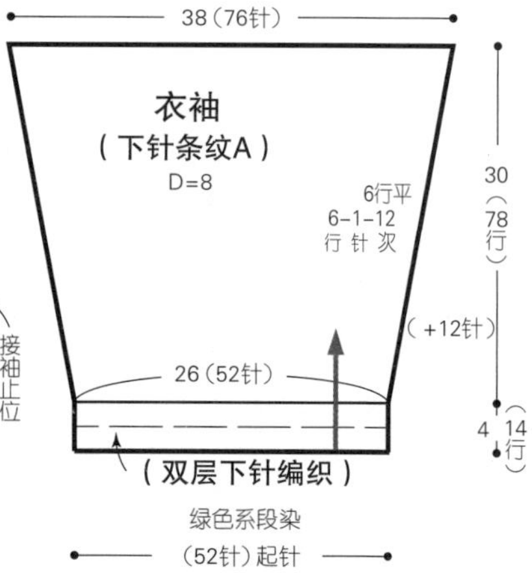

下针条纹A的配色

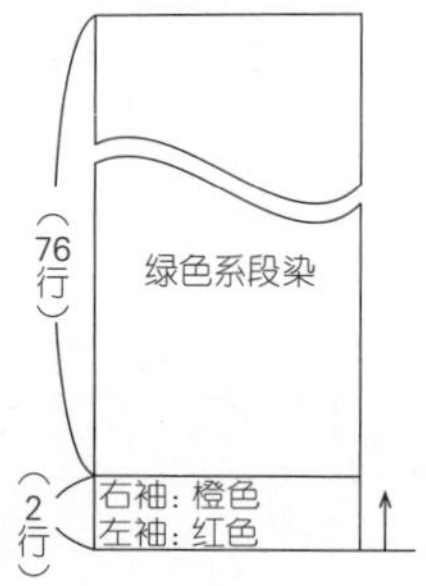

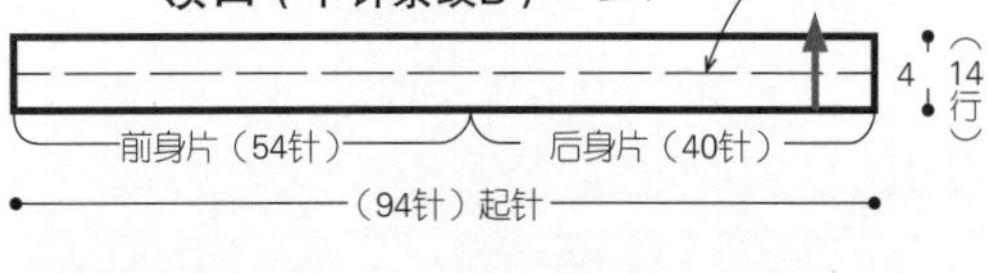

领口的缝合方法

1. 推出与领口针数相同的机针，看着身片的正面，将针目挂到机针上
2. 看着领口的反面，将编织起点侧挂到机针上，再将针目移至针舌的后面
3. 翻折领口，将编织终点侧挂到机针上
4. 编织1行后做卷针收针

下针条纹B的配色

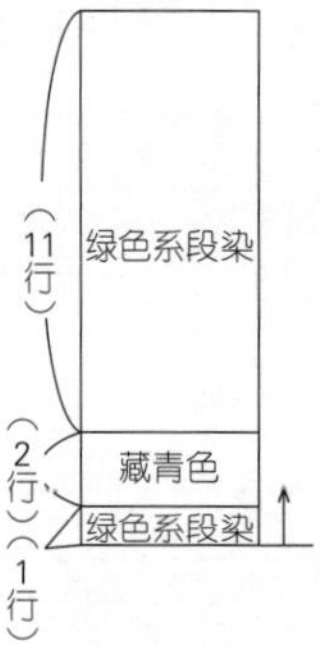

双层下针编织

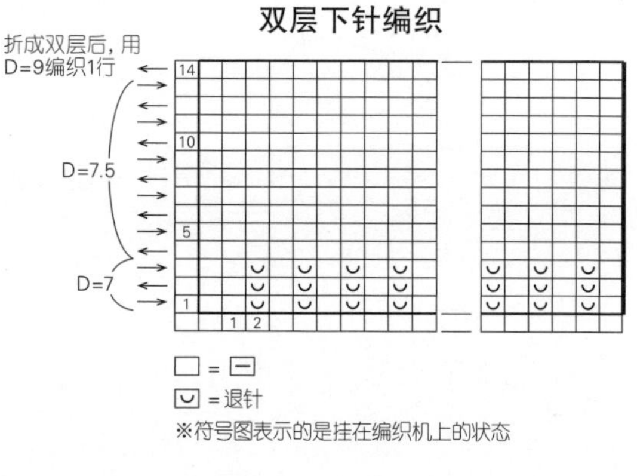

□ = ⊟

◡ = 退针

※符号图表示的是挂在编织机上的状态

2 行 1 次的引返编织（在交界处编织 1 针滑针）

（此处与作品中的针数不同）

先编织 1 行，然后从下方将线挂在已织部分相邻的 D 位置的机针上。
将刚才挂线机针的相邻机针推出至 D 位置，使针目滑出（滑针），接着编织第 2 行。

加针的引返编织（2 行）

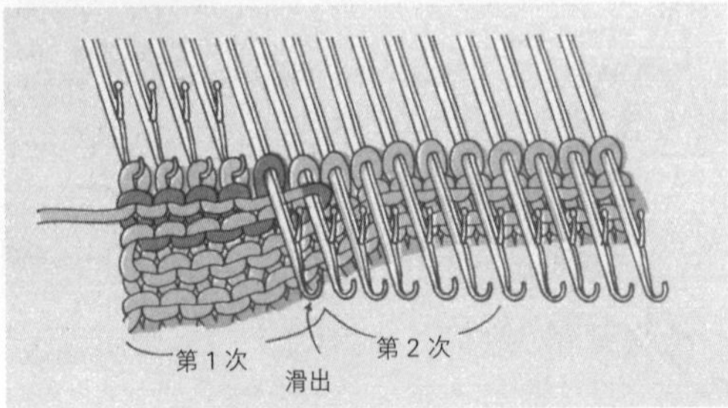

留针的引返编织（2 行）

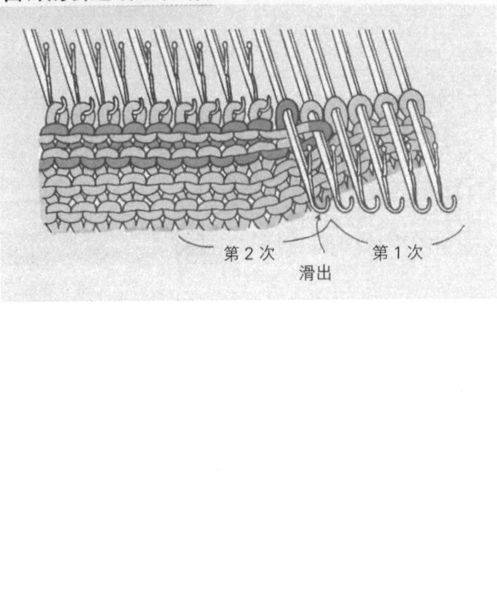

引返编织的方法（橙色、红色）

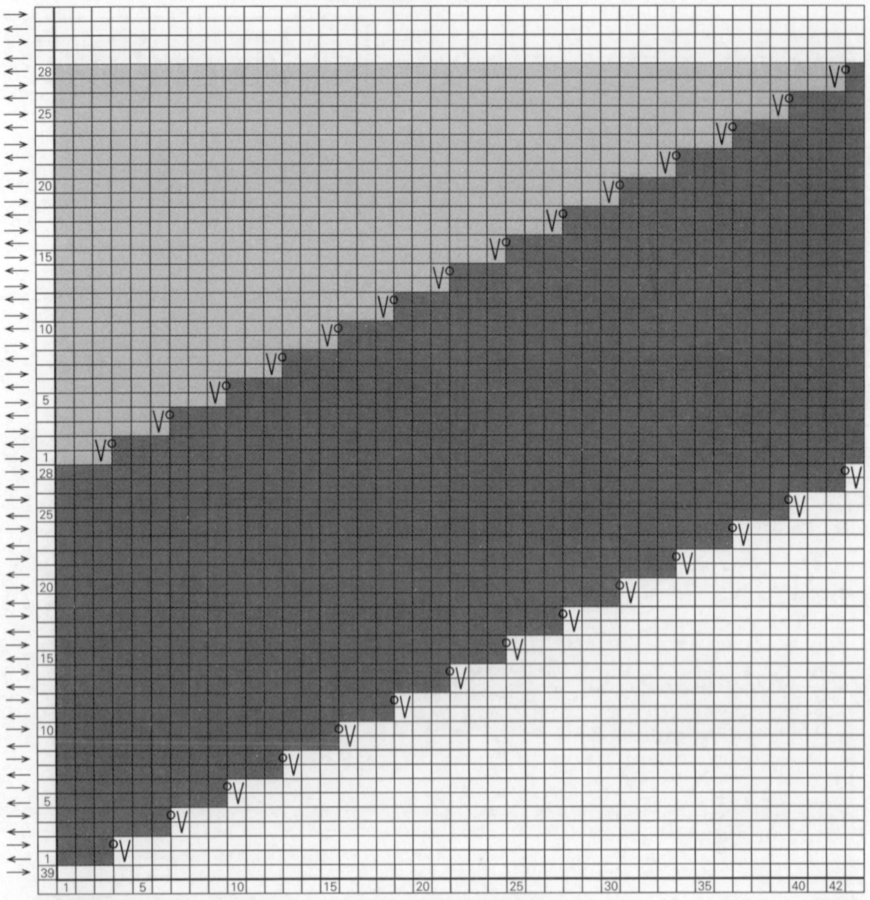

□ = ⊟
■ = 将机针推出至D位置
※符号图表示的是挂在编织机上的状态
※红色也按相同要领编织

配色 { □ = 绿色系段染
　　 { ▒ = 橙色（红色）

引返编织的方法（藏青色）

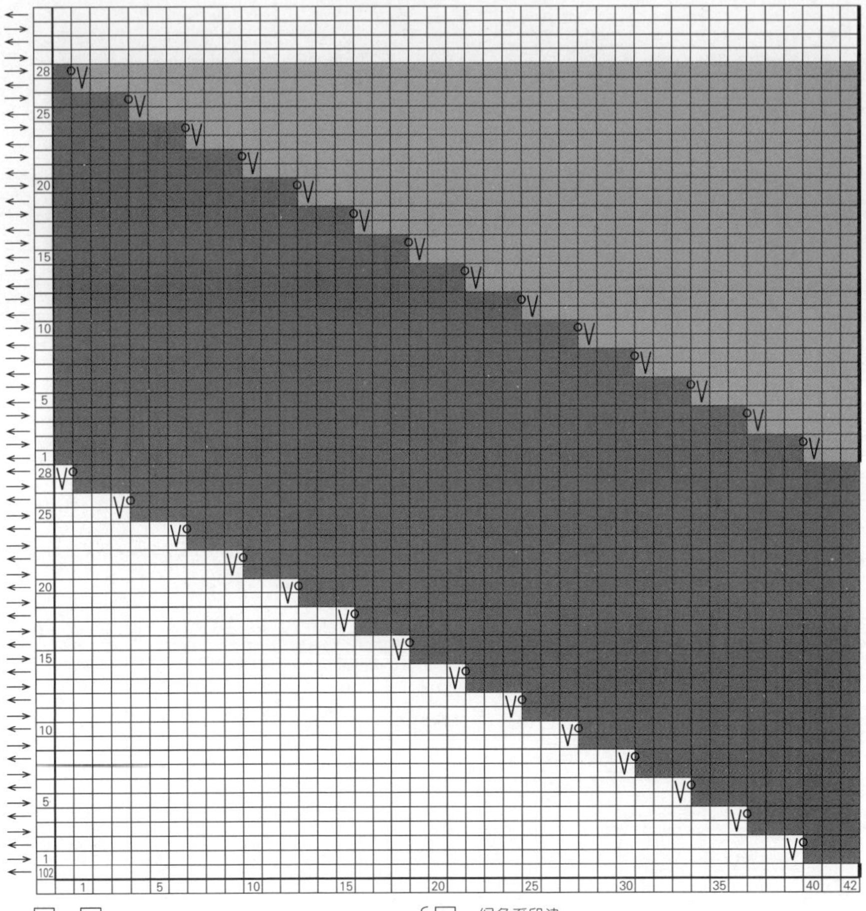

□ = ⊟
■ = 将机针推出至D位置
※符号图表示的是挂在编织机上的状态

配色 { □ = 绿色系段染
　　 { ▒ = 藏青色

棒针编织

起针

〈手指起针〉

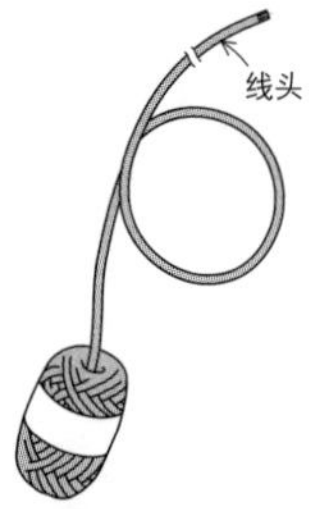

❶将线头从线团中间拉出来，拉出起针宽度的 3 倍长。

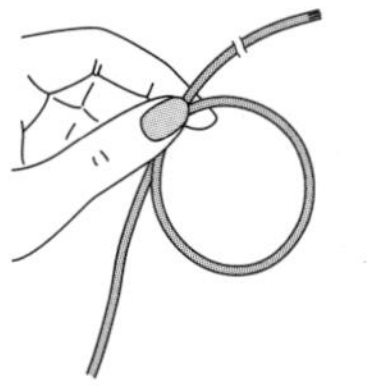

❷做个圈，左手捏着交叉点。

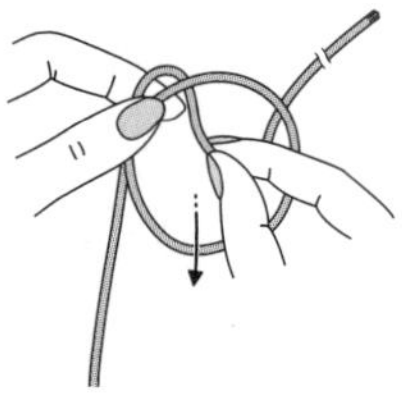

❸将线头从线圈中穿过。

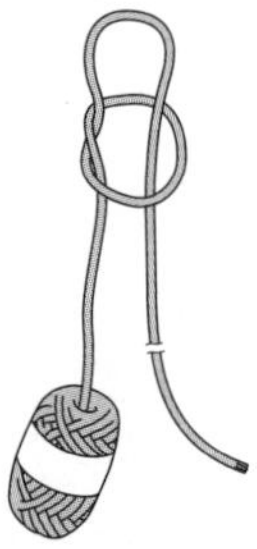

❹又做出一个线圈。

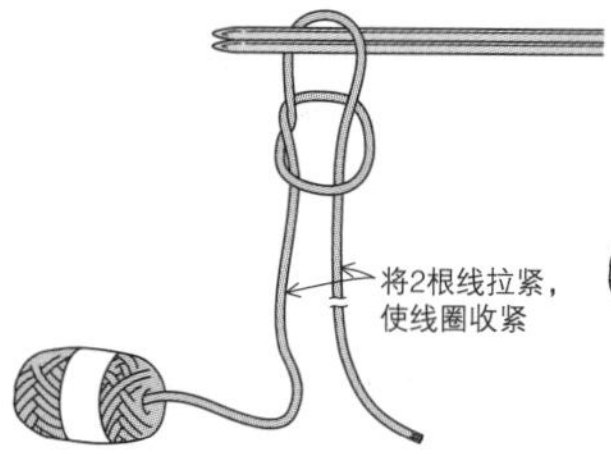

❺ 将2根棒针插入线圈。将2根线拉紧，使线圈收紧(第1针完成)。

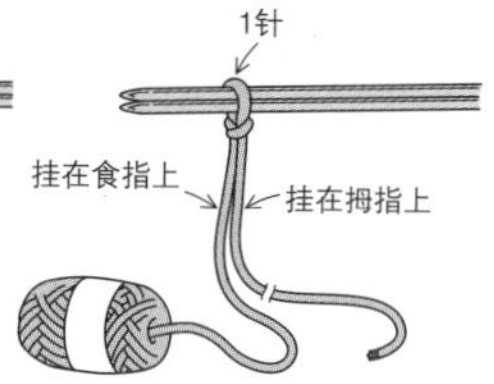

❻ 短线挂在拇指上，长线挂在食指上。

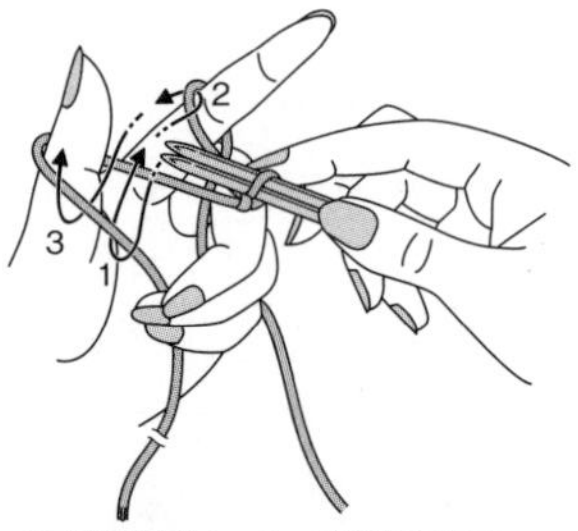

❼按照图中1、2、3的顺序转动针尖，给棒针挂线。

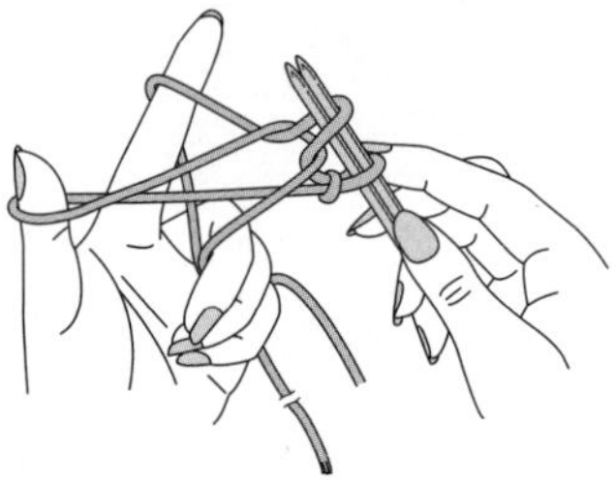

❽ 线挂在了棒针上。

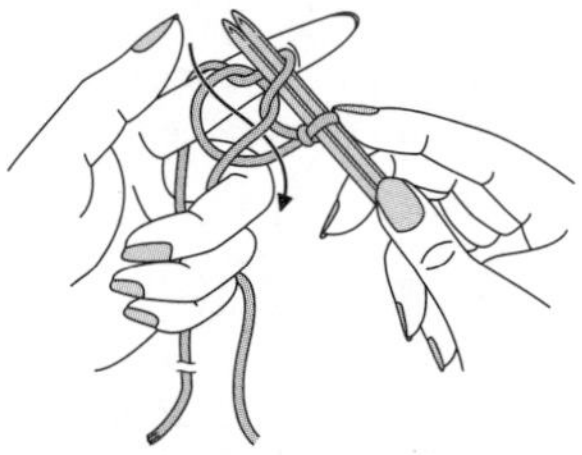

❾取下拇指上的线，再按照箭头所示插入拇指。

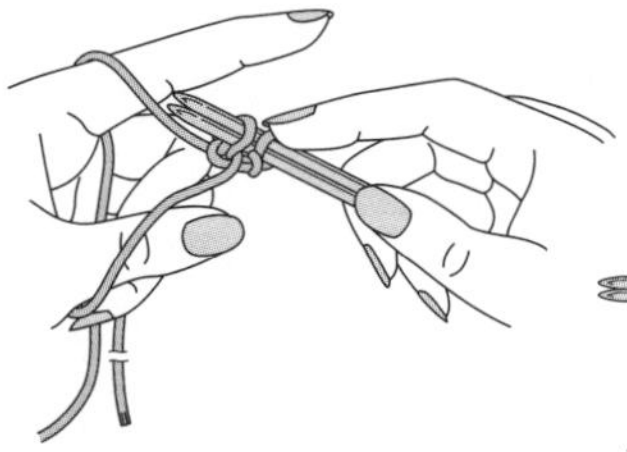

❿拇指向外伸，使针目收紧（第2针完成）。
重复步骤❼~❿。

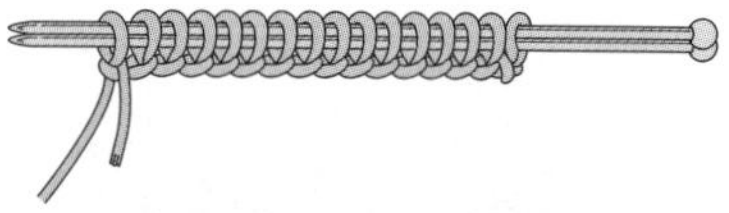

⓫起所需要的针数，抽出 1 根棒针。

〈挑取另线锁针的里山起针〉

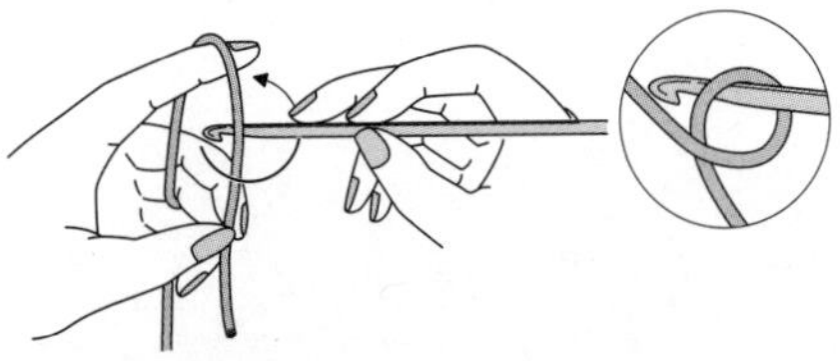

❶将钩针放在线的后面，如箭头所示绕 1 圈，将线绕到钩针上。

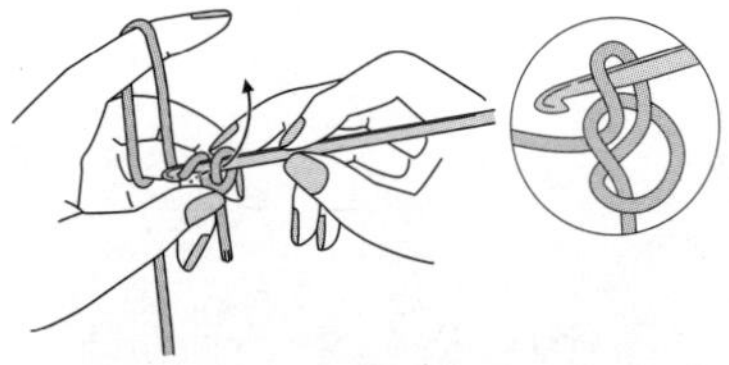

❷左手拇指和中指捏着线的交叉处，如箭头所示转动钩针挂线，从线圈中将线拉出。

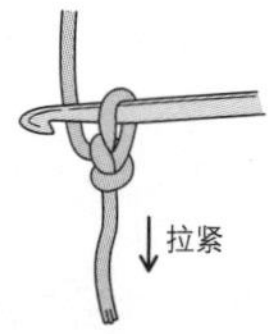

❸将线圈拉紧，完成最初的针目。这 1 针不计入起针的针数。

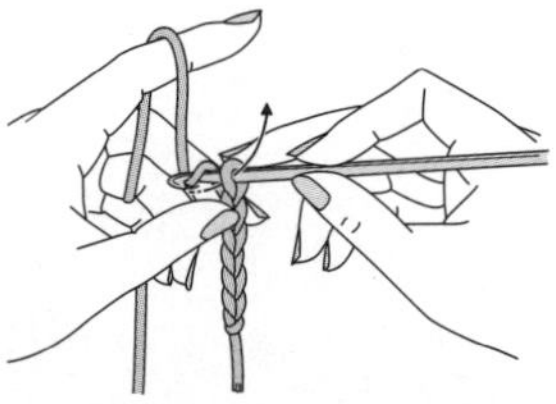

❹重复"挂线，从钩针上的线圈中拉出"，要比所需要的起针数多钩织几针。

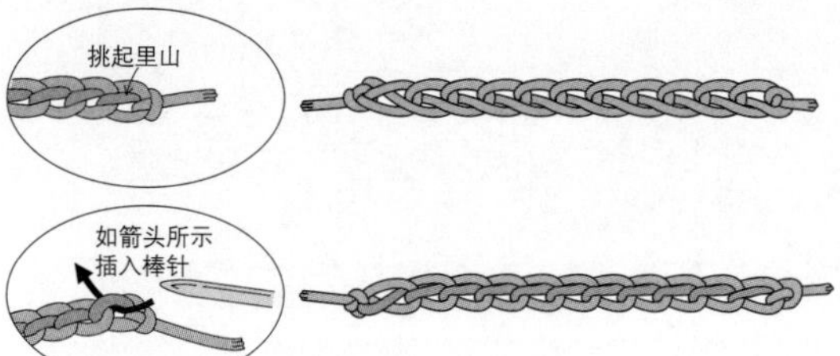

❺锁针分正面和反面。确认锁针里山的位置。

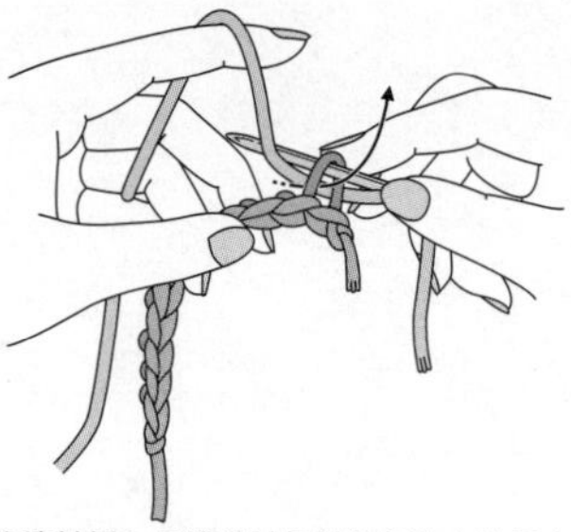

❻将棒针插入另线锁针起针编织终点的里山，如图所示挑起织片所用的线。

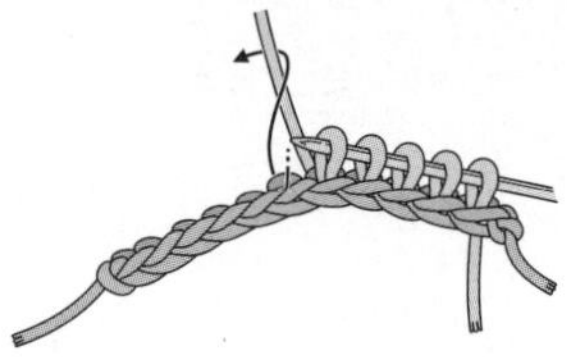

❼逐针挑起里山，拉出针目（这是第 1 行）。

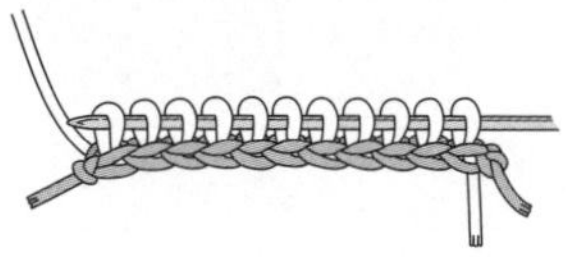

❽挑取所需要的针数。

〈挑取共线锁针的里山起针〉

正面

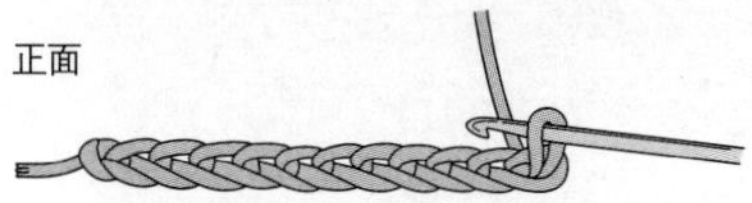

反面

❶用钩针编织所需要的锁针数。

❷最后一针移到棒针上。

❸将棒针插入第2针锁针的里山，如箭头所示将线拉出。端头形成一个角。

❹一针一针地挑取里山进行编织（第1行）。

减针

〈立起侧边 1 针减针〉

⟍ 右侧

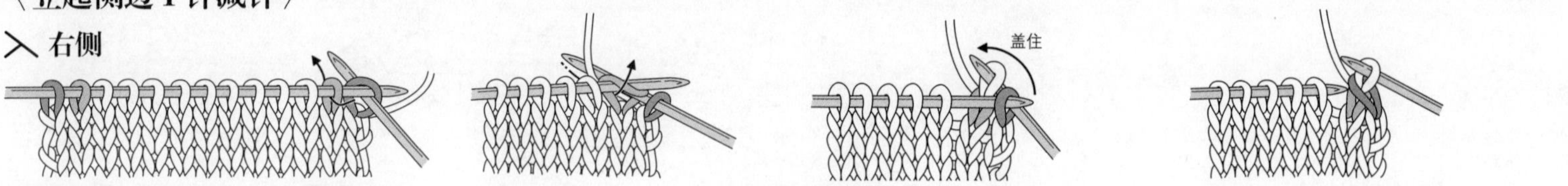

❶第1针不编织直接移至右棒针。将右棒针插入第 2 针中。

❷编织下针。

❸将左棒针插入移至右棒针的第 1 针中，使其盖住第 2 针。

❹右侧的立起侧边1针减针完成。

⟋ 左侧

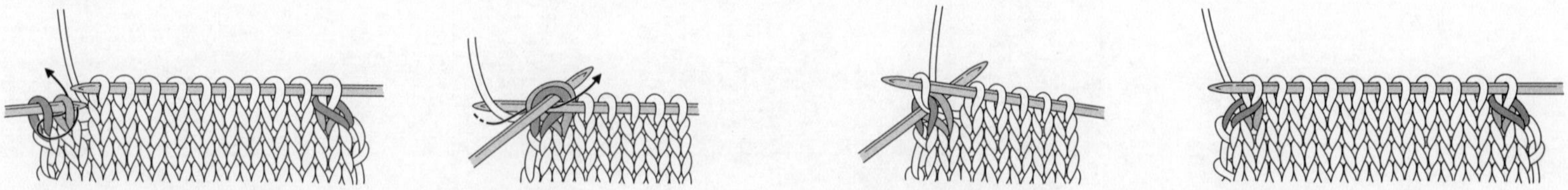

❶如箭头所示，将右棒针插入左棒针上的 2 个针目中。

❷挂线并拉出。

❸ 从2个针目中抽出左棒针。

❹左侧的立起侧边 1 针减针完成。

〈伏针减针〉

右侧（下针行）

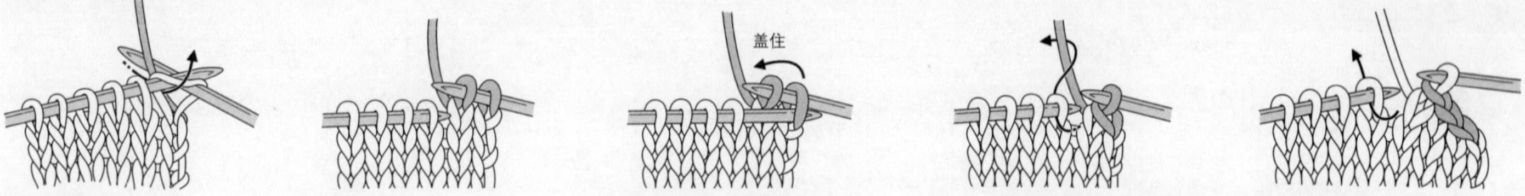

❶ 第1针编织下针。

❷ 第2针也编织下针。

❸将左棒针插入右棒针上的第 1 针中，使其盖住第 2 针。完成第 1 针伏针。

❹下一个针目编织下针。将左棒针插入右棒针上的第 2 针中，使其盖住刚刚编织的针目。

❺编织所需数量的伏针后，下一个针目编织下针。

左侧（上针行）

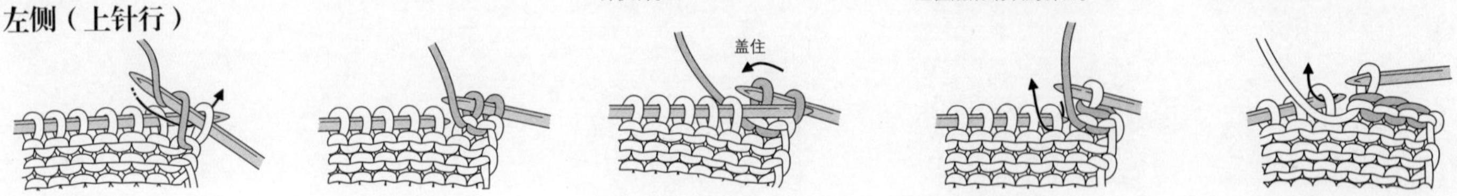

❶第1针编织上针。

❷ 第2针也编织上针。

❸将左棒针插入右棒针上的第 1 针中，使其盖住第 2 针。完成第 1 针伏针。

❹下一个针目编织上针。将左棒针插入右棒针上的第 2 针中，使其盖住刚刚编织的针目。

❺编织所需数量的伏针后，下一个针目编织上针。

加针

〈扭针加针〉

ℒ 下针行

右侧

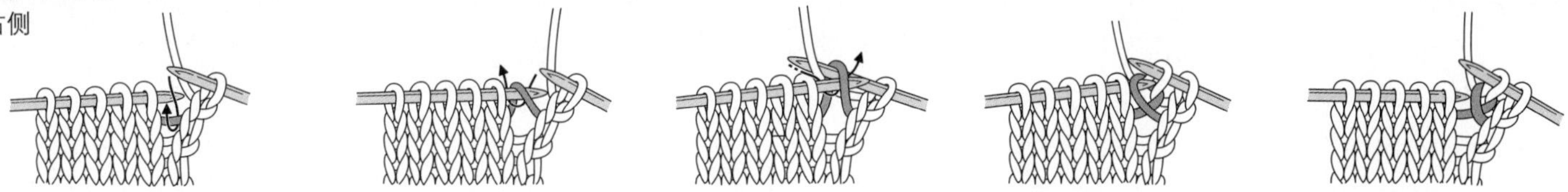

❶编织端头的 1 针，如箭头所示插入右棒针，将针目提起来移至左棒针。

❷将右棒针插入移至左棒针的针目中。

❸挂线。

❹从前侧拉出。

❺下针的右侧扭针加针完成。

左侧

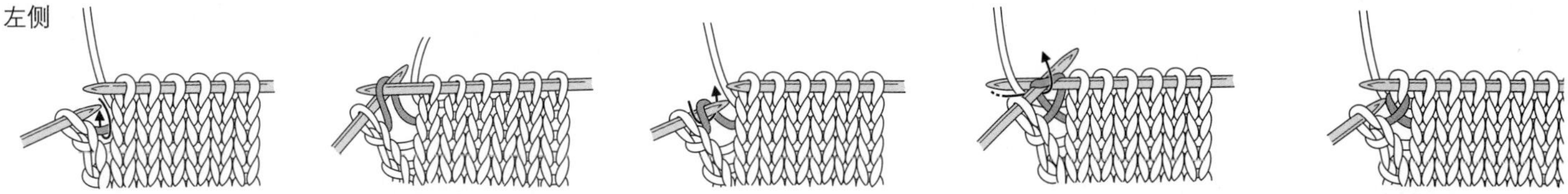

❶编织至端头 1 针的前侧，如箭头所示插入右棒针并将针目提起来。

❷将提起的针目移至左棒针。

❸将右棒针插入移至左棒针的针目中。

❹挂线并从前侧拉出。

❺下针的左侧扭针加针完成。最终的针目编织下针。

上针行

右侧

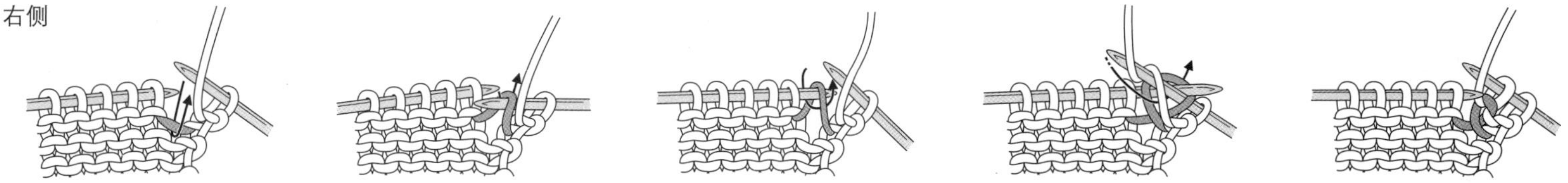

❶编织端头的1针，如箭头所示插入右棒针。

❷将针目提起来移至左棒针。

❸如箭头所示，将右棒针从后侧插入移至左棒针的针目中。

❹挂线并从后侧拉出。

❺上针的右侧扭针加针完成。

左侧

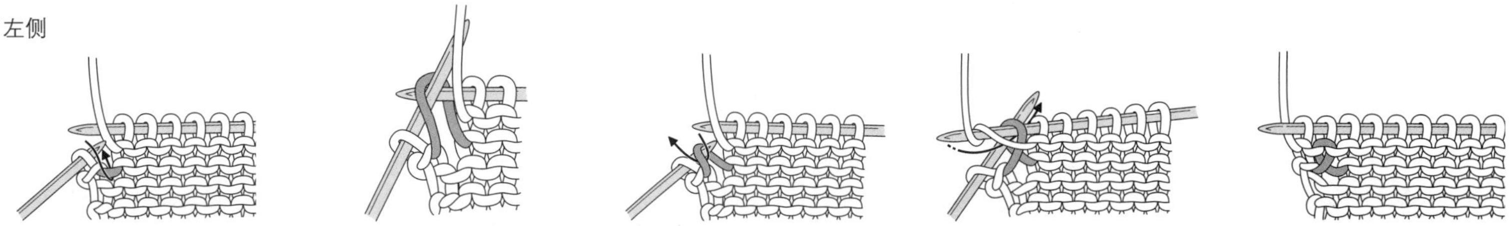

❶编织至端头1针的前侧，如箭头所示插入右棒针。

❷将针目提起来移至左棒针。

❸如箭头所示，将右棒针插入移至左棒针的针目中。

❹挂线并从后侧拉出。

❺上针的左侧扭针加针完成。最终的针目编织上针。

〈卷针加针〉

右侧

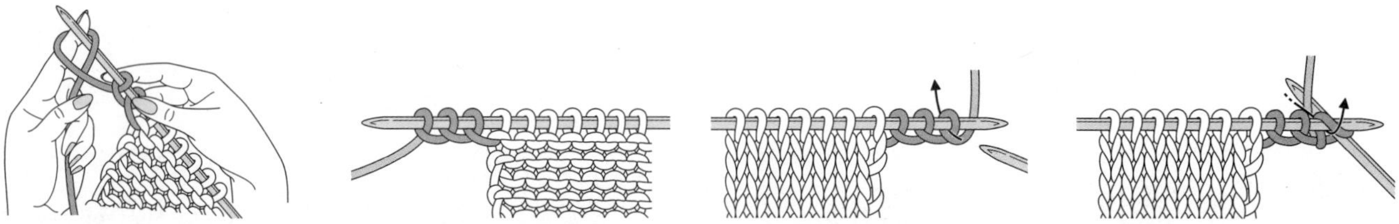

❶在上针行的编织终点加针。如图所示将棒针插入左手食指上的挂线中，移开食指。

❷重复步骤❶。图为完成3针加针的情形。

❸下一行（下针行），如箭头所示将右棒针插入左棒针端头的针目中。

❹编织下针。持续加针的过程中，端头针目滑针。

左侧

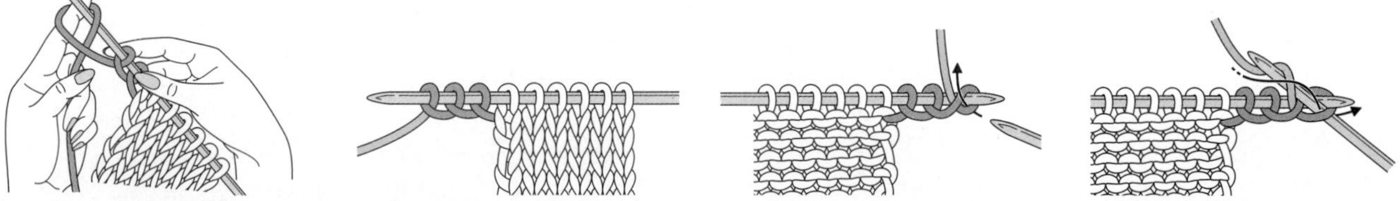

❶在下针行的编织终点加针。如图所示将棒针插入左手食指上的挂线中，移开食指。

❷重复步骤❶。图为完成3针加针的情形。

❸下一行（上针行），如箭头所示将右棒针插入左棒针端头的针目中。

❹编织上针。持续加针的过程中，端头针目滑针。

中间加1针

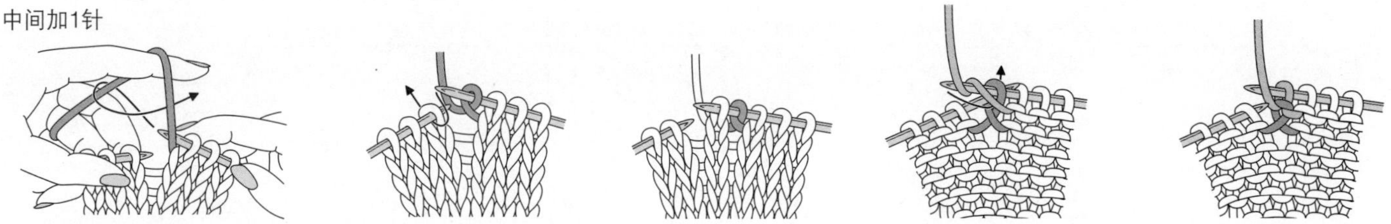

❶如箭头所示转动右棒针，将线绕在右棒针上。

❷如箭头所示将右棒针插入左棒针上的针目中。

❸编织下针。

❹反面行的卷针加针编织上针。

❺编完卷针加针的样子。

收针

〈单罗纹针收针〉

右侧2针下针，左侧1针下针

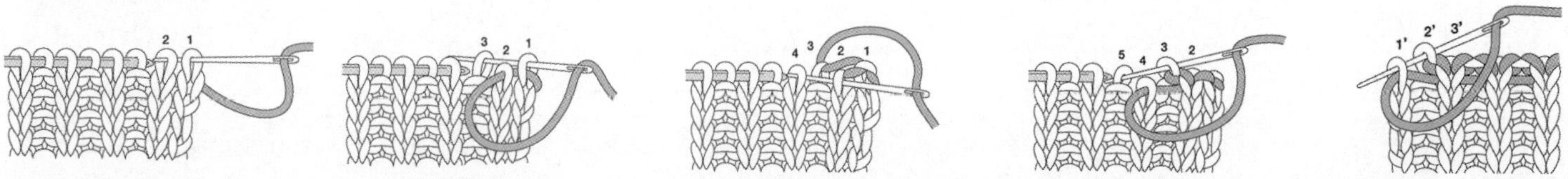

❶从针目1前面插入针，从针目2的后面将线拉至前面。

❷ 再次从针目1的前面入针，从针目3的后面拉出线。

❸从针目2的前面入针，从针目4的后面将线拉至前面。

❹从针目3的后面入针，从针目5的后面拉出线。

❺最后从针目2’的后面入针，从针目1’的后面将线拉至前面。在每一针中插入2次缝针。

右侧1针下针

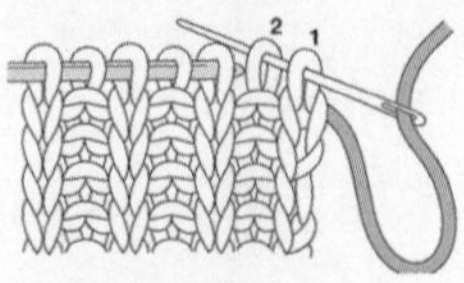

❶从针目1前面插入针，将线从针目2的前面拉至后面。

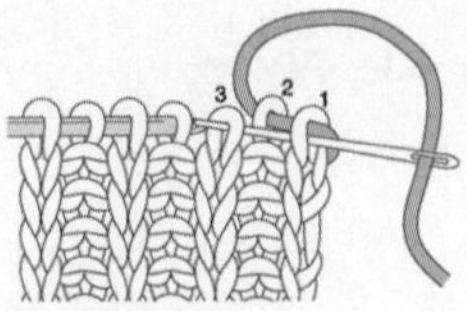

❷将针插入相同下针中。重复前面的步骤❸、❹。

左侧2针下针

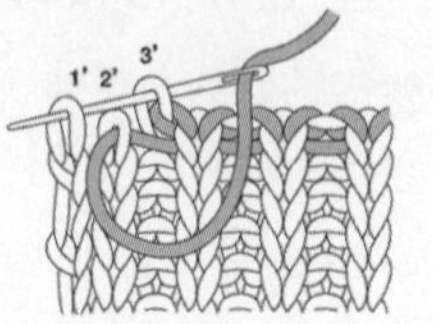

❶从后面将针插入针目3'和1'中。

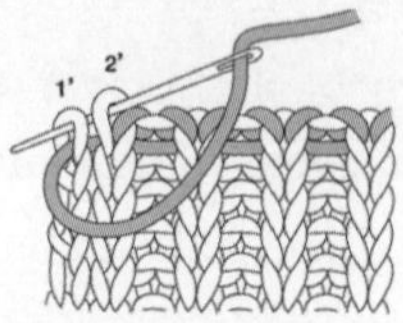

❷将针插入针目2'和1'中，完成。

留针的引返编织

右侧

第 1 行

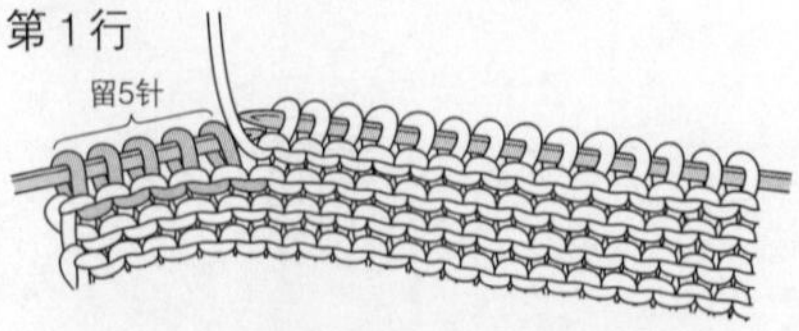

❶第 1 次的右侧（比左侧早一行开始）的引返编织。在反面行编织至剩余针数的前方。

第 2 行

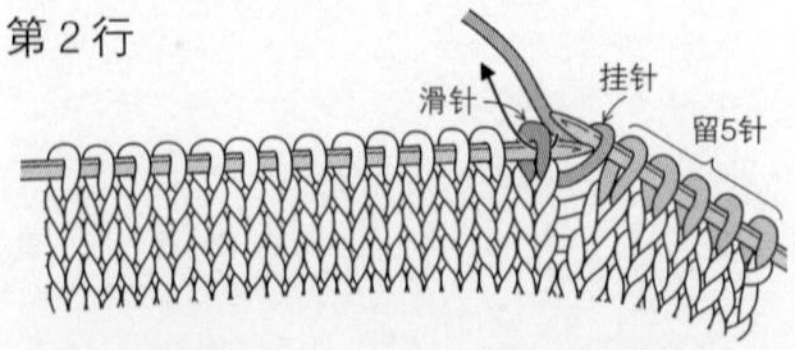

❷将织片翻过来，将线从前向后挂在右棒针上。下一针按照箭头方向，将右棒针从后面插入左棒针上的针目中。

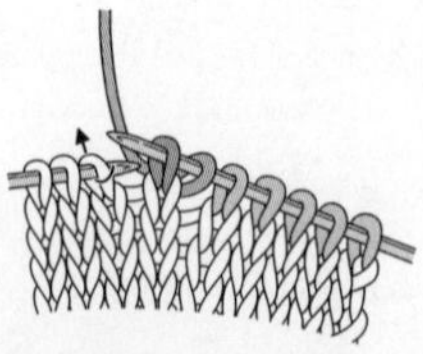

❸不编织移至右棒针（滑针），下一针编织下针。

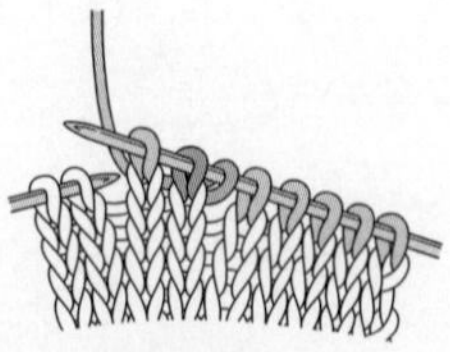

❹下针编织完成。

第 3 行及以后

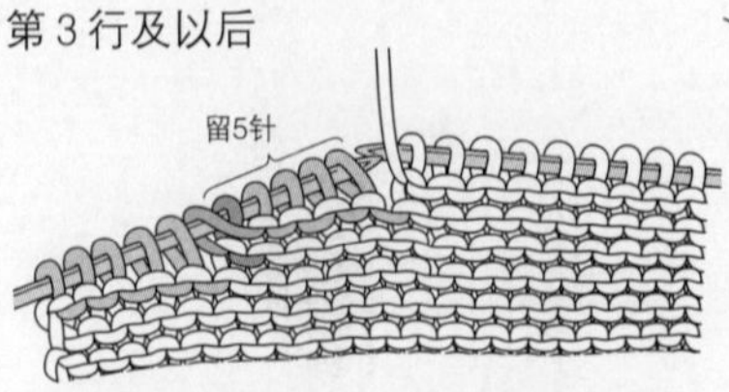

❺第 2 次的引返编织。和步骤❶相同，在左棒针上留下一定针数。在下一行的编织起点编织挂针、滑针。

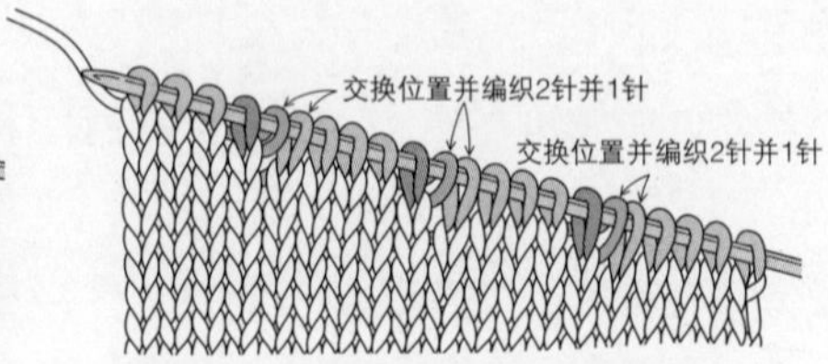

❻编织了 3 次引返编织。挂针和滑针在后面的消行中交换位置并编织 2 针并 1 针。

消行（从反面编织的行）

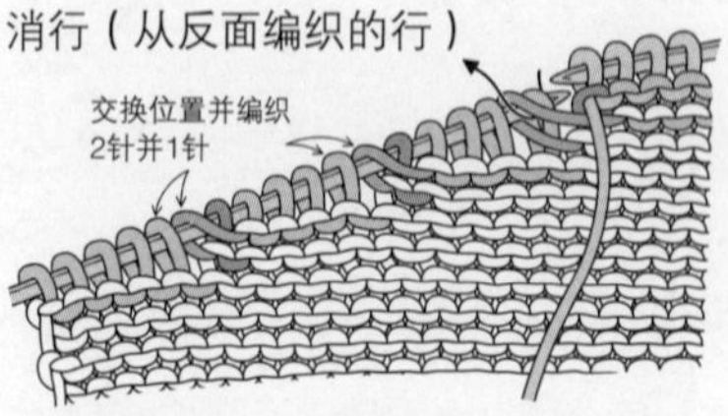

❼挂针和左边的针目交换位置，2 针并 1 针编织上针。

交换位置的方法（反面）

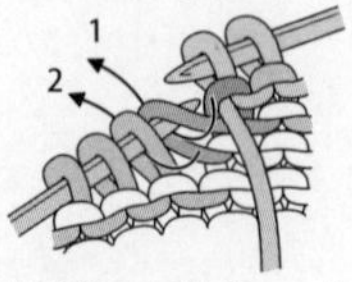

❶将线放在织片前面，依次将针目 1、针目 2 移至右棒针。

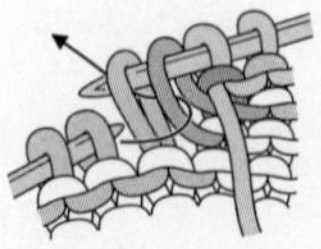

❷如箭头所示将左棒针插入移至右棒针上的针目中。

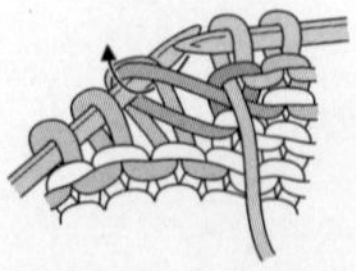

❸按照箭头方向，将右棒针插入移回左棒针的 2 个针目中。

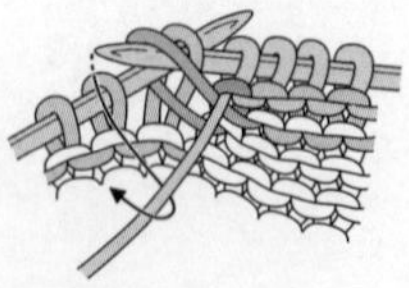

❹挂线并编织上针。

左侧

第 1 行

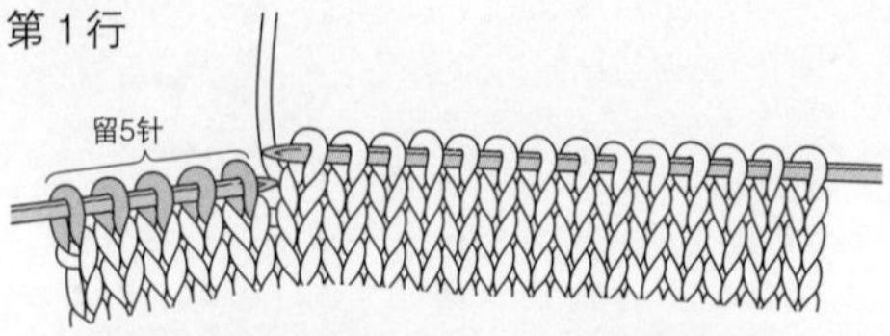

❶第 1 次的左侧的引返编织。在正面行编织至剩余针数的前方。

第 2 行

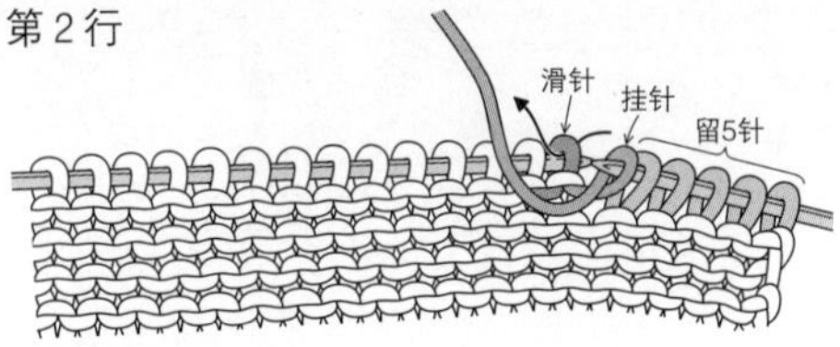

❷将织片翻过来，将线从前向后挂在右棒针上，线放在织片前面。下一针按照箭头方向，将右棒针从后面插入左棒针上的针目中。

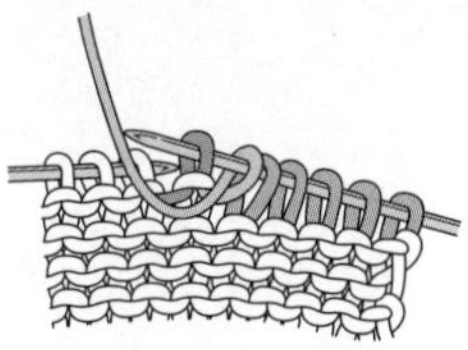

❸不编织移至右棒针（滑针），下一针编织上针。

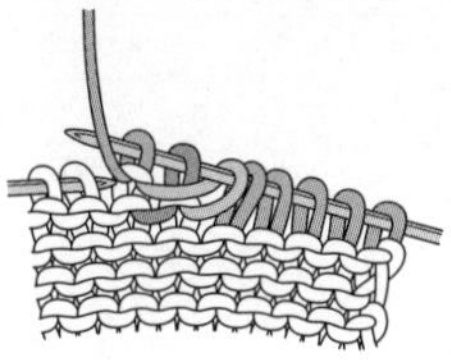

❹上针编织完成。

第 3 行及以后

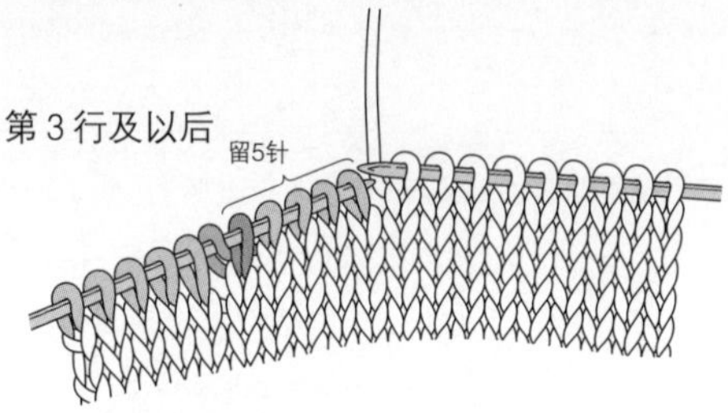

❺第 2 次的引返编织。和步骤❶相同，在左棒针上留下一定针数。在下一行的编织起点编织挂针、滑针。

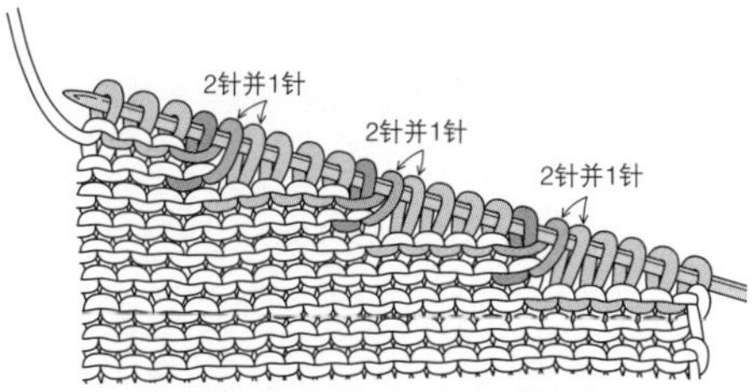

❻编织了 3 次引返编织。挂针和滑针在后面的消行中编织 2 针并 1 针。

消行（从正面编织的行）

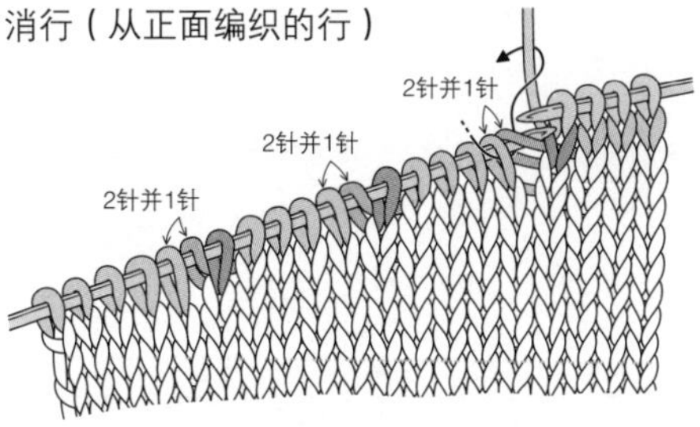

❼将右棒针同时插入挂针和左边的针目中。

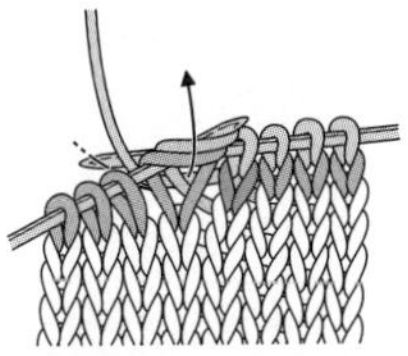

❽编织 2 针并 1 针。

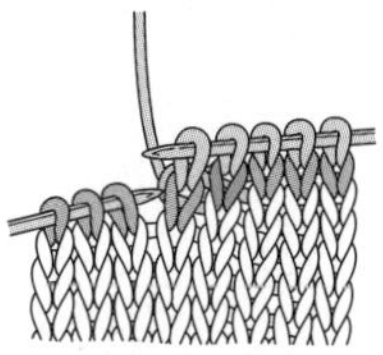

❾消行完成。挂针在反面。

KEITO DAMA 2021 SPRING ISSUE Vol.189（NV11729）

Photographers: Shigeki Nakashima, Hironori Handa,Toshikatsu Watanabe, Bunsaku Nakagawa, Noriaki Moriya
Original Japanese edition published in Japan by NIHON VOGUE Corp.
Simplified Chinese translation rights arranged with BEIJING BAOKU INTERNATIONAL CULTURAL DEVELOPMENT Co., Ltd.

备案号：豫著许可备字-2021-A-0021

图书在版编目（CIP）数据

毛线球. 37，拥抱春天的编织 / 日本宝库社编著；蒋幼幼，如鱼得水译. —郑州：河南科学技术出版社，2021.5（2022.1重印）
ISBN 978-7-5725-0400-6

Ⅰ. ①毛… Ⅱ. ①日… ②蒋… ③如… Ⅲ. ①绒线—手工编织—图解 Ⅳ. ①TS935.52-64

中国版本图书馆CIP数据核字（2021）第069085号

出版发行：河南科学技术出版社
地址：郑州市郑东新区祥盛街27号　邮编：450016
电话：（0371）65737028　65788613
网址：www.hnstp.cn
策划编辑：刘　欣
责任编辑：梁　娟
责任校对：刘逸群　马晓灿
封面设计：张　伟
责任印制：张艳芳
印　　刷：北京盛通印刷股份有限公司
经　　销：全国新华书店
开　　本：635 mm × 965 mm　1/8　印张：22　字数：350千字
版　　次：2021年5月第1版　2022年1月第3次印刷
定　　价：69.00元